各向异性介质中的全波形反演技术
——参数的意义与选择

[沙特] Tariq A. Alkhalifah 著

王克斌　王永明　岳玉波　刘涛然　译

胡光辉　李　翔　校

石油工业出版社

内容提要

本书首先介绍了有关波场传播和各向异性介质的一些基本知识，然后简明扼要地阐述了全波形反演的基本原理和实现步骤，分析了全波形反演中的关键难题——非线性问题及其解决方法。在此基础上，深入研究了各向异性全波形反演中所遇到的各种问题及实际解决方案。该书为广大地震资料处理解释技术人员认识波场传播和速度变化规律、系统提高全波形反演技术能力和水平提供了非常有益的借鉴，是一本系统学习各向异性介质全波形反演原理和技术非常好的参考书。这一技术目前在地震勘探中已逐渐走向实用化，被证明为一种建立高精度速度模型的有效手段。

本书适合从事石油地震勘探方面的科研人员和相关高等院校的师生学习参考。

图书在版编目（CIP）数据

各向异性介质中的全波形反演技术：参数的意义与选择 /（沙特阿拉伯）塔里克 A. 阿尔卡利法（Tariq A. Alkhalifah）著；王克斌等译．—北京：石油工业出版社，2019.12

书名原文：Full waveform inversion in an anisotropic world: Where are the parameters hiding?

ISBN 978-7-5183-3725-5

Ⅰ．①各… Ⅱ．①塔… ②王… Ⅲ．①地震波传播—研究 Ⅳ．① P315.3

中国版本图书馆 CIP 数据核字（2019）第 269665 号

Full waveform inversion in an anisotropic world: Where are the parameters hiding?

by Tariq A. Alkhalifah

北京市版权局著作权合同登记号：01-2019-8083

出版发行：石油工业出版社

（北京市朝阳区安华里 2 区 1 号　100011）

网　址：www.petropub.com

编辑部：（010）64523533　图书营销中心：（010）64523633

经　销：全国新华书店

印　刷：北京中石油彩色印刷有限责任公司

2019 年 12 月第 1 版　2019 年 12 月第 1 次印刷

787 毫米 ×1092 毫米　开本：1/16　印张：12

字数：300 千字

定价：128.00 元

（如发现印装质量问题，我社图书营销中心负责调换）

译者的话

全波形反演技术是当前勘探地球物理领域的研究热点之一。随着计算机能力的快速提升，近年来多家国际著名地球物理公司已相继宣布释放全波形反演技术软件，并将该技术投入工业化应用，在多个区块取得良好效果。但目前成功的应用主要集中在海洋资料和各向同性介质中，对陆上地震资料还少有真正成功的实例。各向异性介质中的全波形反演技术仍处于研究和试验阶段，还需要勘探地球物理领域的研究人员和应用人员继续坚持不懈的努力。为提高我国业界全波形反演技术应用水平，寻找一本通俗易懂而简明实用的著作来帮助从事地震资料处理和解释的技术人员进一步理解和掌握各向异性介质中全波形反演的基本原理的需求更加迫切。

为此，我们组织有关专家用两年时间翻译了国际著名的各向异性研究专家 Tariq A. Alkhalifah 所著的《各向异性介质中的全波形反演技术——参数的意义与选择》一书。该书首先介绍了有关波场传播和各向异性介质的一些基本知识，然后简明扼要地阐述了全波形反演的基本原理和实现步骤，分析了全波形反演中的关键难题——非线性问题及其解决方法。在此基础上，深入研究了各向异性全波形反演中所遇到的各种问题及实际解决方案。该书为广大处理解释技术人员认识波场传播和速度变化规律、系统提高全波形反演技术能力和水平提供了非常有益的借鉴，是一本系统学习各向异性介质全波形反演原理和技术非常好的参考书。

本书第 1 章、第 2 章、第 3 章、第 9 章由王克斌博士翻译，第 4 章由刘涛然硕士翻译，第 5 章和第 6 章由岳玉波博士翻译，第 7 章、第 8 章、第 10 章由王永明博士翻译。王永明博士、岳玉波博士、刘涛然硕士对翻译稿进行了互校工作，王克斌博士对全书进行了校译和统稿。全书最后由多年从事全波形反演方法研究工作的胡光辉博士、李翔博士进行了最终审稿。

中国石油集团东方地球物理勘探有限责任公司研究院冯许魁院长对该书的出版给予了大力支持和指导，研究院外聘专家杜树春博士、武月博士在本书翻译过程中提供了热情帮助，研究院科技信息部彭章礼副主任协助做了许多联络工作，在此表示衷心的感谢。

各向异性介质全波形反演方法技术含量高、技术流程和细节要求精细，对数学和地球物理波动理论理解能力要求极高，加上目前在国内刚开始试验，应用经验有限，翻译和校对这样一本高水平学术专著是一项富有挑战性的工作。在翻译校对过程中，译校人员对本书进行了多次研讨和反复译校，但限于我们理论水平和理解水平，译文中可能存在这样或那样的问题，衷心欢迎广大读者批评指正。

前言

《EAGE（欧洲地质学家与工程师协会）教育系列丛书》编委会向笔者发出邀请，让笔者为该教育系列丛书写一本书，这正好与笔者想把长期在各向异性研究方面的经验与用全波形反演（FWI）来求取高分辨率速度模型的新使命结合在一起的想法不谋而合。这本书（或更准确地说是课程笔记）就是在此背景下应运而生的。现阶段，FWI 是地震勘探界最热门的课题。尽管过去几年 FWI 在实际数据上的应用仍然有限，还有许多的生产潜力需要不断开发，但人们对它强烈的兴趣充分表明该技术将前途无量。FWI 的应用范围涉及整个地学领域。由于 FWI 从叠前地震数据上直接反演出地下可产生反射的精细速度场等信息，因此特别符合业界对地下目标的高分辨需求。然而达到该方法约定目标的主要障碍之一是如何解决各向异性的问题。

在对全波形反演（FWI）的热点问题进行简洁而又科学介绍的基础上，本书把重点放在了各向异性介质的实际应用上。该书既包括基于简单结构上的 FWI 经典发展，也融入了阐述当前挑战的 FWI 最新前沿研究成果。近年来，FWI 实例研究成果及对地震数据成像的经验都说明地球各向异性对提高成像精度是非常重要和必要的。与波的弹性或衰减特征不同，各向异性实际上不仅影响振幅而且影响波场的运动学特征。许多 FWI 在实际实施时忽略了地球的弹性特征，采用了不用 S 波的声波假设，以减少振幅对反演的影响。然而人们日益认识到声波振幅的作用正变得越来越重要。这本书的目的就是要对具有合适 FWI 流程和各向异性参数表示的实际各向异性 FWI 提供一剂药方。

本书重点介绍全波形反演（FWI）在各向异性介质中的实际应用。第 1 章重点讲述全波形反演技术产生的背景（包括基本概念），还讨论了 FWI 与现在使用的许多地震速度建模方法在适用条件和目标上的异同点。第 2 章主要讲述波场模拟和波的传播知识，特别对说明 FWI 有用的波场传播相关内容进行了重点描述，它们是 FWI 和成像方法的基础。第 3 章考虑了各向异性问题。首先讨论了各向异性的定义和相关参数的表述，然后简述了频散关系及波动方程，最后展示了各向异性介质中波传播的正演实例。第 4 章涵盖了全波形反演的基础。先从 FWI 的扼要介绍开始，然后围绕 FWI 的目标函数，把重点聚焦到 FWI 的核心问题——模型更新上。模型更新方面的讨论包括分析敏感性关键因素和预测模型更新的波长。第 5 章讨论了在实施 FWI 中所面临的许多挑战，介绍了一些求解非线性问题的先进而有潜力的方案，也包括一些实际数值反演的实例。第 6 章介绍了各向异性介质中速度模型建立的一些基本概念，包括如何理解各向异性参数的长波长对数据的影响。试验建立一个各向异性模型作为 FWI 的初始模型，最终总结了用数据所记录的几何特征来反演更复杂介质中各向异性模型的各种方法。第 7 章重点讲述各向异性介质的 FWI 和它的实现过程，也讲到了在 FWI 文献中的各向异性参数化问题，分析了辐射模式，研究了各向异性参数扰动的敏感核函数，以避免参数间的耦合问题（模型中“零空间”的主要来源）。第 8 章介绍了一种新的滤波方法，该方法可以处理在各向同性和各向异性介质中目标函数的复杂非线性问题。为达到这个目的，进一步分析了各向异性介质中的参数敏感性悖论。第 9 章继续研究各向异性介质中的参数化，提出了最实用的参数化建议并且证明了它在反演弹性各向异性 Marmousi 模型中的有效性。在本书的结语中，笔者对各向异性作用及 FWI 的前景做了简单的表述，也回顾了本书其他章节用于证明上述结论的一些重要观点。

该书（课程笔记）是为那些需要学习 FWI 基本知识和正在面临 FWI 应用挑战的地球物理专家和勘探地球物理学家而准备的。本书也可供那些具备一定的 FWI 知识又想要更深入掌握 FWI（特别是有关多参数反演）的地球物理工程师参考。为了更顺畅地理解本书内容，读者最好先具备一些地震波传播和成像原理方面的知识，以及微积分和波形反演基本概念方面的知识。本书不是一本对 FWI 理论和用法系统而全面介绍的书，如果想深入全面地了解 FWI，读者可参考相关方面的文章或书籍。

该书电子文档是用 Madagascar 开源软件包构建的。Madagascar 可通过 www.ahay.org 网站访问。

笔者在 FWI 方面的大量知识是在与 Yunseok Choi（笔者研究小组中的科学家，他毕生专注于 FWI 研究）的合作中得到的。近期，笔者及其学生 Ramzi Dejbbi 针对 FWI 中的关键模型更新问题的研究工作取得了许多重要成果。笔者课题组研究助理 Mohammad Zuberi 在笔者的生活方面做了大量工作，使笔者有精力来写这本书，他也提供和准备了许多数值例子。吴泽东给课题组带来了 FWI 时间域的许多重要成果。笔者也与 Rene-Edouard Plessix，ILya Tsvankin，Paul Sava，Jean Virieux，Ru-shan Wu 和 Autoine Guitton 有过许多富有成效的讨论。也感谢 YFP 特别是 Juan Soldo 在 2013 年 8 月给笔者发出培训课程撰写的邀请，这正是笔者开始写这本书的动机。笔者当然要感谢笔者所在大学——King Abdullah University of Science and Technology（KAUST）的支持。KAUST 的研究环境对这项工作的完成起到了极大的支持作用，同时也对 King Abdullah 市对 KAUST 的科研支持表示感谢。

Contents 目录

1 绪 言

在连绵不断的全波形反演（FWI）误差泛函的山峦和山谷中，光线很暗，当试图要找到山谷的最低点时，即使最好的手电也只能给我们指示大致的下坡方向。我们需要知道：是否走错了方向？是在正确的山谷中吗？或在更广泛的意义下，FWI 是要走的路吗？为了与野外实际数据对比，首先要预估或更新一个地下地层模型，然后用计算机产生合成记录来尽可能准确地模拟可用于比较的数据。这是一个非常有趣、简单易懂、易于评价的概念。如果模拟数据和野外观测数据两组数据通过应用某种匹配方法（或拟合差）确定是匹配的，那么可以认为这是一个好模型。这个过程高度依赖我们完全重复地模拟地下波传播物理过程的能力。由于所接收的数据一定带有来自所给出的模型上每一点的信息（并且有可能带有独特的信号），因此它也受地震数据采集观测系统限制的约束。简单地说：反演出的模型充其量也只是揭示影响所记录数据那一部分的地下构造，不会更多。但由于反演精度和噪声级别的影响，它可能揭示得更少。通常得到的是较地下实际情况平滑得多的输出模型（感谢正则化）。由于地表地震记录先天的特点，一般浅层模型的分辨率要高得多。

在 FWI 实施过程中，要做的是使所观测的（野外）数据和模拟数据的差异最小化（Tarantola，1984a，b）。所测量的差异称为目标（误差）函数，而模拟数据是通过一种直观方式用计算机模拟野外采集得到的。此过程通常忽略了震源信号，因此要通过反演来求取或从数据中提取出近似的震源信号。考虑到现有计算资源的固有局限性，以及所记录区域和类型的极限（通常只有垂直分量），只能尽可能好地估计地下的物理参数，并且通过对野外数据施加预条件来最大限度避免（很可能）对物理过程近似模拟所产生的弊端和不足。然而，模拟过程所需要的关键信息（也是我们要反演的）是介质的特性参数（弹性系数或假设它们在声波介质中的实际简化：P 波速度）。这样，假设（和希望）模拟数据和野外数据之间主要差异是由于错误的模型参数产生的，因此可以应用包含在数据差异中的信息来改善模型。

FWI 讲述的是通过寻找（更新）合适的介质参数使合成记录与实际地震记录逐步拟合的过程。参数更新过程对所有的参数估计方法都是可行的：从泰勒级数更新（如梯度类方法）到模型分布概率（用贝叶斯理论）再到随机方法。目前经济适用的常用方法无疑是基于梯度的技术：沿着一个局部的下降方向迭代地修改模型。很巧合，这个下降方向（梯度）在数学上等同于逆时偏移（RTM）。这个简单而又强有力的事实解释了为何 FWI 又重新出现在地震数据处理中。近年来使大型三维项目能进行 RTM 处理的计算机软硬件方面最新进展也同样可用于提速 FWI。

问题又来了，为什么要做 FWI? 是成像速度（以一个较低成本求得的）不准确吗？我们可用街头画家的铅笔和画刷来直观地描述 FWI 和常规成像速度两者在视觉刻画上的差异。成像速度可以比作用铅笔画出的地下速度场，它只能粗略地反映地下复杂速度变化。而 FWI 相当于在铅笔绘图上填充颜色，地下地层速度变化图像更真实和清晰，铅笔略图 [依赖于铅笔（地震数据频率）] 提供了图像中主要元素图。这些颜色可以清楚地区分不同颜色变化的边界，也就能反映 FWI 的高分辨率特征。后面笔者会花一节篇幅讲为什么要做 FWI。

1.1 全波形反演的定义

在描述全波形反演时，需要首先来阐述反演的概念，理解单词“Inverse”的意义和它的喻义。维基词典将反演问题定义为“用于将观测结果转换为所感兴趣物体或系统的一种通用框架结构”。该名称来自观测（数据）是一个自然物理过程（称为正演）的结果或对一个物体产生作用这个事实。从所观测数据中提取物体信息的过程就是反演（它的反义词为正演）。再回到维基词典的定义，地震反演（主要是油气勘探开发）特指将地震反射数据转换成一个油藏的量化岩石属性的过程。该定义类似于前面的定义，但现在设定物体为地球，当然也可以是地球的一部分，并且观测数据为地震反射数据（或更一般地，特别对 FWI 来讲，就是地震数据）。

Tarantola（2005）在他的书中讲到，反演问题就是用真实测量数据来推断用于刻画该系统的参数值。正演问题（在确定性物理学中）有唯一的解，而反演问题没有。在实际应用中，我们不得不构建唯一解的环境，正如用正则化。

FWI 的核心思想可以总结为用模拟工具（计算机）来重构野外地震试验，在重构过程中要合理描述地球内部波传播的物理机制、科学设置用在实验中的激发接收因素和用于得到合成数据的介质参数（信息）以达到与从野外得到的观测数据相似（拟合或匹配，正如和许多人应用的一样）的目的。

这里详细解读一下该定义。对正演和反演来说，正确模拟波传播的物理机制的重点在于波传播过程中所包含的介质特性和假设。可以假设地球是声学介质，它有一套行之有效的正演算法，可以使我们用单参数（例如速度）或在某些情况下用两个参数（除速度外，还包括密度）来定义地下介质，但是声波假设忽略了地下介质的真实特征（例如至少是弹性、各向异性和耗散性）。声学假设能够近似地下弹性介质的 P 波运动学和几何学振幅特性，这些特征对成像是非常有利的。然而由于 FWI 也依赖于全部的波场信息，它包括被反射和透射损失及特征影响的振幅，因此声波假设条件就不满足了。

用于接收野外数据的采集参数和观测排列信息通常是有用的，它包括每个地震道炮检点（包括高程）的位置、性质，以及记录数据的采样信息。尽管可能知道震源信号的某些信息（如震源扫描信号），它与地表和近地表的相互作用也可以产生一个可能无法使用的信号（包括频率成分），因此人们趋向于把反演震源信号作为 FWI 的一部分。

在 FWI 中，假设知道波在地下传播的物理特性，详细知晓野外采集时的采集参数（虽然缺少震源信号），真正不知道的（这也是为什么把这个过程称为反演的原因）是地下介质特性参数。用于描述波传播物理特性的是什么样的假设（无论地下介质是声学的、弹性的、各向异性的，还是黏弹性各向异性的），介质特性参数的定义就遵从什么假设。在所有 FWI 实践中，人们趋向于用的一个共同介质特性参数就是 P 波速度。在此声学假设下，它就是需要反演的唯一参数。

鉴于是在地表采集的地震数据，无论是压力、单分量位移、质点速度还是多波多分量数据，所观测到的数据对介质属性的独立敏感性是反演取得成功的必需因素。这样在介质（我们假设的）表示的精确性和精确反演地下介质的能力之间总是存在一定程度的折中，所以在很多情况下我们会纠结于一个不太准确却成功收敛的反演过程。

模拟得到的数据能够在多大程度上近似（有些人喜欢用“拟合”这个词）野外实际接收到的数据主要取决于所比较的是数据的哪个属性，并且也取决于测量所用的方法。在经典的全波形反演中，通过衡量两个数据组差异的大小来评估两者的相似性，然后利用一个范数来提取单一反映差异大小的值。在旅行时层析中，也应用类似的方法，但测量的是数据旅行时拾取点之间的时差，其他参数也可这么用。然而在提供这样一个目标的前提下，FWI 的主要目的是通过找到能产生模拟数据的合适介质特性参数把数据间的相似性（拟合）做到最大，或将模拟数据与野外数据的差做到最小。

因此，FWI 的主要目的是建立一个高分辨率的速度模型，然而建立速度模型的适用工具有很多，人们不禁要问：FWI 的落脚点又在哪里呢？

1.2 应用于速度建模的地震波属性

如果只用地面地震 P 波数据的话，可将速度建模技术分为两类：一类是致力于反演速度模型的长波长（平滑）分量的技术；另一类是致力于分辨速度模型短波长分量的反演技术。这种模型波长尺度的分类方法是由用于反演中的地震波场的两个通常互为独立的属性决定的。即主要由运动学特性所描述的波场几何属性和主要由动力学特性所描述的波场振幅和相位特征。根据这两个属性中的哪个属性用作反演的目标，速度模型分辨率分量就会相应地发挥作用。波场的运动学部分，受它的几何特性描述控制，主要存储速度模型的平滑（长波长）分量，对速度模型的短波长分量非常不敏感。简单地讲，旅行时是速度沿射线路径的积分，并且积分算子本身就是一个平滑算子。尽管许多函数具有相同的积分结果，但是函数的长波长分量对积分值来说是基本的。波场的振幅和相位部分包含被表示为散射的模型陡变分量（短波长）。由于依赖于频率，它自然对速度模型中的长波长分量中等效周期引起的变化不太敏感。换句话说，用波场的相位或振幅能够有效分辨的波长是受到波场本身的频率所限制的。

可以把目前用于速度模型建立的有效方法分为 4 种类型：

（1）利用波场几何属性的方法。该方法包括旅行时层析、波动方程层析（WET）和偏移速度分析（MVA）。每种方法通常提供平滑速度模型，除非剧烈变化的不连续性被强制加入模型中，在这些情况下反演的目标函数是准凸形的。

（2）仅在早至波范围内应用全波形（或它的相位）的方法。这种方法主要是应用回折波的 FWI 方法。回折波通常是通过切除反射或用诸如 Laplace 阻尼衰减反射来突出的。这类反演正如后面将看到的那样，主要提供平滑速度模型。如果能消除震源周期性的影响，目标函数通常是准凸形的。

（3）应用波场相位类的方法。这类方法一般被定义为相位类型的反演。频率域波场可分解为振幅和相位分量，应用相位分量只能提供主要由数据中有效频带控制的高分辨率模型。在此情况下，目标函数是非凸的和非线性的。

（4）应用波场振幅和相位类的方法。这类方法通常被称为经典的 FWI，包括许多种变化。它提供了高分辨率模型，但目标函数是强非线性的。

在经典的 FWI 方法应用中，对应于第（1）种和第（2）种类型的方法一般用来构建 FWI 初始模型。

1.3 全波形反演的目的

尽管成像提供了地下介质高分辨率的构造信息，但用于成像过程中成像目标（反射系数）与速度模型的分离限制了它的精度。当关注地下介质的高分辨率细节时这个问题尤为突出。FWI 可以包含多次波贡献的能力也有力地说明 FWI 具有较高分辨率建模的潜力。为了对比上述两种方法，笔者把成像的描述简略为最小二乘类型，它代表 FWI 的线性化形式，在此过程中并不更新背景场的速度。在此情况下，当进行反演成像时（反射系数或速度扰动），速度模型是固定的，这样反射系数的精度依赖于这个通常用偏移速度分析方法得到的固定速度模型。这也就意味着固定的速度模型无法在模型的分辨能力上利用反射系数信息。基于此，速度模型通常是从反射几何特征中提取出来并且最终还要进行平滑。在具有大量反射和散射的复杂速度模型中，有时难以分离速度模型的长波长与短波长分量，这种情况下，中波长分量就很关键。

因此，从 FWI 中提取和应用的速度模型根本就不同于用于成像的速度模型。对 FWI 来讲，人们期望可从该速度中得到反射波和多次波数据。且产生的这些数据在一定的频率范围内，最终这些频率成分出现在野外实际观测的数据中。人们期望 MVA 速度模型产生覆盖成像空间的两个波场，一个对应于炮点，另一个对应于检波点数据，这两个波场在反射点处（从镜像的观点出发）匹配在一起。如果不需要产生反射并且不需要对多次波进行成像，则速度模型中不需要有波阻抗或速度差。特别需要指出的是，在成像中，要反演成像成果中速度差的位置仅依赖波场的几何分量。在 MVA 中，对速度模型精度的评价主要取决于成像结果相对于成像过程中波场各个部分的一致性，它是一个几何评价。而在 FWI 中，精度的评价是反演的速度模型中的速度变化能否产生精确的反射波。因此在 FWI 中，反演的主要精力集中在速度模型中的速度变化（散射）上。而在 MVA 中，反演的主要精力则是集中在与波场相匹配的背景速度场，并且把速度变化放到准确的位置上。

FWI 的目标是巨大的，简而言之，就是反演产生观测数据的地下介质模型。所产生的模型必须包括把速度变化（散射）放到他们正确位置上的背景速度（长波长）信息和在数据上看到的产生反射的正确速度变化信息。正如原来在 MVA 成像中所做的那样，若把两者割裂开来，那么将限制速度模型包含地下详细信息的潜在能力，并且对速度进行平滑也限制了反射系数的精度。因此，FWI 填补了这一空白，但实现它要付出巨大的代价。这个代价是相当复杂的问题，本书将集中讨论这些复杂性的问题。

1.4 全波形反演面临的挑战

有人也许会说关于 FWI 面临挑战的讨论需要一本书才能讲透。这里，我们会聚焦这些挑战并快速地将其分类。笔者希望在处理 FWI 问题时，这些挑战能很容易地理解和领会。

尽管 FWI 实用化还面临许多挑战，但面临的最大难题还是地震波场的正弦特征和地下介质本身的复杂性引起的目标函数强非线性特征。基于梯度迭代更新建模方式需要一个初始速度模型，使之产生同实际地震数据相差半个周期之内的合成记录，从而导致位于在反演目标函数真实解吸引域之内的拟合差。显而易见，在低频时目标极值与半周期的长度增加更容易拟合，然而很少能采集到足够低频的数据以满足粗略的初始模型。随机性方法可以不受局部最小值情况影响，并且可收敛至全局最小值，但是，要彻底地探索模型空间，本身的计算能力仍然远远不够。

这里列出一个成功的（或适当收敛）FWI 所遇到的某些主要障碍：

（1）问题的高度非线性（即周期跳跃）。当基于梯度类方法被用于更新模型空间时，需要高精度的初始模型。

（2）由于地震采集观测系统引起的地下有限或差的照明，需要反演正则化。

（3）地下介质的非弹性和各向异性特征，需要更准确地模拟，更好地对数据进行预条件化，但最重要的是需要更好的多参数反演策略。

（4）FWI 的计算成本。在每次（通常需要 50~100 次）迭代中至少需要 3 次波场模拟。

在目前的地震勘探中，FWI 的工业应用主要还是确定性反演类别。模型空间的高维数和海量地震数据使得任何批量应用望而却步。因此在这本书中，笔者尽量避免去讨论贝叶斯理论而把重点放在确定性方法上。在反演中，仍然引入一个先验模型作为一个权值，但是避免贝叶斯理论给我们的结果提供的一些概率置信度量。当我们的模型空间包括百万元素时，我们的期望应当现实一些。

FWI 的关键挑战仍然是正演模拟过程，特别是要抓住波场传播这个牛鼻子。后面章节将讨论这个重要的物理现象。

1.5 研究范畴

本书聚焦 FWI 的基础理论和 FWI 作为一个概念和方法所面临的挑战。在聚焦作为工具的算法时，本书限制在地下介质最简单的表示上，即做出声波假设。这也为本书聚焦于 FWI 实际应用的目标服务，同时考虑许多地震数据的限制因素。甚至在讨论各向异性时，也用声波假设，这样，焦点就是 P 波。尽管本书讨论的许多基本原理同样适用于其他类型的波，但为了一致性起见，这里强调 P 波并展示对应于 P 波的实例。尽管 VSP 和井间层析在提高 FWI 分辨率方面有关键作用，但本书只讨论地面地震 P 波数据的更复杂问题，因为超过 90%

所采集的数据具有这种形式。再者，主要基于同样的波动方程，许多原理都是相同的，因此，试验与方法的许多方面都可应用于 VSP 或井间层析。

尽管地球是三维的（3D），但我们绝大多数讨论聚焦在二维（2D）问题上。在许多情况下，二维算法拓展到三维要花更高的成本。当然在三维情况下，采集变成了反演的一个重要的课题。

一维（1D，深度维）反演问题和二维反演问题之间的差别是巨大的。因为增加的维度是沿着采集地表的，它不同于垂向轴，这样增加了问题的倾角分量。在三维问题中会增加另一个地表维度，尽管理论上并不改变 FWI 基础，然而挑战在于数据的覆盖范围，特别是在平面采集从一维变化到二维的事实下。在数据表示中增加了方位角（与模型中的倾角分量相反）分量。虽然全波形反演很重要，但本书不涉及三维，特别是当它从属于采集工作时。

参考文献

Lially, P. (1984). Migration methods: Partial but efficient solutions to the seismic inverse problem: Inverse problems of acoustic and elastic waves. Philadelphia, PA: Society of Industry and Applied Mathematics.

Tarantola, A. (1984a). Inversion of seismic reflection data in the acoustic approximation. *Geophysics*, 49, 1259–1266.

Tarantola, A. (1984b). Linearized inversion of seismic reflection data. *Geophysical Prospecting*, 32, 998–1015.

Tarantola, A. (1987). Inverse problem theory. Elsevier.

2 波 场

求解 FWI 和成像问题的根本是构建精确而有效的波场，换句话说是求解波动方程。这个过程是通过对以时间为变量的波场模拟来实现的，或者更确切地说是通过波的传播来实现的。这些方法被定义为波场延拓。精确的波场模拟是 FWI 取得成功的关键，它包括对物理机制的准确描述、对地下介质合理的波场照明、精确而有效率的数值运算。许多出版物已详细讲述过地震波传播这一重要课题，其中重点推荐 Aki 和 Richards（2003）、Cerveng（2001）的文章。我们在这里所关注的只是波场构建问题中与 FWI 有关的一小部分内容，随后将引入所需的定义。

2.1 波传播的要素

描述和模拟波在地下介质中的传播依赖于对正演模拟问题的设定。为了简化该设定，可把正演模拟问题分为 4 个要素。

（1）域的表示和（更明确地说）坐标系统：域定义了波场所在的空间区域。域一般都有边界（为计算目的），这样必须定义边界和在边界及靠近边界的波场条件。在该域内，需要定义合适框架或坐标系统来确定空间中一个点或属性位置（即像在一个表面上的几何物体一样），用一个参考框架来定位和定义在空间和时间上的介质特性和波场特征也是非常重要的。确定合适的坐标系统一般依赖于应用类型和模型的一般形状。例如，在模拟地震波在整个地球内部传播时，使用的是一个圆心位于地球中心的球坐标系统。在地震勘探应用中，尽管地球表面是弯曲的，笛卡尔坐标系统更加实用。

（2）介质特性。介质是波传播通过的域，它的特性（物质成分）控制着波的特征（如速度和振幅）。介质可近似为弹性的，弹性被用于描述固体材料中波的传播，但要注意的是这种近似忽略了波传播的非弹性和频散性质。介质也可近似为声学介质，它的特性相当于波在流体和气体材料中传播，介质特性是参照特别的坐标系统来定义的。

（3）波场。在一个狭窄有限或无限空间的特别介质中，作为时间函数的质点位移（弹性）或应力（声波）的状态被称作为波场。对弹性介质来说，位移是用一个测量介质中的质点从它的平衡状态开始旅行的距离向量来描述的（例如，在激发炮点前零时刻的位置）。因此三维介质中的波场是通过以时间和空间为函数的矢量的三个分量来描述的。在声学介质中，波场是一个关于时间和空间的标量函数。

（4）波动方程：波动方程是控制波在介质中的传播的数学描述，并且要用到上述提到的所有要素。它与一个介质中（具有定义在特殊坐标系统中的特性）在时间和空间上质点位移（波场）的变化相关。尽管声波方程和弹性波方程在各向同性介质中的运动学特征描述相同，但声波方程仍然不同于弹性波方程。由于声学介质在勘探地球物理应用上更为广泛，下面我们将重点放在声学介质上，更详细地阐述声学介质的波场模拟。

2.2 坐标系统

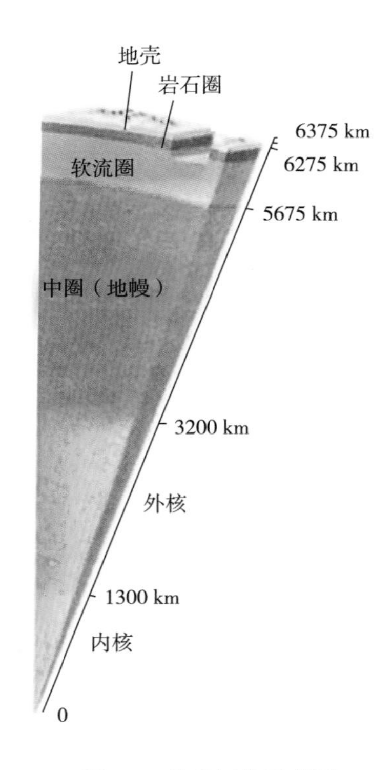

图 2.1　地球切片示意图

它表示主要的地层不整合面和它们距地面的深度，也包括到地球中心的距离。这也可以直观地看出相比于地球半径来说，地震排列（最大6km）的目标深度是非常浅的，也说明对地震勘探来说地学理论是有效的

与天然地震学不同，对地震勘探来说，地球表面可近似成平面。地球表面的曲率与地球的6400km半径成反比，与通常在勘探地震学中涉及的千米尺度距离相比是非常小的，如图2.1所示。考虑到地震勘探地面范围一般不超过100km，特别是调查的深度通常不超过地表以下10km，所以在定义坐标系时，一般不考虑地球的曲率。假设地球是平的，在调查区内，可依靠最直观的和容易操控的坐标系统——笛卡尔坐标，我们可用欧几里得空间公式来简化上述方程。笛卡尔坐标系统用沿三个轴代表距离的三个值唯一地定义了空间上一个点的位置。三个值用 x_1、x_2、x_3，或 x、y、z 来表示。在三维地震应用中，用 x、y 轴来描述平行于地球表面的平面（图2.2）。在2D中，涉及地下介质的垂直剖面时，我们就不用 y 而用 x 轴来描述横向距离（或沿地球表面的距离）。

如图2.3所示。第三轴（在2D中第二轴）表示深度。因此 z 轴指向向下（垂直或正交于地球表面），并且 z 值在此方向上增加。在地表采集地震数据时，深度 $z=0$，也就是说在 $z=4$km 处的油藏一般意味着在地下4km深度处。沿笛卡尔坐标轴的 x、y、z 值可被认为是空间中一个特殊点的地址。

在地震领域应用中，既可用三维笛卡尔坐标系也可用二维笛卡尔坐标系，这主要根据采集的要求和目标决定。如果采集和波传播能被限定在一个垂直平面内，二维坐标系就足够了，因为它易于使用和可视化（就像电视一样）。然而，由于勘探目标的复杂性，三维采集和三维地震波传播变得更加普遍和需要，所以需要三维坐标系。图 2.4 显示的是处理后三维地震数据体。然而 2D 表示（图 2.5）经常是 3D 体数据的垂直切片，当第三轴变化很小时，2D 可能是一个好的近似。

也可用笛卡尔坐标系来定义勘探目标区的边界，通常这样的边界之一是地球表面。把这样的边界称作为自由表面，把该边界之上波的传播速度置为 0（尽管实际上很小）。这是一个很好的近似，其他的边界通过目的层来定义。边界通常在横向上要覆盖采集的区域，在垂向上要包括目标油气藏的深度。在这些边界上，将其定义为连续介质，即设置吸收边界条件。在这些边界上，没有能量会被反射，从名字上可以看出，边界会吸收波的能量（无反射）。

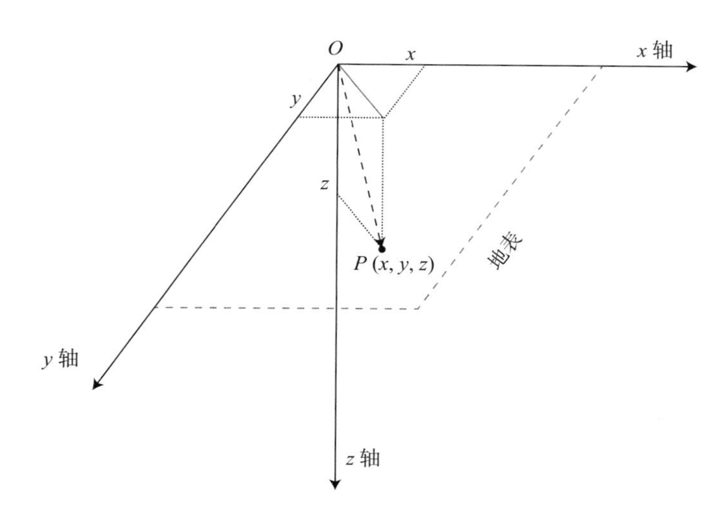

图 2.2　三维空间中的笛卡尔坐标系统

一种在地球的平面表示中定义一个点位置的独特方法。在地震勘探中，z轴在向下方向是正的，它描述的事实是波从地表向地下传播到达我们的目标层位

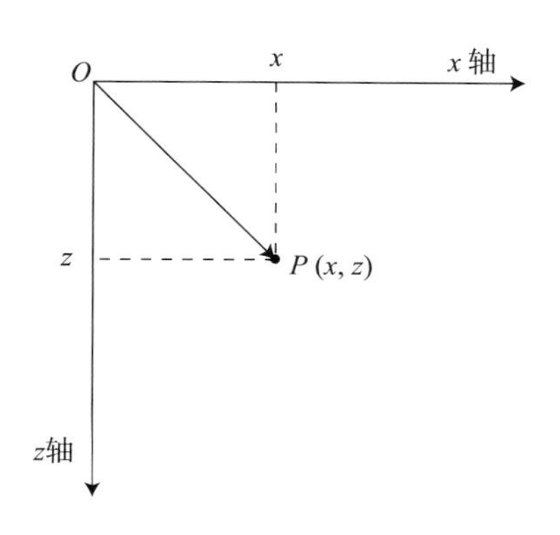

图 2.3　二维笛卡尔坐标系统

与三维笛卡尔坐标系统一样，z轴指向向下。用2D坐标系统很容易显示和理解。在许多y方向属性变化不大的地方，2D坐标系统是一个很好的近似

图 2.4　处理后的三维地震数据体

垂直轴是时间（以秒为单位）。该图表示一张在时间2s以上的切片。时间切片是恒定时间地震振幅水平方向上的变化

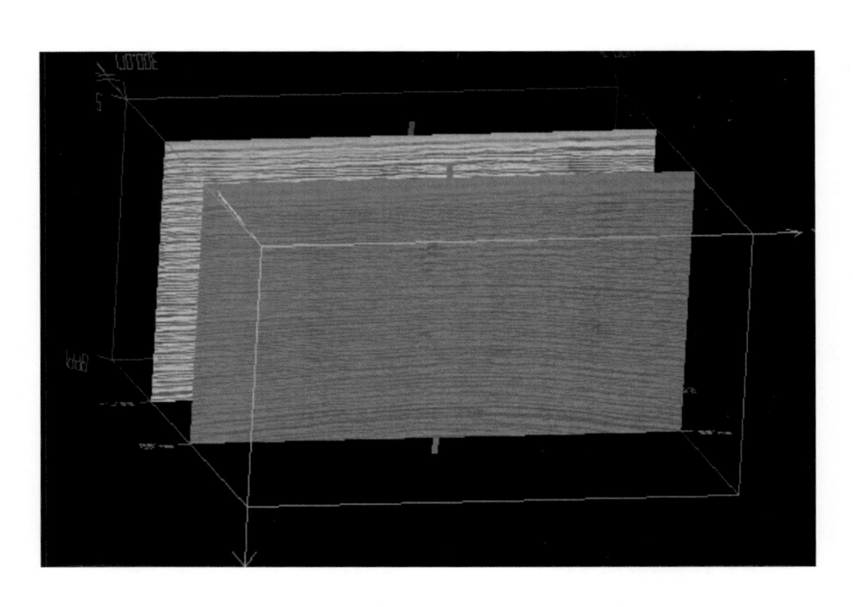

图 2.5　二维地震剖面（处理后的地震数据）

这种类型的地震剖面可以从三维数据体中按固定x或y坐标和所有时间（称为一个切片）的数据中提取出来，也可以通过2D采集直接得到（在地球表面的单一测线）。相比3D来说，2D数据采集和处理成本更低。现在，2D采集大多用于昂贵的3D采集前的可行性调查和验证

把自己定义在一个有限（封闭）区域的主要原因是出于数值计算上考虑，尽管把计算区域扩展到无限区域在数值求解计算中更符合常理，但现有的计算机资源是有限的，在一个较小的区域求解波场意味着效率更高。由于需要多次正演迭代，计算效率在 FWI 中就尤为重要。然而，减少计算区域的大小需要更好的边界处理以限制边界效应，在精度和成本之间的微妙平衡就是计算地球物理学的奥妙所在。

2.3 介质

波传播所通过介质的材料和特性（特别是可压缩性和刚性）控制着传播的性能，如速度、振幅、波长（一个波周期的长度）。从原理上来讲，物体的刚性越强，波传播的速度越快，波长越长，位移的振幅自然就越小（由于能量将被分布在较长的波长上，即使某些能量转化成热能，也有利于保存能量）。介质特性并不随空间位置（x、y、z）而变化的介质被称为均匀介质，否则称之为非均匀介质。在地下介质中，介质特性一般随深度增加变化很大，如果忽略横向变化，称这种介质为横向均匀的或垂向非均匀的介质。

在弹性（固体）材料中，地下介质特性是由多参数定义的。在空间上每一个点（x、y、z），定义介质除用到密度 ρ 之外，还需要 21 个弹性参数。在各向同性假设前提下，参数的数量被大量地减少到除密度之外仅有两个参数，这两个参数称为：拉梅常数 λ 和剪切模量（刚性）μ。这两个参数的组合描述了材料的不可压缩性或体积弹性模量 κ。也可用 P 波速度 $v_P=\sqrt{\dfrac{\lambda+\mu}{\rho}}$（它直接与可压缩性相关）和 S 波速度（横波）$v_S=\sqrt{\dfrac{\mu}{\rho}}$ 再加上密度来描述波在各向同性介质中的传播。这样，用 v_P（x、y、z），v_S（x、y、z）和 ρ（x、y、z）这 3 个参数就可以描述波在 3D 各向同性介质中的传播（顺便指出上述变量后括弧内的参数是对应的函数变量）。事实上，假如材料的刚性等于零，S 波的速度等于零，介质就变成声学介质，这种现象出现在流体和气体介质中。

尽管地震勘探应用的目标经常在固体材料中，并且所记录的波大部分旅行时发生在固体材料中，但在处理、成像及 FWI 中都要求助于声学近似。这种做法的主要原因之一是这样的近似简化了地震数据处理、成像及相应的算法。这样就不必花费精力在难以记录和描述介质弹性特性的横波上，而把主要精力集中在 P 波上。非常幸运，尽管不能很好地保幅，声波假设能够较好地近似 P 波在弹性介质中的运动学特征（走时）。然而由于振幅（作为绝对值）很少被用于地震数据处理（更多用在数据分析）中，声学近似多年来已被证明是弹性波假设非常好的替代品。由于密度也对波传播的运动学特征有轻微的影响，通常把它视为常数，尽管在后面讲到 FWI 时密度仍有些用处，但在一般的地震处理和波动方程公式中均把它忽略不计。因此，对许多这里讲的应用来说，声学介质中 P 波的传播依赖于作为 3D 空间函数的介质特性——P 波速度 v（x、y、z）。对 2D 来说去掉 y 轴，上述速度变为 v（x、z），如图 2.6 所示。假如介质是均匀的，速度并不随位置和空间变化，它可用常数 c 来表示。如果我们忽略横向上不均匀性，只考虑速度随深度变化，那么速度是深度 z 的函数，即 v（z）。

在 FWI 中，波的传播振幅起着重要作用。因此，地下介质的声学近似就会在反演中带来严重的误差。我们将在后面的章节中讨论这个重要的课题。然而，在 FWI 中所面临的绝大部分挑战既适用于弹性情况也适用于非弹性情况，为简单起见，首先把重点放在声学介质上。

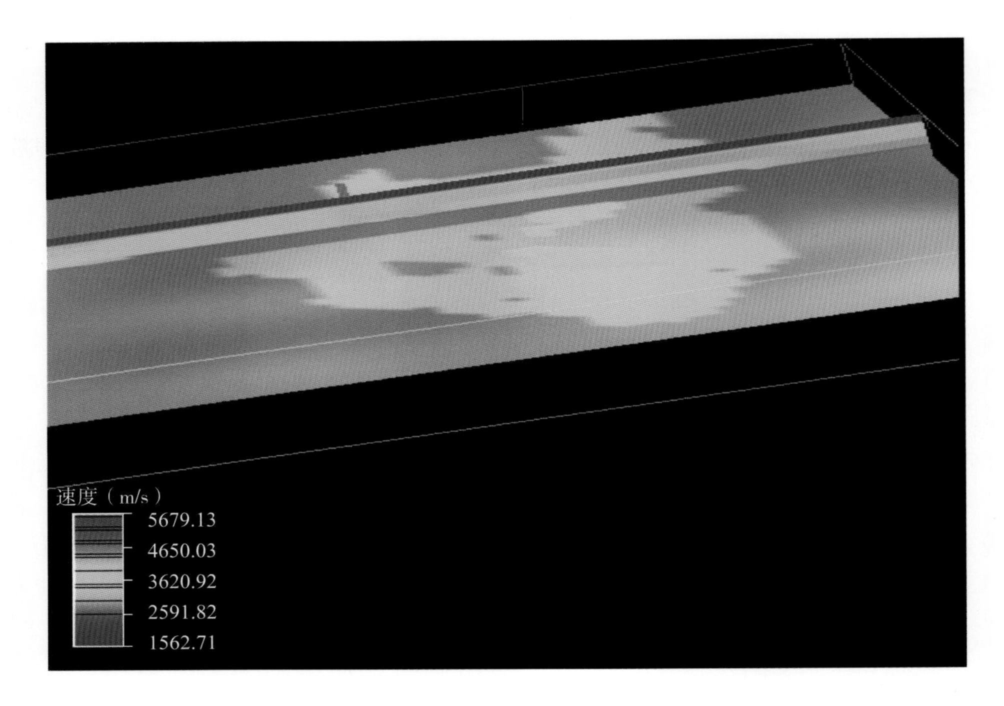

图 2.6　该图表示来自一反演后3D速度模型的垂直和水平切片

根据图左下侧的图例，图中不同的颜色代表不同的速度

2.4　声学（标量）波场

弹性波场可以用向量 $\boldsymbol{u}$ 来表示，它代表 3D 笛卡尔坐标（u_x，u_y，u_z）系中地下一个点（质点）的位移（或质点速度或加速度），而声学波场是用反映一个方向上位移量的标量来描述的。尽管声学波场通常描述的是波在流体中的特性，由于流体的刚度为零，所以横波速度等于零，这样它就近似了波在固体中的传播特性，特别是它的运动学（旅行时）特性，由于所记录的地震数据振幅不是那么可靠，并且它们的值并不常用在处理中，因此声学近似把弹性波传播近似到了地震勘探所需要的精度。地下一个点的位移量可以用 u（x，y，z）来测量，前面也讲到过 x，y，z 描述的是质点平衡点（无振动）或 $t=0$ 即 u（x，y，z）$=0$ 所在点的位置。一个正在传播的波将引起质点按频率（单位时间的周期数）所定义的振动速度进行振荡位移。对空间中的一个固定点，波随时间而变化，这样位移也是由 u（x，y，z，t）所给出的时间 t 的函数。在三维中，u（x，y，z，t）描述的是坐标（x，y，z）和时间 t 所定义的空间中质点的位移。由于经常以连续的方式向地下发出振动，一般是一次一炮，一般来讲，某一小段时间内的波场描述的是介质对激发源的响应。它当然会包含来自其他事件产生的噪声，但是我们希望它们是轻微和不相干的。如果震源是一个脉冲能量（一个 δ 函数），那么产生的波场被称为格林函数，在这里炮点位置对构成格林函数来说是必不可少的，并且它通常用

空间上的一个点来描述。因此 $G(x, y, z, x_s, y_s, t)$ 描述的是地面 $Z_s=0$ 处对应炮点位置 x_s、y_s 的一个点源的响应波场。后面我们将详细讨论这方面内容。

空间（x、y、z）中一个点作为时间函数的振动表现为正弦（振动）特征。每秒的振动次数（周期）被称为频率（f），用 Hz 为单位来测量，完成一个完整的振动所花的时间被称为周期（T），用时间单位表示（s）。两者之间的关系为

$$T = \frac{1}{f} \tag{2.1}$$

另一方面，在给定时间的波场快照也产生正弦波形状的波场，但这是在空间方向上的。在三维空间中，单位长度（比如 km）的周期数被称为波数（$\boldsymbol{k}$），单位为 1/ 长度（比如 km^{-1}），也是一个对应于笛卡尔坐标系（k_x，k_y，k_z）三个轴的具有三分量的矢量。空间中振动的长度称为波长（λ），单位为长度。再者，两者的关系为

$$\lambda = \frac{1}{|\boldsymbol{k}|} \tag{2.2}$$

式中，这里$|\cdot|$表示向量$|\boldsymbol{k}|^2 = k_x^2 + k_y^2 + k_z^2$。在有关波场传播的文献中，在某一时刻的波场是与时间和空间有关的函数，由时间与空间共同表示。该点在时间和空间上均坐落在两种表示方式的中心，如图2.7所示。这个关系主要由速度来控制，也可以通过调查在时间和空间上一个周期的特性，从而以一种直接的方式来获取。直觉上波长与一个波的周期关系为

$$\lambda = vT \tag{2.3}$$

由上述关系式可得

$$f = \frac{|\boldsymbol{k}|}{v} \tag{2.4}$$

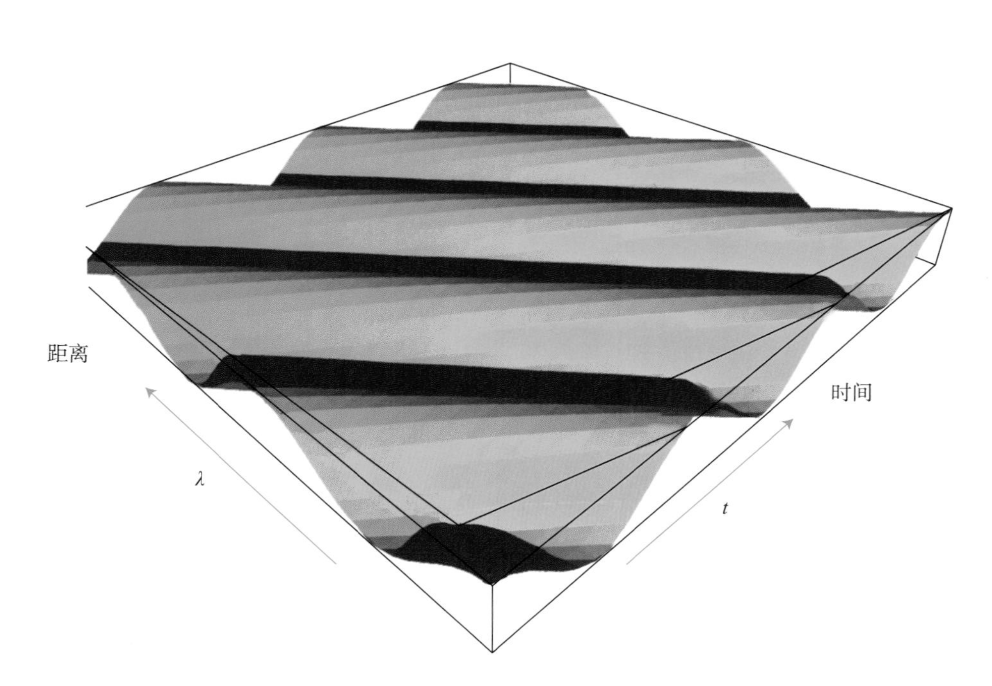

图 2.7 如果在一条细绳上模拟波的传播，该图表示的是正弦波随时间和空间的变化

图中的两个指标轴，一个是时间轴，另外一个是空间轴（距离），垂直轴是波的振幅

它被称为具有形成波动方程动态形式的频散关系。这个简单关系主导着波在均匀介质中的传播，并且很容易被改用以表述波在其他一般介质中的传播。

当描述一个波的时候，另一个重要特性是它的振幅 A。我们举例来说明，在一个一维线段（x 轴）上的波场（如图 2.8 所示），该波场是由具有描述时间和空间振动特性的频率和波数所定义的简单正弦函数来确定的，因此表达式为

$$u(\mathrm{x},t)=A\sin\left(2\pi ft-k_x x\right) \tag{2.5}$$

从式（2.5）中可以看出，频率和波数成为控制时间和空间振动量的因素。由于它们描述的是相同的波，再结合它们描述的沿细绳段波的速度，就有

$$u(x,t)=A\sin\left[2\pi f\left(t-\tfrac{x}{c}\right)\right] \tag{2.6}$$

为简化表达式，出于对波数的固有考虑将用角频率 $\omega=2\pi f$ 来表示频率。振动的大小由正弦函数前面的振幅来确定，尽管这个正弦函数看起来并不像在野外记录的波，但可以用波的傅里叶变换系数所定义的振幅对这些正弦和余弦函数进行加权求和来表示这个记录。这个特征被归结为在后面要讲到的波动方程的线性性质。

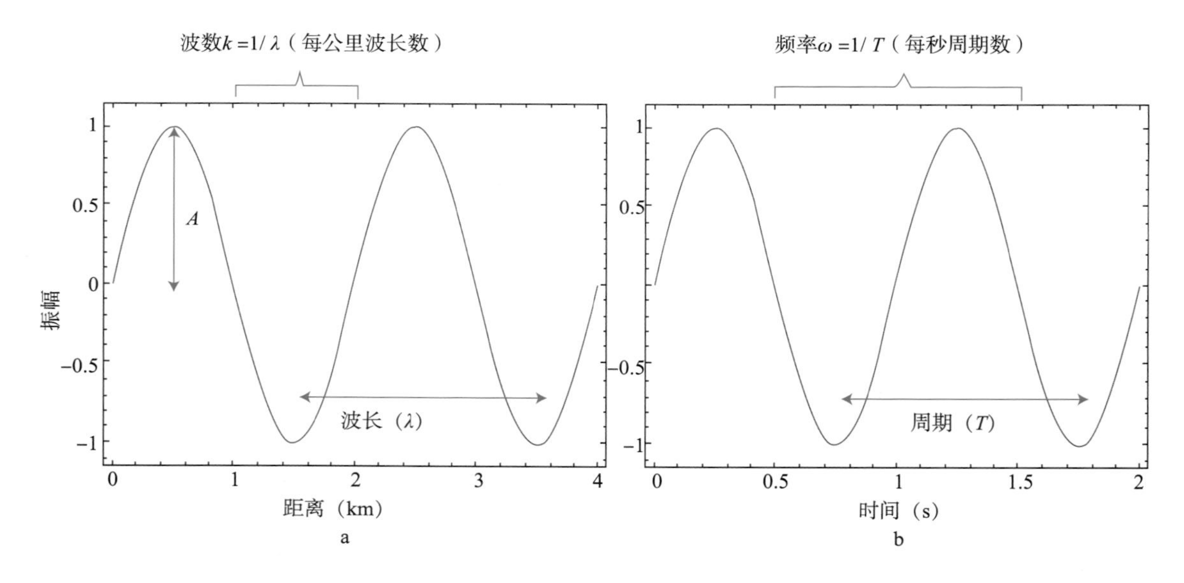

图 2.8 正弦横切波通过一个细绳上的传播

a—表明细绳作为空间函数的垂直位移的波在时间上的快照。波长和振幅标在图上。b—在空间一特殊点作为时间的函数细绳的位移。波的周期和振幅也标在图上。上述两图显示的是同样的波并且它们通过空间上那点的介质速度互相关联起来

波长和相应的波数与分辨率有密不可分的内在联系。波长越短，单位距离内波场所包含的信息量越大，也就能更好地描述介质及其细节特征，这应根据要分辨的区域不同而变化，如图 2.9 所示。由于对于某一特定介质来说传播速度是一个固定量，当把更高频率的信号发射到地下介质中时，得到的是更短的波长。这个关系可以从方程（2.3）和后续的方程中直接观测到。因此，高分辨率也是高频率的同义词（实际上要是这么简单就好了）。

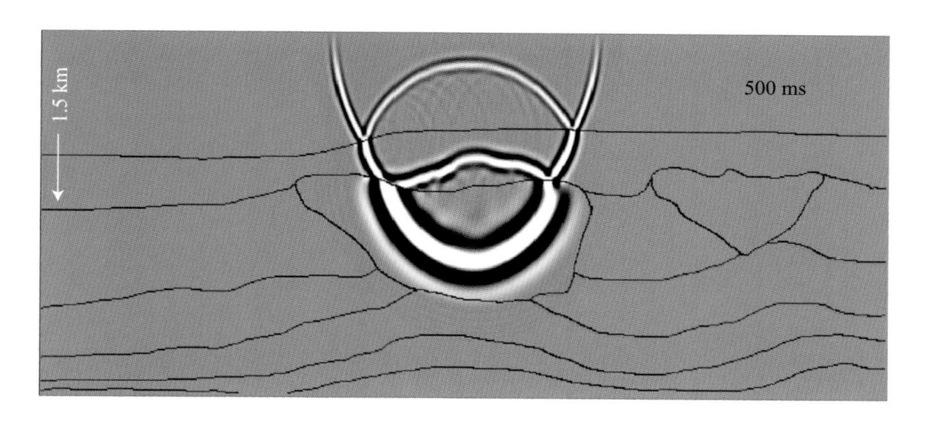

图 2.9 地表放炮向地下传播的2D模拟波场在0.5s处的波场快照

图中由黑色曲线所分割的各层中速度的变化也反映了波长的变化

2.5 声学波动方程

在勘探区域或在某些包含勘探目标的封闭区域内，我们拥有全波场 u（x，y，z，t）。如果它在某合理的时间段内包含全部有效信号频率，应用这些有效频率所提供的分辨率，那么在理论上就能恢复介质特性（在声学假设下）所需的全部信息。希望会那么幸运。

然而，在通常情况下，用波场描述一小部分目的层来开始地震勘探。在常规地震勘探中，我们仅从地表或近地表开始记录地震数据，却希望从该记录中推导出其他所有地方的波场特征。在其他情况下，只要有炮点位置或介质特性方面的信息，就可以进行正演模拟。要延拓波场就需要两样东西（波场传播）：介质属性 [特别在声波情况下 P 波速度 v（x、y、z）] 和波向地下传播到目的层区域的有效方式。该方式是用波在地下传播的物理机制公式来描述的，这个物理机制称为波动方程。由于主要聚焦在声学介质情况，所以所用的方程被称为声波方程。由于该波动方程把波场特性描述为声学介质中的标量，所以也把它称之为标量波动方程。波动方程把地面记录的波场 u（x，y，z =0，t）关联到深度 z 上的潜在波场 u（x，y，z，t），或更准确地说是不同时刻的波场，时间 t =0 的波场 u（x，y，z，t =0）表示在激发点处的波场。

声波方程是一个二阶线性微分方程，它可定义各种类型波的传播，包括声波、光波和水波，它是一个双曲型偏微分方程的原型实例。在它的最简单形式中，波动方程指的是满足下式的一个标量场函数 u（x，y，z，t），即

$$\frac{\partial^2 u}{\partial t^2} = v^2 \nabla^2 u \tag{2.7}$$

式中，∇^2 是（空间上的）拉普拉斯算子，即 $\frac{\partial^2}{\partial x^2}+\frac{\partial^2}{\partial y^2}+\frac{\partial^2}{\partial z^2}$ ；v代表波的传播速度。这被称为是均匀标量波动方程，它是均匀的，因为没有施加一个应力函数。频散现象描述的是速度随频率的变化v（f），对于在地震勘探尺度上波在地下介质中传播的频率来说，可以忽

略地震波的频散。上述波动方程也是线性的。这就意味着我们能从同样的域把两个波场相加（如两个不同震源的响应），并且新的波场也将满足波动方程。

2.5.1 时间域的波动方程

均匀（无震源域中）标量波动方程是一个双曲线性二阶偏微分方程，即

$$\left(\nabla^2-\frac{1}{c^2}\frac{\partial^2}{\partial f^2}\right)u\left(x\cdot t\right)=0 \tag{2.8}$$

波动方程由牛顿第二定律（它把力与质点位移的加速度关联起来）和胡克弹性定律［它把应力（单位面积上的力）和应变（变形）联系起来］联合推导而来。波动方程是波传播的“约定俗成定律”，它经常用于成像中，这里的“约定俗成”是指声学方面。

n 阶双曲偏微分方程对 $n-1$ 阶导数有一个适定的初值问题。更准确地说，对于任意初始数据，Cauchy 问题可以被局部求解。通过变量的线性变化，该形式的任何方程为

$$au_{xx}+bu_{xy}+cu_{yy}+\cdots=0 \tag{2.9}$$

其中

$$b^2-4ac>0 \tag{2.10}$$

并且

$$u_{kl}=\frac{\partial^2 u}{\partial k\partial l} \tag{2.11}$$

可以被转换为波动方程（视为双曲线型的）。这里“…”代表低阶项，它们对于波动方程的定性理解（它们仅与振幅有关）不是必需的。该定义类似于一个平面双曲线的定义，声波波动方程可转换成一组一阶线性偏微分方程之和，可变为如下形式，即

$$\rho\frac{\partial v_i}{\partial t}=\frac{\partial p}{\partial x_i}\qquad\left(i=1,2,3\right)$$

$$\frac{\partial p}{\partial t}=k\sum_{i=1}^{3}\frac{\partial v_i}{\partial x_i} \tag{2.12}$$

式中，p是应力；v (v_1，v_2，v_3)是质点速度；ρ是质量密度；k是体积模量。根据未知波的变量p和v_i把方程（2.12）改为矩阵形式，即

$$\frac{\partial}{\partial t}\boldsymbol{w}=\boldsymbol{A}\boldsymbol{w} \tag{2.13}$$

其中

$$\boldsymbol{A}=\begin{pmatrix}0 & \boldsymbol{k}\frac{\partial}{\partial x_1} & \boldsymbol{k}\frac{\partial}{\partial x_2} & \boldsymbol{k}\frac{\partial}{\partial x_3}\\ \frac{1}{\rho}\frac{\partial}{\partial x_1} & 0 & 0 & 0\\ \frac{1}{\rho}\frac{\partial}{\partial x_2} & 0 & 0 & 0\\ \frac{1}{\rho}\frac{\partial}{\partial x_3} & 0 & 0 & 0\end{pmatrix},\quad \boldsymbol{w}=\begin{pmatrix}p\\ v_1\\ v_2\\ v_3\end{pmatrix} \tag{2.14}$$

这样，由于矩阵 $\boldsymbol{A}$ 是可对角化的，它的特征值是实数，方程被视为双曲线型的。

2.5.2 求导与频散关系

对于均匀介质，由常数旅行时间 τ 定义的波前面是一个球面，在 3D 介质中用所谓的程函方程（一种形式的频散关系）来定义该球面的旅行时导数与空间的关系，即

$$p_x = \frac{\partial \tau}{\partial x},\quad p_y = \frac{\partial \tau}{\partial y},\quad p_z = \frac{\partial \tau}{\partial z},$$

$$\frac{1}{v^2} = {p_x}^2 + {p_y}^2 + {p_z}^2 \tag{2.15}$$

式中，v是介质的速度，首先假设速度v是常数；令 $\boldsymbol{k} = \omega \boldsymbol{p}$，其中$\boldsymbol{k}$是笛卡尔坐标系（$k_x$，$k_y$，$k_z$）中的波数向量；$\omega$是角频率。重新整理方程（2.15）得到

$$k_z^2 = \frac{\omega}{v^2} - \left(k_x^2 + k_y^2\right) \tag{2.16}$$

用傅里叶域的波场 U（k_x，k_y，$k_{z,}$ ω）乘以方程（2.16）的两边并对 k_z 做傅里叶反变换 $\left(k_z \to -\mathrm{i}\dfrac{\mathrm{d}}{\mathrm{d}z}\right)$，得到

$$\frac{\mathrm{d}^2 U\left(k_x, k_y, z, \omega\right)}{\mathrm{d}z^2} = -\left(\frac{\omega^2}{v^2} - k_x^2 + k_y^2\right) U\left(k_x, k_y, z, \omega\right) \tag{2.17}$$

同理，对 k_x，k_y 进行傅里叶反变换$\left(k_x \to -\mathrm{i}\dfrac{\partial}{\partial x}, k_y \to -\mathrm{i}\dfrac{\partial}{\partial y}\right)$，得到霍姆霍兹波动方程，即

$$\frac{\partial^2 U}{\partial x^2} + \frac{\partial^2 U}{\partial y^2} + \frac{\partial^2 U}{\partial z^2} + \frac{\omega^2}{v^2} U\left(x, y, z, \omega\right) = 0 \tag{2.18}$$

由于当 $\omega \to \infty$ 时，介质参数 v 独立于 k_x，k_y，k_z，声学波动方程对非均匀介质以及均匀介质均成立。对于平滑变化的介质，$\omega \to \infty$ 的限制可以放宽，v 随位置的变化（Aki 和 Richards，2002）将在方程（2.18）中引入额外的项。对常规地震波长来讲，这些项对波场几乎没有影响。当 $\omega \to \infty$ 时或当介质均匀时，它们全部消失。

最终对 ω 进行傅里叶反变换$\left(\omega \to \mathrm{i}\dfrac{\partial}{\partial t}\right)$得到各向同性介质情况下的声学波动方程，即

$$\frac{\partial^2 u}{\partial t^2} = v^2\left(x, y, z\right)\left(\frac{\partial^2 u}{\partial x^2} + \frac{\partial^2 u}{\partial y^2} + \frac{\partial^2 u}{\partial z^2}\right) \tag{2.19}$$

该方程是关于 t 的二阶偏微分方程。为比较起见，Aki 和 Richards（2002）给出了 2D 弹性波动方程，它用密度归一化弹性系数 $A_{ijRL}\left(=C_{ijRL}/P\right)$ 很好地描述了各向同性介质中的 2D 弹性波动方程。

$$\frac{\partial^2 u_x}{\partial t^2} = A_{1111}\frac{\partial^2 u_x}{\partial x^2} + A_{1313}\frac{\partial^2 u_x}{\partial z^2} \tag{2.20}$$

和

$$\frac{\partial^2 u_x}{\partial t^2} = A_{3333}\frac{\partial^2 u_z}{\partial z^2} + A_{1313}\frac{\partial^2 u_z}{\partial z^2} \tag{2.21}$$

式（2.21）中，u_x和u_z是二维波场矢量$\boldsymbol{u}$的分量。在各向同性情况下，$A_{1111} = A_{3333}$。求解非均匀介质的弹性波波动方程需要对上述对应于波场分量的两个方程（3D介质中是三个方程）应用有限差分法计算。对每个分量波场的计算量几乎等同于计算声学波场的计算量，在弹性介质情况下，该方法也会增加波场及相应介质参数输入、输出和存储等额外成本。

此外，弹性波动方程的求解既包含 P 波也包含 S 波，而声波波动方程只产生 P 波，当用于模拟零偏移距条件下 P 波传播时（例如，当爆炸反射点假设被应用时），弹性波动方程解中 S 波的存在使该方程不能很好地适用。此外对于有限差分的实施来说，正如在后面章节将看到的那样，要解决 S 波的空间采样以避免频散问题，要求会严格得多。

2.5.3 Helmholtz 波动方程

由于其线性性质，波动方程可以很容易被变换到其他域，包括正如上述看到的很有用的频率域。在此情况下，解是与频率有关的函数，因此，波动方程时间域的解只不过是由频率域解（傅里叶反变换）加权了的固定频率的正弦波的叠加。假如假设一固定频率的地震波，那么波场的时间谐波表达式为

$$\psi(\boldsymbol{x}) = A(\boldsymbol{x})\mathrm{e}^{\mathrm{i}\phi(x)} \tag{2.22}$$

式中，ψ通常为定义在欧几里得空间中的一复数量；振幅分量为A；相位分量为ϕ；$\boldsymbol{x}$=（x，y，z或x_1，x_2，x_3）。在均匀介质假设下，时间域的波场由下式定义，即

$$u(\boldsymbol{x},t) = \mathrm{Re}\{\psi(\boldsymbol{x})\mathrm{e}^{\mathrm{i}\omega t}\} \tag{2.23}$$

对一固定的角频率，$\omega = 2\pi f$，f代表波的频率，把该式代入波动方程（2.8）中得到波动方程的频率域形式，也被称为 Helmholtz 方程，即

$$(\nabla^2 + k^2)\psi(\boldsymbol{x}) = 0 \tag{2.24}$$

这里

$$k = \frac{\omega}{v} = \frac{2\pi}{\lambda} \tag{2.25}$$

式中，k是波数；i是虚数单位；ψ（x）不依赖于时间，它是传播波场的复值分量。注意传播常量，特别是波数k和角频率ω是线性互相关的，这是均匀介质中地震波的典型特征。对波场进行平面波分解，通过傅里叶系数来表征（x、y、z）处的波场，并且这样的描述提供了用于波场分析和波场外推的另一种途径，该途径可用于描述波场反射和折射的特性。

2.6 波动方程的解析解

对均匀介质或速度为简单函数的介质来说，波动方程的解析解是很容易得到的。这些解为我们深入了解波场特性提供了依据。如果是更复杂速度模型的介质，解就要通过空间和时间（或频率）域离散进行数值计算来求取。对平滑速度模型，可以通过高频近似来有效地求解波动方程，因为在这种情况下，波场是通过它的旅行时和振幅分量来近似的（一个稳态谐波分量）。对于具有清晰分界面的复杂介质来说，直接用数值计算的方法求解波动方程。这些求解方法最通常的形式是基于波动方程导数的 Taylor 级数近似，即称为有限差分方法。

方程（2.19）有对应于该方程二阶性质的两个解，这两个解分别代表上行和下行波。初始条件（或边界条件）将给出波是上行的还是下行的，还是上下行都包括的。在这一节中，求均匀介质情况下波动方程（2.19）的解析解，以提供对这两个解的更好的理解。

为了解方程（2.19），用一个平面波试验解如下，即

$$F(x,z,t)=A(t)\mathrm{e}^{\mathrm{i}(k_x x+k_z z)} \tag{2.26}$$

为简单起见，这里只考虑二维问题，因此忽略包含 y（或 k_y）的所有项。把试验解代入偏微分方程（2.19）的二维版本中，得到下列线性常微分方程，即

$$\frac{\mathrm{d}^2 A}{\mathrm{d}t^2}+v^2\left(k_x^2+k_z^2\right)A=0 \tag{2.27}$$

方程（2.27）只含 A 的偶数阶导数意味着有两组复共轭解，这些解为

$$A(t)=\mathrm{e}^{\pm\sqrt{a}t} \tag{2.28}$$

这里

$$a=-v^2\left(k_x^2+k_z^2\right) \tag{2.29}$$

考虑到 $\sqrt{a}$ 与角频率 ω 是有同样的单位，注意到这种形式类似于频散关系。因此，均匀介质波动方程解的相位部分由频散关系所决定。

2.7 波动方程的有限差分解

加入一个力函数 f（x，y，z，t）到方程（2.19）中得

$$\frac{\partial^2 u}{\partial t^2}-v^2(x,y,z)\left(\frac{\partial^2 u}{\partial x^2}+\frac{\partial^2 u}{\partial y^2}+\frac{\partial^2 u}{\partial z^2}\right)=f \tag{2.30}$$

利用二阶有限差分方法，可用差分方程近似偏导数如下，即

$$\frac{\partial^2 u}{\partial t^2}\to\frac{U^{i-1}-2U^i+U^{i+1}}{2\Delta t^2} \tag{2.31}$$

并且对二维有

$$\frac{\partial^2 u}{\partial x^2} \to \frac{U_{i-1,j} - 2U_{i,j} + U_{i+1,j}}{\Delta x^2} \tag{2.32}$$

和

$$\frac{\partial^2 u}{\partial z^2} \to \frac{U_{i,j-1} - 2U_{i,j} + U_{i,j+1}}{\Delta z^2} \tag{2.33}$$

式中，下标i和j是二维情况下波场对应的空间位置x和y的样点索引号，相应地，上标i是对应的时间索引，这些索引对应于空间中的采样间隔Δx、Δz和时间采样间隔Δt。二阶有限差分导数具有2阶精度，因此方程（2.30）中的U可用下列递推公式求出，即

$$U^{i+1}(x,y,z) = 2U^{i}(x,y,z) - U^{i-1}(x,y,z) + \Delta t^2\left(\frac{\partial^2 U}{\partial t^2}\right) \tag{2.34}$$

式中，$\frac{\partial^2 U}{\partial t^2}$是拉普拉斯方程（2.30）中的有限差分近似。更高阶有限差分近似（空间中4阶）可直接用方程（2.19）。

2.8 CFL 条件和非线性特征

柯郎—弗里德里希斯—卢伊稳定性条件（CFL 条件）适用于近似双曲线方程的常用差分算法，它说明差分格式的传播速度应该快于或等于原来方程的传播速度。换句话说它保证波传播速度不超过数值解传播的速度。在每个时间步长之后，二阶有限差分方法的计算域在所有方向增加一个步长。Kelly 等（1976）给出了在三维各向同性介质中的 CFL 条件简化，即

$$\frac{\min(\Delta x, \Delta y, \Delta z)}{\Delta t} > \sqrt{3}\, v \tag{2.35}$$

式中，Δt为时间步长；Δx，Δy，Δz为沿主轴的网格步长。为了满足给定非均匀介质模型的CFL条件，我们选择时间步长为

$$\Delta t < \frac{\min(\Delta x, \Delta y, \Delta z)}{\sqrt{3}\max[v(x,y,z)]} \tag{2.36}$$

式中，$\max[v(x,y,z)]$对应模型中的最大速度。

霍姆霍兹方程清楚地展示了波场和速度之间的非线性关系，速度场中微小扰动对高频和低频响应是非常不同的。在频率域进行正演模拟，频率是分开处理或分一个窄频带进行处理的，速度模型中波场对平滑度的依赖性反映了数据对短波长信息的敏感性。图 2.10 表明高频波场对剧烈变化的 Marmousi 模型或轻微平滑后的 Marmousi 模型的敏感度大小的差别。另外，低频部分则不太敏感。因此，为了提取这样的信息，我们也必须模拟这样的频率，然后反演镶嵌在里面的高分辨率信息。

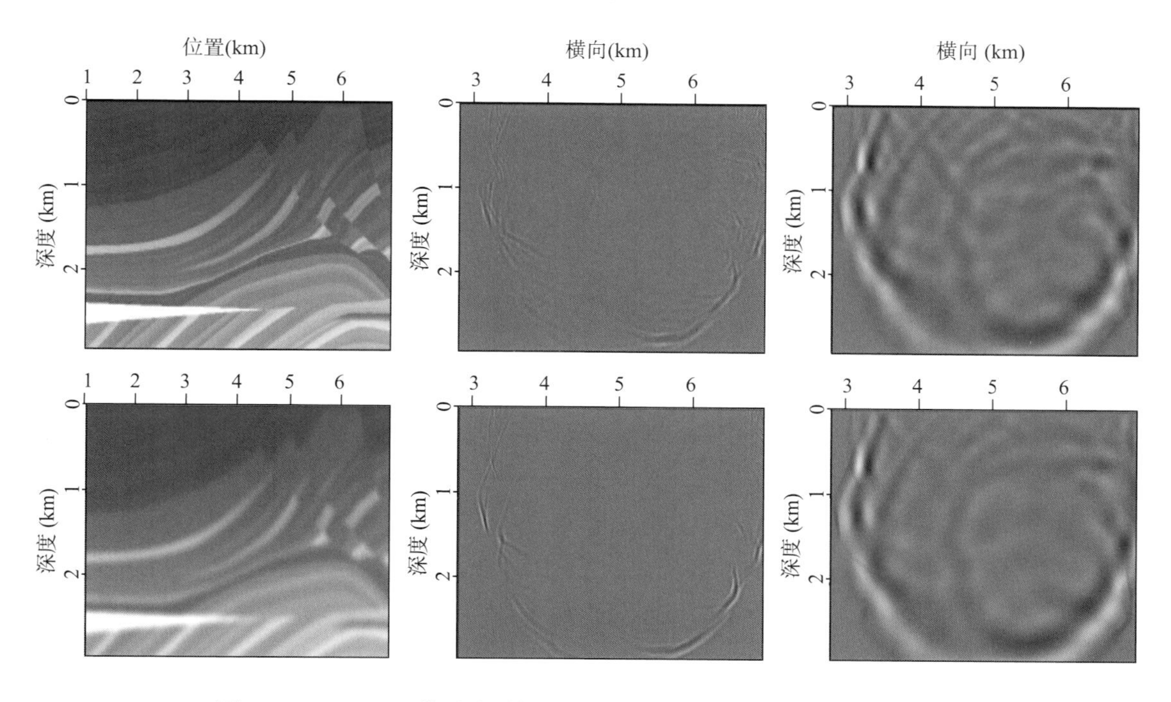

图 2.10 Marmousi 模型（顶）和Marmousi 平滑模型（底）的波场快照

左边是两个模型。中间图对应于近地表的一高频震源的波场快照，右图对应于一低频震源的波场快照。震源位于地表5km位置处

参考文献

Aki, K., & Richards, P.(2002). Quantitative seismology(2nd ed.). University Science Books.

Červený, V.(2001). Seismic ray theory. Cambridge University Press.

Kelly, K. R., Ward, R. W., Treitel, S., & Alford, R. M.(1976). Synthetic seismograms: A finite-difference approach. *Geophysics*, 41, 2–27(Errata in GEO-50-11-2279).

3 各向异性（声波情况）

在地震各向异性地下介质情况下，大量的事实（地震数据）都证明地球主要是各向异性的。由于主要受几百万年沉积过程中的重力影响，地球内部引起地震波的各向异性特性是显而易见的。事实上，完全各向同性的沉积岩是不存在的，由于各向异性由薄层（有些在本征尺度上）主导，该现象在物理上由横向各向同性介质（TI）来描述，该TI介质绝大多数情况下具有垂直方向的对称轴——重力方向。在某些地区，地壳构造力和其他的应力作用会导致对称轴倾斜而偏离TI介质的垂直对称特征。还有一些其他的力会引起与TI对称轴方向不同的裂缝，产生较少对称的更为复杂的各向异性。

与各向同性介质不同，描述TI介质频散关系和射线追踪的方程是很复杂的。这些方程的复杂性起源于在TI介质中描述相速度和群速度的复杂性。在各向异性介质中，速度不能再由单一的参数来表示，与方向有关的速度变化在一个包含平方根的方程中需要用多个参数来表征。

然而某些近似如弱各向异性近似（Thomson，1986；Conen，1996）、椭圆近似（Helbig，1983；Dellinger和Muir，1988）和小角度近似（Conen，1996）能大量简化这些方程，不过这些近似在某些情况下具有在实际应用中无法接受的一定限制条件。我们在此考虑的近似（主要设S波速度v_{S0}等于零）在得出简化方程时远比弱各向异性或小角度近似精确得多。很巧合，弱各向异性近似通过线性化程序也消除了所有对v_{S0}的依赖性。

在本章中，首先来看一下声波假设的情况，然后将定义各向异性介质中重要的参数，利用这些参数，使用频散关系来推导VTI介质的声波方程，然后用该声波方程来提取用于描述VTI介质波传播的射线理论方面所必需的程函方程和传输方程。利用有限差分技术波场传播的数值模拟证明了VTI声波波动方程与弹性波方程相比时的精确性和有效性。在第9章，将证明声波近似用于各向异性介质P波FWI反演是绰绰有余的。

3.1 各向异性情况

人类在做某些事时，一般都趋于选择一个优先的方向。例如，当把许多书叠置起来时，除非放一个挡板把许多书斜靠在挡板上外，一般会坚持把书按重力的方向进行叠置。在一面墙内砌的砖根本就不是各向同性的，甚至埃及金字塔（如图3.1所示）就可能使超过这些大砖尺寸波长的波的特性成为各向异性。

各向异性是普遍存在的。实际上我们必须努力使许多东西成为各向同性的，正如把空气充到一个球中而引入对抗重力所必需的压力一样，否则球将以一个不规则的形状放到地

图 3.1 金字塔图片显示了由重力主导用来建造金字塔的砖（或各向异性）的形状是不均匀的

上。在地球的内核中已经能检测到各向异性的存在。因此星球重力自然在内核就产生一个主方向，这反映在地球的椭圆形状上和它的旋转方向上。

然而，让我们回到石油勘探地下目标区域（10km 深度以内），从其内部结构和薄层沉积来看，页岩是地震各向异性的主要来源。人们很难找到一块干净的没有细密薄层组成的野外露头（如图 3.2 所示），这些薄层的厚度远小于地震主波长。在此情况下，当地震波分别沿着薄层界面平行传播和垂直于薄层传播两个方向传播时，地震波就会经历不同硬度的薄层，这种现象就是地震各向异性的本质（图 3.3）。

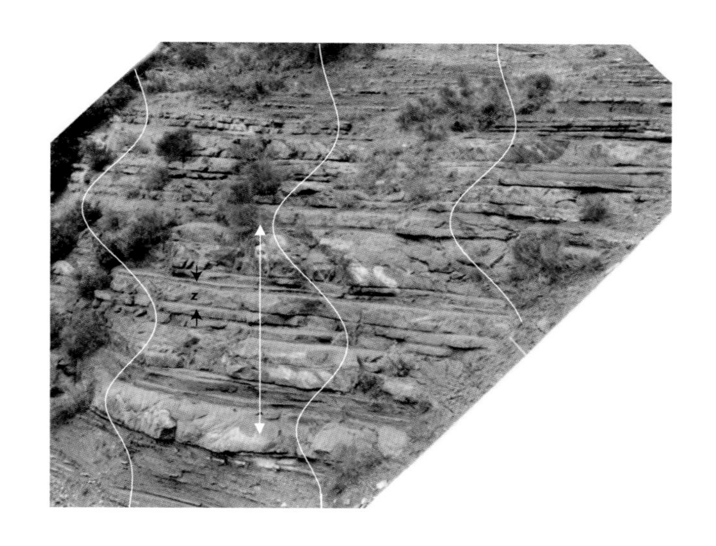

图 3.2 一个常见的薄互层露头图片

层的厚度是可变的，但长度 z 捕获了一个相对厚的层。为了比较，图中用白线绘制的是典型的地震波长

对地震勘探来说，业界开始考虑应用各向异性约始于 1990 年。在那时，大量的观测证明：各向同性的假设是不精确的。随着更高分辨率的数据采集发展，许多油公司在处理和解释时已经更加重视各向异性的存在。这些观测包括：

（1）断面反射在哪？ 1991 年 SEG 论文详细摘要中 Gonzalez 和 Lynn 问到了这个问题。尽管在断层面两侧存在明显的波阻抗差，但各向同性假设下的地震成像允许成像结果中缺失

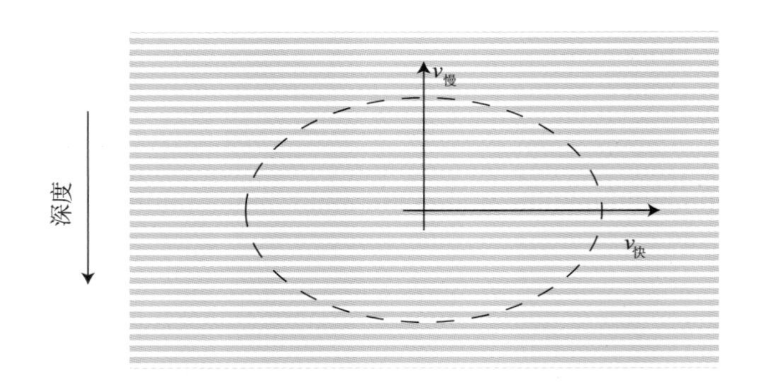

图 3.3　由于重力作用产生的深度方向上常见的薄层反射的快速度和慢速度

断层的反射成像（断面波已经被衰减）。在他们墨西哥湾数据中用于校正和叠加主要水平层的速度并不能满足倾斜断层成像的需要（尽管在那时也应用于 DMO），地球的各向异性使倾斜反射体即使是在常规的 DMO 校正后也需要更高的速度。

（2）为什么要切除这么多？由于 20 世纪 90 年代所用的主要动校正方法都是基于各向同性假设的（双曲线动校正），即使需要应用叠前深度偏移，也都会忽略掉各向异性引入的附加项——远偏移距处的未被校平的动校时差（有点像曲棍球杆弯曲处）。

（3）叠加速度不适用于偏移！假设地球是各向同性的，在声学介质假设下，它只对弹性地下介质的运动学部分有效，这时选用一个速度就可适用叠加也适用偏移。但许多研究者认识到，他们必须用一个更高的速度来把倾斜同相轴（包括盐边界）放置到它们合理的位置上去。再者，地震数据上记录倾斜层的反射波更多地在水平方向传播，因此会受到各向异性的影响。

（4）上述现象产生的最大影响是：为什么地震剖面中的深度与测井的深度不符（井震闭合差）。在那段时期，在深度估计上系统性和一致性误差是普遍存在的。地震深度通常是由叠加速度提取出来的，正如下面讲到的常见各向异性一样，这些速度与垂向速度差别很大，垂向速度往往较小。

因此，那时的地震处理人员认识到实际上需要 3 个速度：一个是主要用于叠加水平同相轴的速度、一个用于偏移的速度、最后一个是用于把反射同相轴归位到它正确深度的速度。这 3 个速度在各向异性上都有一个意义，这将在这章中讲到。

3.1.1　各向异性的声学假设

在各向异性介质中，声学假设描述的不是一个物理现象，特别在本征尺度上。这是因为声学介质不能是各向异性的，如果横波速度等于零，介质就是各向同性的。然而，如果忽略该问题的物理特性，VTI 介质的声波方程可以通过简单地将横波置成零而得到。尽管在物理上是不可能的，但在运动学上来看，来源于将横波速度置成零而得到的方程是对弹性波动方程的很好近似。

通过求解弹性波动方程可以合理地模拟地下介质波的传播。在此情况下，波场由包括两种类型波（压缩和剪切）的三分量位移矢量来描述。弹性假设的唯一缺点是它忽略了地球的非弹性性质。由于在弹性介质中的波场是通过一个向量来描述的，用有限差分技术模拟波的传播需要立即对波场的全部三个分量进行动态计算，导致计算量很大。所以，地球物理学家转而利用声学介质近似来模拟波的传播。

声学介质的波场是用标量而不是用矢量来描述的。从运动学角度来说，对于远场的P波，声学和弹性波方程是类似的，在各向同性介质中，他们都得到相同的程函方程。对于这两种介质来说，波的反射和透射性质差别很大。在弹性介质中，当遇到界面时，P波能量中的某些能量转换成S波能量，反之亦然。而在声学介质中，所有的P波能量是守恒的。

乍一看，考虑到描述波场需要的参数数量减少了3个，你也许会认为声学介质中波场的计算成本是弹性介质的1/3。因为处理慢横波时需要较P波更为精细的有限差分离散化以避免了处理较慢的横波速度，实际上降低成本的能力还可以进一步提高。严格意义上讲，横向各向同性介质中具有垂直对称轴（VTI介质）声波方程的重要性还不只在计算成本方面，声波方程并不产生物理上的横波，它可用于进行P波零偏移距模拟，用这种声波方程不需要用波场分离滤波来从横波中分离P波。

Alkhalifah（1997）推导出一个把各向同性介质中的垂直慢度关联到水平慢度的频散方程。这个声波方程的简化是把横波速度置为零的直接结果。尽管该方程导致了近似，但其精度完全能达到在实际地球物理应用中所期望的典型精度。简单地讲，在地震容差范围内方程是精确的，该方程用作为描述VTI介质P波传播的声波波动方程发展的起点。

3.1.2 声学情况下的各向异性参数化

我们开始从垂直对称方向情况讲起，后面会看到通过应用合适的坐标旋转来实现对称轴的旋转。

垂直对称轴的重要性基于以下3个事实：

（1）地球内部的各向异性主要是垂向成层性和重力因素所导致，也正是这些垂向地层和重力因素影响导致了波传播过程中强烈的一阶各向异性效应。

（2）在一个坐标系统中的垂直对称轴方程（在该坐标系统中对称轴与主轴之一一致）比倾斜对称轴方程简单得多。

（3）对于倾斜对称轴方程，可应用合适的Jacobian矩阵对对称轴进行旋转以达到与对称轴一致的效果，这比用原来对应于倾斜对称轴的计算框架内的弹性系数的方式容易得多。在正交晶析介质中，具有垂向对称轴的刚性张量 c_{ijkl} 可用一个压缩了的双下标符号（所谓的“Voigt法”）表示为

$$\boldsymbol{C}=\begin{bmatrix} c_{11} & c_{12} & c_{13} & 0 & 0 & 0 \\ c_{12} & c_{22} & c_{23} & 0 & 0 & 0 \\ c_{13} & c_{23} & c_{33} & 0 & 0 & 0 \\ 0 & 0 & 0 & c_{44} & 0 & 0 \\ 0 & 0 & 0 & 0 & c_{55} & 0 \\ 0 & 0 & 0 & 0 & 0 & c_{66} \end{bmatrix} \tag{3.1}$$

在VTI介质中，$c_{11}=c_{22}$，$c_{13}=c_{23}$，$c_{44}=c_{55}$，$c_{12}=c_{11}-2c_{44}$，从而独立参数数由9个减少到5

个。在各向同性介质中，独立参数数量最终减少到表示P波和S波速度给出的两个。

然而通过用简化地震速度解析描述的方式来组合刚度张量也可以取得巨大的进步。Tsvankin（1997）提出了一种正交晶析各向异性的参数化方法，它类似于Thomsen（1986）在VTI介质中所用的 和Alkhalifah和Tsvankin（1995）为了在VTI介质中的处理目的而添加的 η 参数。我们并没有按部就班地使用正交晶析介质的Tsvankin（1997）参数，而是用 η 参数来替换 ε 参数，得到了一个稍微不同的表达式，其具有下列9个参数，即

（1）垂向P波速度 $v_v \equiv \sqrt{\frac{c_{33}}{\rho}}$ （ρ 是密度） (3.2)

（2）在 x_1 方向的S波极化了的垂向速度

$$v_{S_1} \equiv \sqrt{\frac{c_{55}}{\rho}} \tag{3.3}$$

（3）在 x_2 方向的S波极化了的垂向速度

$$v_{S_2} \equiv \sqrt{\frac{c_{44}}{\rho}} \tag{3.4}$$

（4）沿 x_2 方向极化，但是在 x_1 方向传播的S波水平方向速度

$$v_{S_3} \equiv \sqrt{\frac{c_{66}}{\rho}} \tag{3.5}$$

（5）在 $[x_1，x_3]$ 平面上水平反射层的P波NMO速度

$$v_1 \equiv \sqrt{\frac{c_{13}\left(c_{13}+2c_{55}\right)+c_{33}c_{55}}{\rho\left(c_{33}-c_{55}\right)}} \tag{3.6}$$

（6）在 $[x_2，x_3]$ 平面上水平反射层的P波NMO速度

$$v_2 \equiv \sqrt{\frac{c_{23}\left(c_{23}+2c_{44}\right)+c_{33}c_{44}}{\rho\left(c_{33}-c_{44}\right)}} \tag{3.7}$$

（7）在 $[x_1，x_3]$ 对称平面上 η 参数

$$\eta_1 \equiv \frac{c_{11}\left(c_{33}-c_{55}\right)}{2c_{13}\left(c_{13}+2c_{55}\right)+2c_{33}c_{55}}-\frac{1}{2} \tag{3.8}$$

（8）在 $[x_2，x_3]$ 对称平面上的 η 参数

$$\eta_2 \equiv \frac{c_{22}\left(c_{33}-c_{44}\right)}{2c_{23}\left(c_{23}+2c_{44}\right)+2c_{33}c_{44}}-\frac{1}{2} \tag{3.9}$$

（9）在 $[x_1，x_2]$ 平面上的 δ 参数（δ 相对于 x_1 坐标轴定义的，通常称为 δ_3）

$$\delta = \frac{\left(c_{12}+c_{66}\right)^2-\left(c_{11}-c_{66}\right)^2}{2c_{11}\left(c_{11}-c_{66}\right)} \tag{3.10}$$

上述表示法保留了Thomsen参数在描述速度和旅行时方面的重要特征。由于当介质是各向同性时，新表达式中无量纲参数等于零，所以它们也提供了一种测量各向异性的简单方式。为了简化本章后续部分的某些推导，将 x_1 方向上的水平速度定义为

$$V_1 \equiv v_1\sqrt{1+2\eta_1} \tag{3.11}$$

和 x_2 方向上的水平速度为

$$V_2 \equiv v_2\sqrt{1+2\eta_2} \tag{3.12}$$

并且定义一个量 γ 为

$$\gamma = \sqrt{1+\delta} \tag{3.13}$$

注意公式（3.11）~ 公式（3.13）并没增加需要刻画正交晶析介质的独立参数，对各向同性介质 γ=1，同时上述表达式也简化了与时间相关处理方程的描述。由于我们的关注点在地下，与 Tsvankin（1997）不同，可以相对于两个垂直面 x–z 和 y–z 来定义各向异性参数。因此，它让我们用 η 参数把 x_1 方向的水平速度关联到 NMO 速度上，对其他方向也是如此。

在最简单和可能最实际的各向异性模型情况下，即具有垂直对称轴的横向各向同性（TI）介质参数减少到 4 个。这种介质在各向异性世界中的重要性与 v（z）速度变化在非均匀世界中的重要性相同。尽管还会有更复杂的各向异性存在（如正交晶析各向异性），但出现在地下的大量页岩使得 TI 成为 P 波数据中最有影响力的模型。

在具有垂直对称轴（VTI 介质）的横向各向同性介质中，P 波和 S 波可以分别用 P 波和 S 波的垂直速度 v_{P0} 和 v_{S0} 和两个无量纲 Thomsen 参数 ε 和 δ 表示为

$$\varepsilon = \frac{c_{11}-c_{33}}{2c_{33}}$$

$$\delta \equiv \frac{\left(c_{13}+c_{44}\right)^2-\left(c_{33}-c_{44}\right)^2}{2c_{33}\left(c_{33}-c_{44}\right)}$$

Alkhalifah（1997）已经证明，即使在强各向异性的情况下，P 波速度和旅行时实际上与 v_{S0} 无关，这个发现实际上就意味着 P 波的运动学特征可以被认为是三参数（v_{P0}、δ 和 ε）的函数。

Alkhalifah 和 Tsvankin（1995）进一步证明了利用这两个参数所构建的表达式就足以执行所有时间域相关的处理，如正常时差校正（包括非双曲时差校正，如果需要的话）、倾角时差消除和叠前叠后时间偏移。在正交晶析介质有关文献中已介绍过，这两个参数对水平反射层来说就是正常时差速度，即

$$v_{\mathrm{nmo}}(0) = v_{\mathrm{P0}}\sqrt{1+2\delta} \tag{3.14}$$

和各向异性系数

$$\eta \equiv 0.5\left(\frac{v_h^2}{v_{\mathrm{nmo}}(0)}-1\right) = \frac{\varepsilon-\delta}{1+2\delta} \tag{3.15}$$

式中，v_h是水平速度。我们接下来不再使用v_{nmo}，而是用v来代表各向同性和TI介质中的层NMO速度。然而，如果涉及深度，如在FWI中，也需要用垂直P波速度（v_{v}或v_{P0}）来刻画该介质。再者在这种介质中，垂直横波速度对P波的传播影响较小，因此把它置零对VTI方程的精度影响不大。

图 3.4 显示的是一张沿垂向的平面图，其描述了 VTI 介质中参数影响区域和它们之间的相互关系。在垂直 P 波速度描述波垂向传播的地方，NMO 速度和水平速度控制着相速度和

群速度沿垂向的变化。同样，也可用由 δ 和 ε 给出的速度比来描述波的非垂向传播，对地面地震数据处理和成像来讲，η（把 NMO 速度关联到水平速度上）起关键作用，特别是与 NMO 速度一起描述在数据中看到的视速度时（反射和时差斜率）尤为如此。

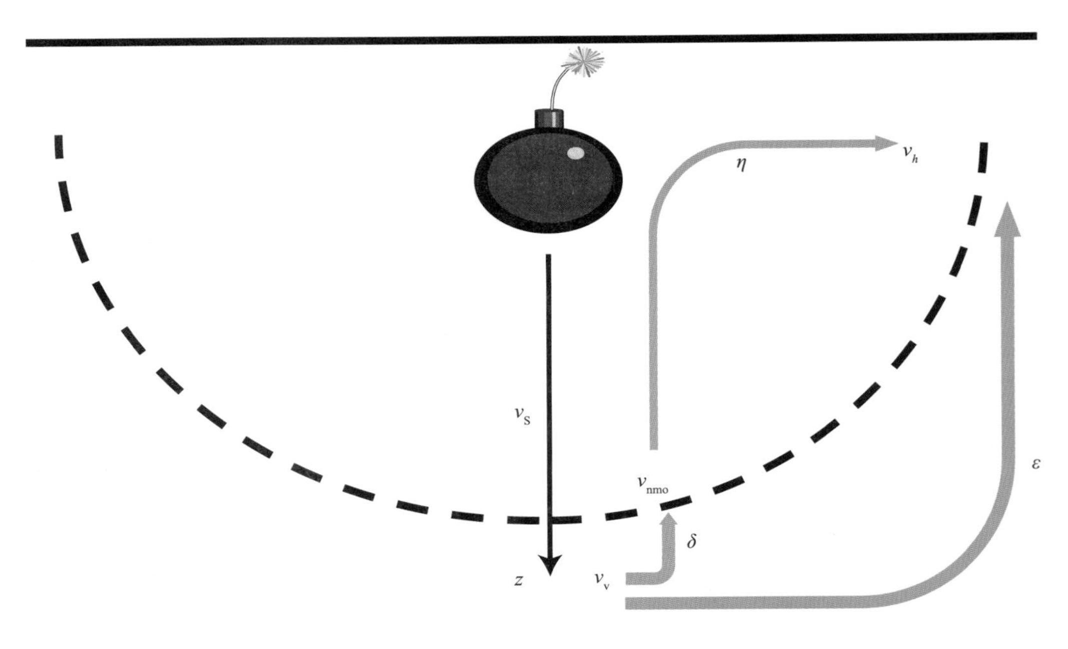

图 3.4　沿用于描述 VTI 模型的垂直平面上各向异性参数之间的影响区域和相互关系

在声学正交晶析介质中，正如看到的那样，由于这样的介质描述了具有 3 个不同属性的 3 个正交 TI 对称轴，所以还需要更多的参数。由于参照是垂直 P 波速度，所以从这里开始就依赖更多的参数。图 3.5 所示的俯视图表明，在正交晶析介质中，有两个具有同样垂直速度的正交垂直 TI 平面，这两平面具有不同的 NMO 和水平速度（用下标 1、2 表示）。类似于 TI 情况，可以交替地用 δ 和 ε 或用 η 来代替 ε。根据所参照的是哪个垂直面，上述所有的参数可以用下标 1 或 2 来标注。由于已经建立了水平速度 v_{h1} 和 v_{h2}，它构成了需要描述的水平 TI 平面参数中的两个（平行于图 3.5 中的俯视图），仅缺失了等效于 NMO 速度的第 3 个参数。然而，由于在声波介质的水平平面中 NMO 速度没有意义，可交替用 γ、δ（或 δ_3）或 η 来填补这个空白。

在三维中对称轴的倾斜度可用两个参数来描述（即从沿垂直平面从垂直轴测出的 θ 和沿水平平面从 x 轴测出的方位角 ϕ）。不论是 TI 或正交晶析介质，通常将在对称轴中的变化分类为垂直（如果对称角 θ 轴指向垂直方向）、倾斜（假如它介于水平和垂直之间）、水平 [假如对称轴指向水平（θ=90°），如图 3.6 所示]3 种类型。

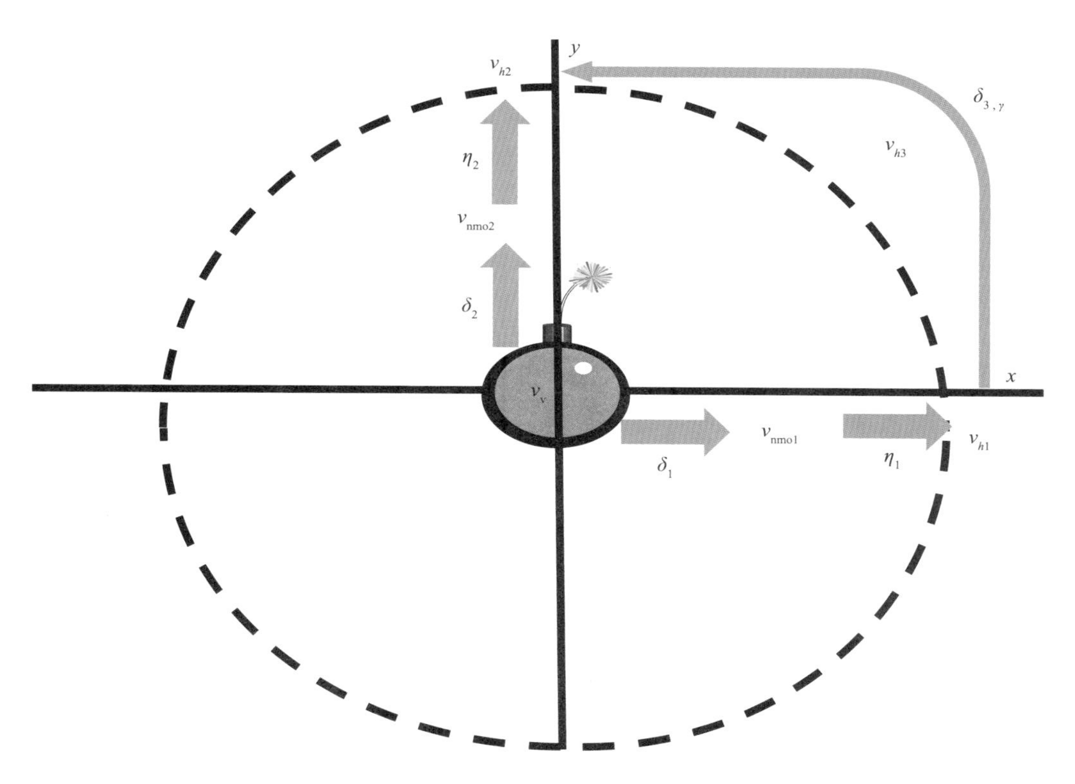

图 3.5　沿用于描述的正交晶析模型各向异性参数之间的影响区域和相互关系平面图

与图3.4一起描述了与该轴之一一致的沿其中一个垂直轴的特性

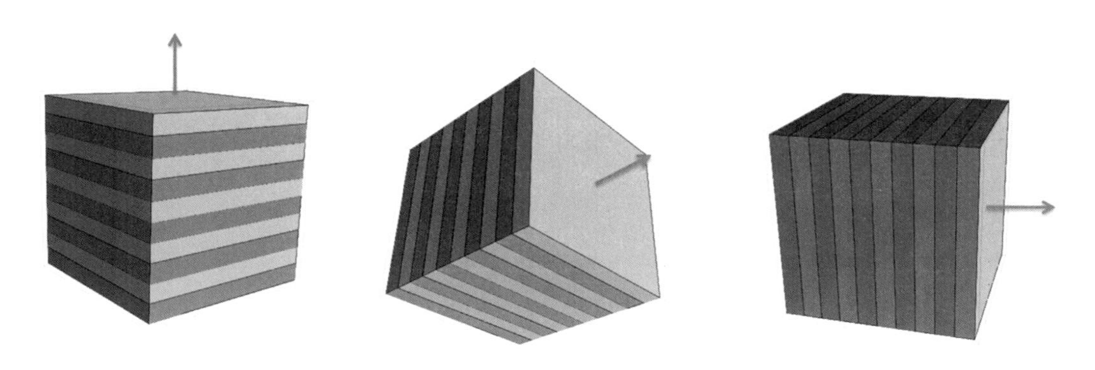

图 3.6　表示VTI，TTI 和 HTI之间关系的示意图

3.2 频散关系

地震反射数据通常是在地表上记录的。因此，从地震数据的反射同相轴斜率就可以得到水平慢度，将垂直慢度描述为水平慢度函数的方程（经常被称为频散方程）是沿深度适当外推数据、对数据进行成像及 FWI 更新的关键。

然而对实际的 VTI 或正交晶析介质来说，描述上述频散关系的简单 P 波解析方程并不存在。特别地，要得到这样一个方程需要求解作为关于垂直慢度的平方值的三次多项式函数的根。另外，把横波速度置为零将把三次方程减为线性方程。横波速度对纵波传播速度的影响很小，Alkhahifa（1998）表明，把横波速度置零并不会减小旅行时计算的精度，这里我也认为这也适用于正交晶析介质。由于波传播的运动学原理用声学近似就可以很好地描述，希望波传播的动力学（它基于旅行时导数）也将受益于这个近似。

为了得到 VTI 和正交晶析各向异性的频散关系式，必须首先推导这种介质的 Christoffel 方程。该方程在三维各向异性介质中的一般形式由下式给出，即

$$\Gamma_{iR}\left(x_s,\boldsymbol{p}\right)=a_{ijkl}\left(x_s\right)p_j p_l-\delta_{ik} \tag{3.16}$$

其中，$p_i=\dfrac{\partial\tau}{\partial x_i}\ a_{ijkl}=C_{ijkl}/\rho$

式中，p_i是相位向量$\boldsymbol{p}$的分量；τ是沿射线的旅行时；ρ是体积密度；x_s是沿射线位置的笛卡尔坐标，$s=1$，2，3；δ_{ik}是Kronecker δ函数。

在正交晶析介质中，设 v_{s1}，v_{s2}，v_{s3} 为零，那么把 Christoffel 方程（3.16）简化为

$$\begin{pmatrix} p_x^2v_1^2\left(1+2\eta_1\right)-1 & \gamma p_x p_y v_1^2\left(1+2\eta_1\right) & p_x p_z v_1 v_{\mathrm{v}} \\ \gamma p_x p_y v_1^2\left(1+2\eta_1\right) & p_y^2 v_2^2\left(1+2\eta_2\right)-1 & p_x p_y v_2 v_{\mathrm{v}} \\ p_x p_z v_1 v_{\mathrm{v}} & p_y p_z v_2 v_{\mathrm{v}} & p_z^2 v_{\mathrm{v}}^2-1 \end{pmatrix} \tag{3.17}$$

为了方便起见，已经用 p_x 替代 p_1，p_y 替代 p_2，p_2 替代 p_3，求取（3.17）的行列式可以得到关于 p_z^2 的线性方程，置这个线性方程为零，解 p_z 就给出了正交晶析介质的频散关系为

$$p_z^2=\frac{1-p_y^2v_2^2-p_x^2v_1^2\left[1+p_y^2\left(\gamma^2v_1^2-v_2^2+2\gamma^2v_1^2\eta_1-2v_2^2\eta_2\right)\right]}{v_{\mathrm{v}}^2\left\{1-2p_y^2v_2^2\eta_2-p_x^2v_1^2\left[2\eta_1+p_y^2\left(\gamma^2v_1^2\left(1+4\eta_1\right)-2\gamma\dfrac{V_1}{v_1}v_2+v_2^2\left(1-4\eta_1\eta_2\right)\right)\right]\right\}} \tag{3.18}$$

正交晶析模型的每一个主平面本质上就是 TI 介质。因此在方程（3.18）中设 p_y=0，得出 $p_z^2=\dfrac{1}{v_{\mathrm{v}}^2}\left(1-\dfrac{v_1^2p_x^2}{1-2\eta_1v_1^2p_x^2}\right)$，这就是由 Alkhalifa 在 1997 年给出的 VTI 情况下的频散方程。

注意在方程（3.18）中垂直速度仅出现一次，因此基于频散关系的垂直时间与在 VTI 介质情

况一样不依赖于垂直速度。该特征由 Grechka 和 Tsvankin（1997）用数值方法及弱各向异性近似地体现出来，在设横波速度为零的情况下，也可以得到相同的结果。

3.3 VTI 声波方程

在给定介质中，波动方程是定义和约束波传播的关键要素。其他约束（如程函或射线追踪方程）在旅行时和振幅方面都不如全波动方程那么确定和详尽。以如此简单形式的方程来描述各向异性介质，将有助于我们更好地掌握这种介质中波的传播和处理全波形反演问题。

正如前面看到的那样，声学 VTI 介质 3D 频散关系式为

$$p_z^2=\frac{v^2}{v_{\mathrm{v}}^2}\left(\frac{1}{v_2}-\frac{p_x^2+p_y^2}{1-2v^2\eta\left(p_x^2+p_y^2\right)}\right) \tag{3.19}$$

利用 $\boldsymbol{k}=\omega\boldsymbol{p}$，$\boldsymbol{k}$ 是笛卡尔坐标系中具有（k_x，k_y，k_z）分量的波数向量，ω 是角频率，方程（3.19）变为

$$k_z^2=\frac{v^2}{v_{\mathrm{v}}^2}\left(\frac{\omega^2}{v_2}-\frac{\omega^2\left(k_x^2+k_y^2\right)}{\omega^2-2v^2\eta\left(k_x^2+k_y^2\right)}\right) \tag{3.20}$$

用傅里叶域的波场 F（k_x，k_y，k_z）乘以方程（3.20）的两边，并对 $k_z\to\mathrm{i}\frac{\mathrm{d}}{\mathrm{d}z}$ 进行反傅氏变换得到

$$\frac{\mathrm{d}^2F\left(k_x,k_y,z,\omega\right)}{\mathrm{d}z^2}=\frac{v^2}{v_{\mathrm{v}}^2}\left(\frac{\omega^2}{v_2}-\frac{\omega^2\left(k_x^2+k_y^2\right)}{\omega^2-2v^2\eta\left(k_x^2+k_y^2\right)}\right)F\left(k_x,k_y,z,\omega\right) \tag{3.21}$$

同样对 k_x，k_y 进行反变换

$$\left(k_x\to-\mathrm{i}\frac{\partial}{\partial x},k_y\to-\mathrm{i}\frac{\partial}{\partial y}\right)$$

我们得到

$$v_{\mathrm{v}}^2\omega^2\frac{\partial^2F}{\partial z^2}+2\eta v^2v_{\mathrm{v}}^2\left(\frac{\partial^4F}{\partial x^2\partial z^2}+\frac{\partial^4F}{\partial y^2\partial z^2}\right)+\left(1+2\eta\right)v^2\omega^2\left(\frac{\partial^2F}{\partial x^2}+\frac{\partial^2F}{\partial y^2}\right)+\omega^4F\left(x,y,z,\omega\right)=0 \tag{3.22}$$

最后，对 ω 应用反傅氏变换$\left(\omega\to\mathrm{i}\frac{\partial}{\partial t}\right)$那么 VTI 介质的声波方程为

$$\frac{\partial^4F}{\partial t^4}-(1+2\eta)v^2\left(\frac{\partial^4F}{\partial x^2\partial t^2}+\frac{\partial^4F}{\partial y^2\partial t^2}\right)=v_{\mathrm{v}}^2\frac{\partial^4F}{\partial z^2\partial t^2}-2\eta v^2v_{\mathrm{v}}^2\left(\frac{\partial^4F}{\partial x^2\partial z^2}+\frac{\partial^4F}{\partial y^2\partial z^2}\right) \tag{3.23}$$

该方程为关于 t 的 4 阶偏微分方程，设 $\eta=0$，就得到具有垂直对称轴的椭圆各向异性介质的声波方程，即

$$\frac{\partial^2}{\partial t^2}\left[\frac{\partial^2 F}{\partial t^2}-v^2\left(\frac{\partial^2 F}{\partial x^2}+\frac{\partial^2 F}{\partial y^2}\right)-v_{\mathrm{v}}^2\frac{\partial^2 F}{\partial z^2}\right]=0 \tag{3.24}$$

代入 $P=\dfrac{\partial^2 F}{\partial t^2}$ 就得到所熟悉的具有垂直对称轴的椭圆各向异性介质二阶波动方程，即

$$\frac{\partial^2 P}{\partial t^2}=v^2\left(\frac{\partial^2 P}{\partial x^2}+\frac{\partial^2 P}{\partial y^2}\right)+v_{\mathrm{v}}^2\frac{\partial^2 P}{\partial z^2} \tag{3.25}$$

对各向同性介质来说，$v_{\mathrm{v}}=v$。方程（3.25）简化为所熟悉的各向同性介质中的声波方程

$$\frac{\partial^2 P}{\partial t^2}=v^2\left(\frac{\partial^2 P}{\partial x^2}+\frac{\partial^2 P}{\partial y^2}+\frac{\partial^2 P}{\partial z^2}\right) \tag{3.26}$$

根据 P（x，y，z，t）而不是 F（x，y，z，t）重写方程（3.23）得到

$$\frac{\partial^2 P}{\partial t^2}=(1+2\eta)v^2\left(\frac{\partial^2 P}{\partial x^2}+\frac{\partial^2 P}{\partial y^2}\right)+v_{\mathrm{v}}^2\frac{\partial^4 F}{\partial z^2\partial t^2}-2\eta v^2 v_{\mathrm{v}}^2\left(\frac{\partial^4 F}{\partial x^2\partial z^2}+\frac{\partial^4 F}{\partial y^2\partial z^2}\right) \tag{3.27}$$

式中，$F(x,y,z,t)=\int_0^t \mathrm{d}t'\int_0^{t'} P(x,y,z,\tau)\mathrm{d}\tau$

在数值运算时，为方便起见，主要使用方程（3.27）。

为了便于比较，2D 弹性波方程（在 VTI 介质中它可用密度归一化弹性系数 $A_{ijkl}\left(=C_{ijkl}/\rho\right)$ 最好地表述）由 Aki 和 Richards（1980）给出，即

$$\frac{\partial^2 u_x}{\partial t^2}=A_{1111}\frac{\partial^2 u_x}{\partial x^2}+\left(A_{1133}+A_{1313}\right)\frac{\partial^2 u_z}{\partial x\partial z}+A_{1313}\frac{\partial^2 u_x}{\partial z^2}$$

和

$$\frac{\partial^2 u_z}{\partial t^2}=A_{3333}\frac{\partial^2 u_z}{\partial z^2}+\left(A_{1133}+A_{1313}\right)\frac{\partial^2 u_x}{\partial x\partial z}+A_{1313}\frac{\partial^2 u_z}{\partial x^2}$$

式中，u_x和u_z是波场向量$\boldsymbol{u}$在两个方向上的分量。求解非均匀介质中的波动方程需要应用有限差分计算同波场分量相对应的两个方程（在三维介质中需3个方程）。计算每个分量的波场的计算量几乎等同于计算声波波场的计算量。该方法也会导致波场及弹性介质参数的输入、输出、存储方面额外的计算成本。

此外，弹性波动方程的解包含 P 波和 S 波，而声波方程主要产生 P 波。此外，当爆炸反射面假设被应用和用于模拟零偏移距条件下 P 波传播时，弹性波动方程解中 S 波的存在使得方程不太让人满意。

3.4 波动方程的有限差分解

为简单起见，使用声波方程（3.27），它是对 t 的二阶方程，与方程（3.23）的 4 阶导数截然相反。对方程（3.27）增加一个力函数 f（x，y，z，t），可得

$$\frac{\partial^2 P}{\partial t^2}=(1+2\eta)v^2\left(\frac{\partial^2 P}{\partial x^2}+\frac{\partial^2 P}{\partial y^2}\right)+v_{\mathrm{v}}^2\frac{\partial^2 P}{\partial z^2}-2\eta v^2 v_{\mathrm{v}}^2\left(\frac{\partial^4 F}{\partial x^2\partial z^2}+\frac{\partial^4 F}{\partial y^2\partial z^2}\right)+f \tag{3.28}$$

此外，我们必须求解

$$P=\frac{\partial^2 F}{\partial t^2} \tag{3.29}$$

在求解方程（3.28）时求得F。

利用二阶有限差分方法，用差分方程来近似偏导数，即

$$\frac{\partial^2 P}{\partial t^2}\rightarrow\frac{P_{i-1}-2P_i+P_{i+1}}{\Delta t^2}$$

和

$$\frac{\partial^4 F}{\partial x^2\partial z^2}\rightarrow\frac{4F_{i,j}-2(F_{i-1,j}+F_{i,j-1}+F_{i,j+1})+F_{i-1,j-1}+F_{i+1,j-1}+F_{i+1,j+1}+F_{i-1,j+1}}{\Delta x^2\Delta z^2}$$

式中，i和j是对应于位置或时间上的步长标注，后一方程是由对每个x，z导数的二阶近似的二维褶积中推导出来的，它一般具有4阶精度。因此，方程（3.29）中F可用下列递推公式来计算，即

$F_{i+1}(x,y,z)=2F_i(x,y,z)-F_{i-1}(x,y,z)+\Delta t^2 P_i(x,y,z)$，并且 P 可通过

$P_{i+1}(x,y,z)=2P_i(x,y,z)-P_{i-1}(x,y,z)+\Delta t^2\left(\dfrac{\partial^2 P}{\partial^2 t}\right)$来计算。

这里$\dfrac{\partial^2 P}{\partial^2 t}$是新Laplacian方程（3.28）的有限差分近似。

直接用方程（3.23）可以进行高阶有限差分近似（时间 4 阶）。在用于各向同性（如 CFL 条件）时，方程组（3.28）~（3.29）被施以同样的约束和规则以避免数值频散和不稳定。图 3.7 表示了一个在时间 t =0 时刻一个脉冲力所激发的在时间 1s 处的波场。a 图是均匀的和 v_{v}=1 km/s、v =1 km/s、η=0.4 的 VTI 介质。b 图是 v_{v}=1 km/s、v =1 km/s、η= 0 的各向同性介质。两个波场都是用适合于新声波方程的二阶有限差分方法计算的。在 VTI 情况下，另一种波出现在剖面上，按低于 P 波速度（横波）的波速传播。这种假象是一个额外解，正如前面提到那样，它表现为对于正 η 呈指数衰减或对负 η 呈指数增加的波。在各向同性介质中，这种假象不会出现。因此，可以把震源放在各向同性地层中，以充分发挥各向同性介质中瞬逝波的优势。图 3.7 中黑色曲线对应于程函方程的解，实曲线对应于在程函方程中用声波假设的解。在这里横波速度为零，而灰曲线对应于横波速度等于一半时的 P 波速度。正如期望的那样，在各向同性情况下两个曲线精确地一致，因此是无法区分的。在 VTI 情况下，这两个曲线有区别但是不明显。VTI 介质中程函方程相对于横波速度的独立性与较早之前研究（Alkhalifah，1998）结果一致。图 3.8 表示的是用图 3.7 中同样模型的弹性波场的 z 分量（由弹性波动方程计算出来的）。实线为声学程函方程的解。在运行学上来讲，对 P 波而言，声波和弹性波场是类似的。但是从动力学上来讲，其差别很大，弹性波场包括 S 波（较慢的波），这里的现象与强各向异性介质中的 S 波相同。

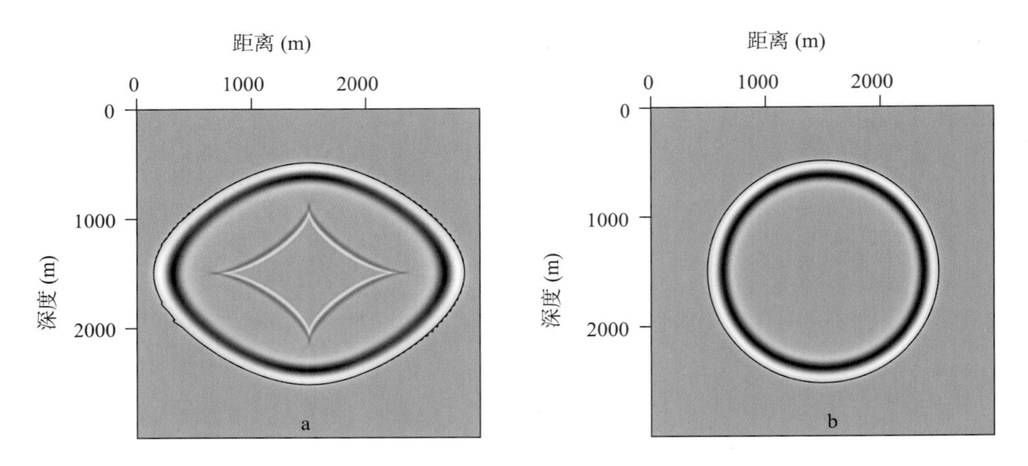

图 3.7　由剖面中心一震源产生的波在各向同性介质（b）和$\eta = 0.4$的VTI介质（a）中传播在1.0s处的波场快照

在这两种情况下，速度（VTI 介质中的垂直速度）是1000m/s。黑实线是横波速度设置为零时两介质的程函方程的解，而灰线（不明显）是当横波速度等于P波速度的一半时的解。在各向同性情况下，两个程函解曲线在各向同性情况下是重合的，实际上在VTI情况下两个程函解曲线也是重合的（Alkhalifah，2000）

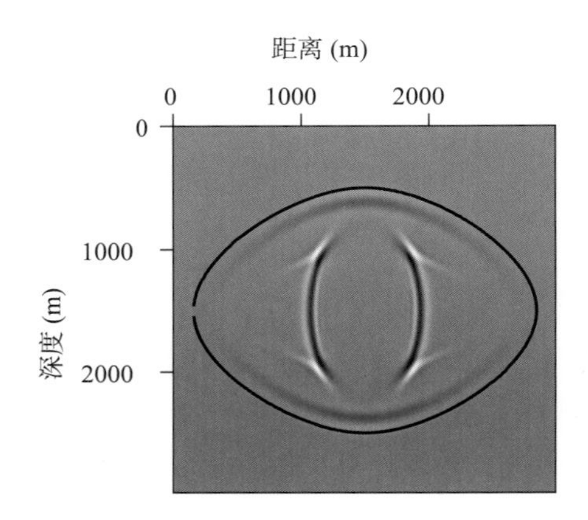

图 3.8　由位于中心部位时间0s震源产生的1s处弹性波场的 z 分量

VTI 模型与图3.7 中的相同，$v = 1000$ m/s和$\eta = 0.4$。实曲线对应于相同介质（Alkhalifah，2000）声波程函方程的解

3.4.1　消除 S 波假象

为了展示这种额外波型（图 3.7 中横波假象）的某些特征，我们设计了一个两层模型，层间分界面位于 100m 深度处。图 3.9 表示该模型的声波 VTI 波动方程的有限差分解在 0.13s 处的波场快照。第一层是速度为 1500m/s 的各向同性介质，第二层为速度 2000m/s，η=0.1 的 VTI 介质。图 3.9a 中震源放在深度 100m 处各向同性和 VTI 层的边界面上。结果各向同性层中没有假象出现，而下面 VTI 层中的假象清晰可见。在图 3.9b 中，震源放在地表以下 95m 深度的各向同性层中，产生的额外波较上一种情况弱，上一种情况是震源直接与 VTI 层相互作用的结果。随着图 3.9c 和图 3.9d 中震源与 VTI 层的距离越来越大，引起的假象逐渐衰减。事实上，当震源放在 80m 深度时（图 3.9d），与 VTI 层界面仅隔 20m，额外的假象波实际上就消失了。

把检波点放在各向同性地层中几乎就可以确认在合成剖面中不存在这样的假象。其基本概念是这些波在各向同性地层中不传播。图 3.10 表示的是 3 个模型的波场快照，其中图 a 第一个模型是一个均匀 VTI 介质模型，图 b 第二个模型是一个顶部具有 25m 厚各向同性薄层的 VTI 介质模型，图 c 第 3 个模型是一个纯各向同性均匀介质模型，所有 3 个模型都具有一个常速 2000m/s 的速度。正如前面所示的那样，由钻石形状所表示的波的假象仅出现当介质为 VTI 时的剖面上，即在图中上部两张剖面上。然而由于这种波在图中部模型的各向同性薄地层中不传播，它实际上是在各向同性和 VTI 地层的边界上产生的反射，因此通过将检波器放在这个薄各向同性地层中，将记录不到这种假象。图 3.11 表示对应于图 3.10 所描述模型的共炮点道集。在所有情况下，检波点水平线均被放在地表以下 10m。因此，第一个纯 VTI 模型炮集中存在明显的假象，而具有薄各向同性地层（图 b）的 VTI 介质模型炮集中假象消失了，同时波的旅行时几乎不受这个各向同性薄地层的影响。纯各向同性模型（图 c）导致比 VTI 模型中的波至旅行时更慢。用于这些例中的波主频为 35Hz，是当今地面地震勘探中最常用的频率。

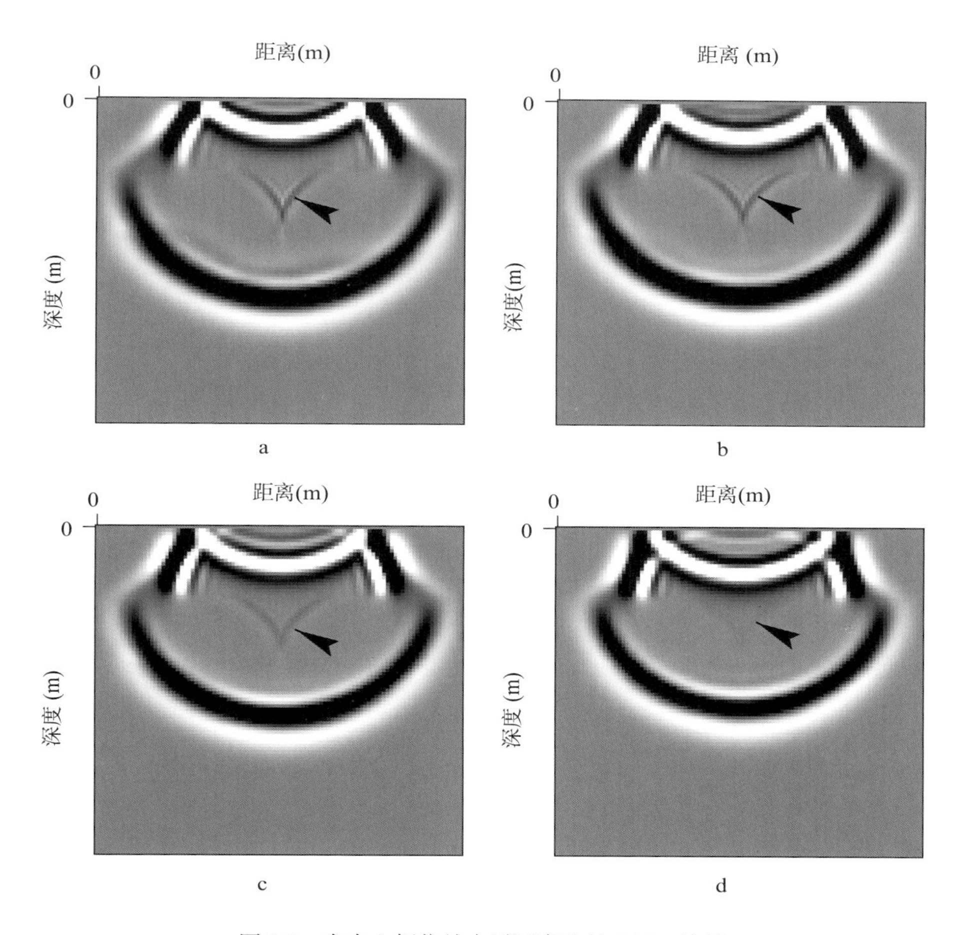

图 3.9　在中心侧位处由震源产生的 0.13 s 波场

模型由界面深度为100m处的上下两层组成。第一层是速度v = 1500m/s的各向同性层，第二层是v = 2000m/s和η = 0.1的VTI 地层。震源深度按下列因素变化：a— 震源深度 100 m（在各向同性-VTI 界面上）；b— 震源深度为95m；c—震源深度为90m；d—震源深度为80m。箭头指向一另外类型的波，因为它随震源和 VTI 层之间（Alkhalifah，2000）距离增加而逐渐衰减

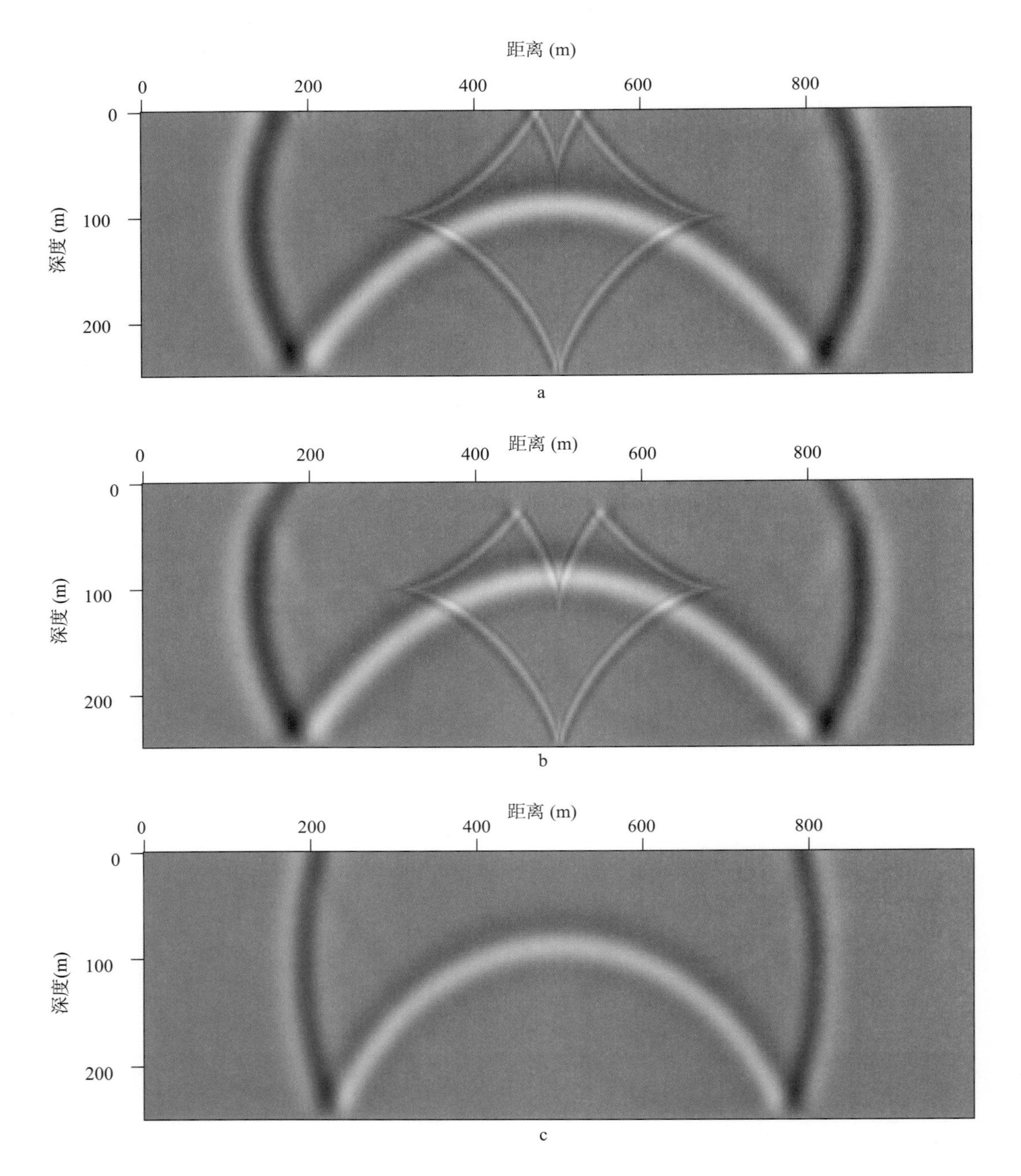

图 3.10 在横向中心位置500m处，由一个100m深震源产生的 0.2 s 的波场快照

a—对应于η = 0.2 的均匀 VTI 介质的波场快照。b— 与上述介质相同但顶部为25m厚度的薄各向同性层。c—η = 0的各向同性介质波场快照。所有模型的速度都是2000m/s。震源子波的峰值频率为35Hz，是典型的表面地震测量频率（Alkhalifah，2000）

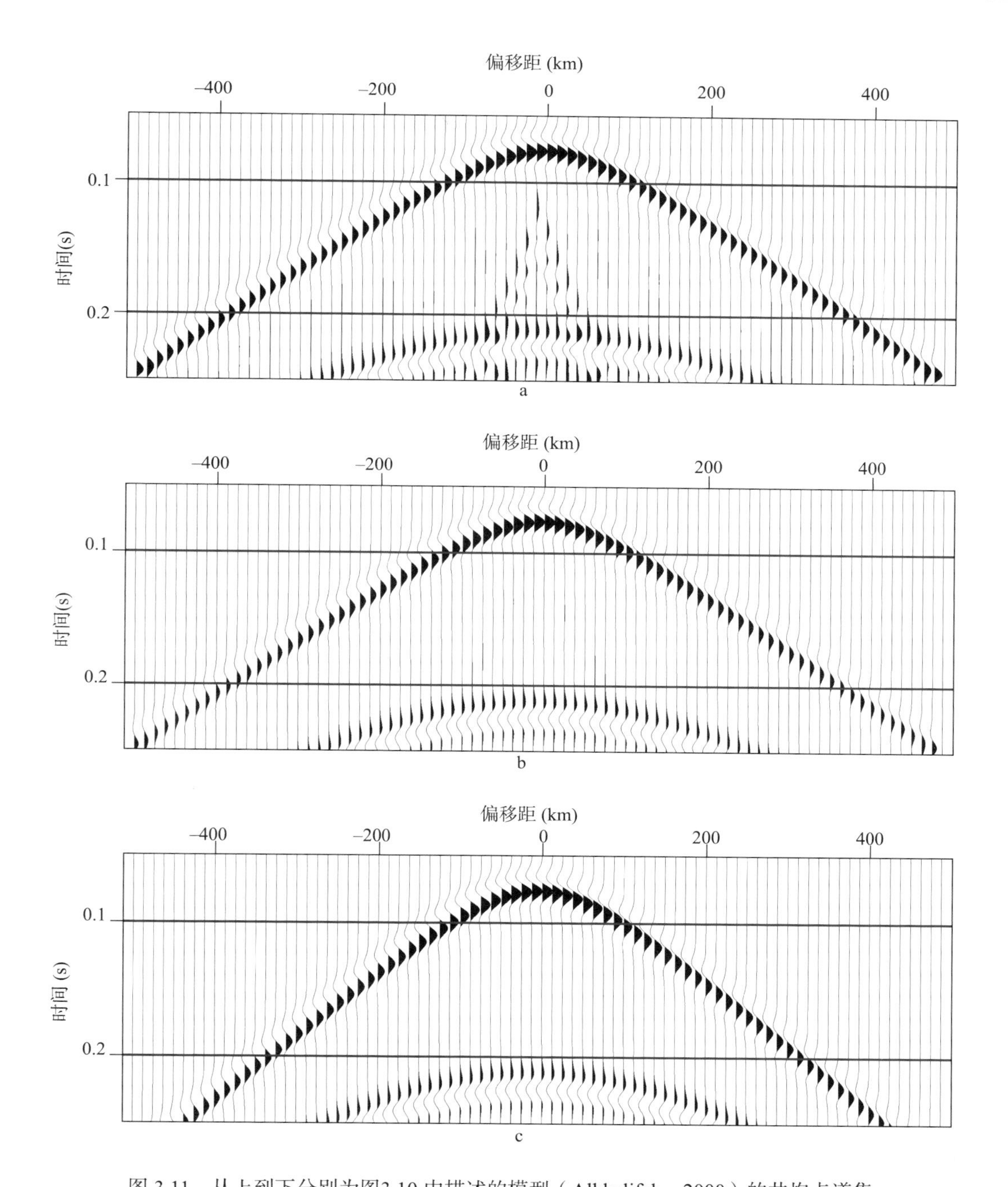

图 3.11 从上到下分别为图3.10 中描述的模型（Alkhalifah，2000）的共炮点道集

检波器放置于表面之下 10 m处。a— η = 0.2的均匀 VTI 介质产生的道集。b—由同样的均匀 VTI 介质产生的道集，但顶部变为25m厚的薄各向同性层。c— 各向同性介质产生的道集。各向同性薄层有助于去除在顶部剖面上观察到的假象，也提供了精确的走时（中间剖面）

3.4.2 实际地下模型

图 3.12 表示的是一个速度模型和在其近地表且离原点横向距离为 1850m 处激发的波场。波场是通过对方程（3.28）进行有限差分求解并应用吸收边界条件后计算出来的。图中不同的曲线分别对应于 VTI 模型（实线）和等效各向同性模型（灰线）程函方程的解。两个模型都具有同样的垂直和 NMO 速度，因此在沿垂向的零角度处两者的波前曲线一致。两个波前之间最大的差别出现在波的近似水平传播方向，这里不同的 η 值的影响集中体现在波前上。对 VTI 模型来说，对应的弹性曲线（灰线，但区别不出来）与声波曲线一致。模型是通过将

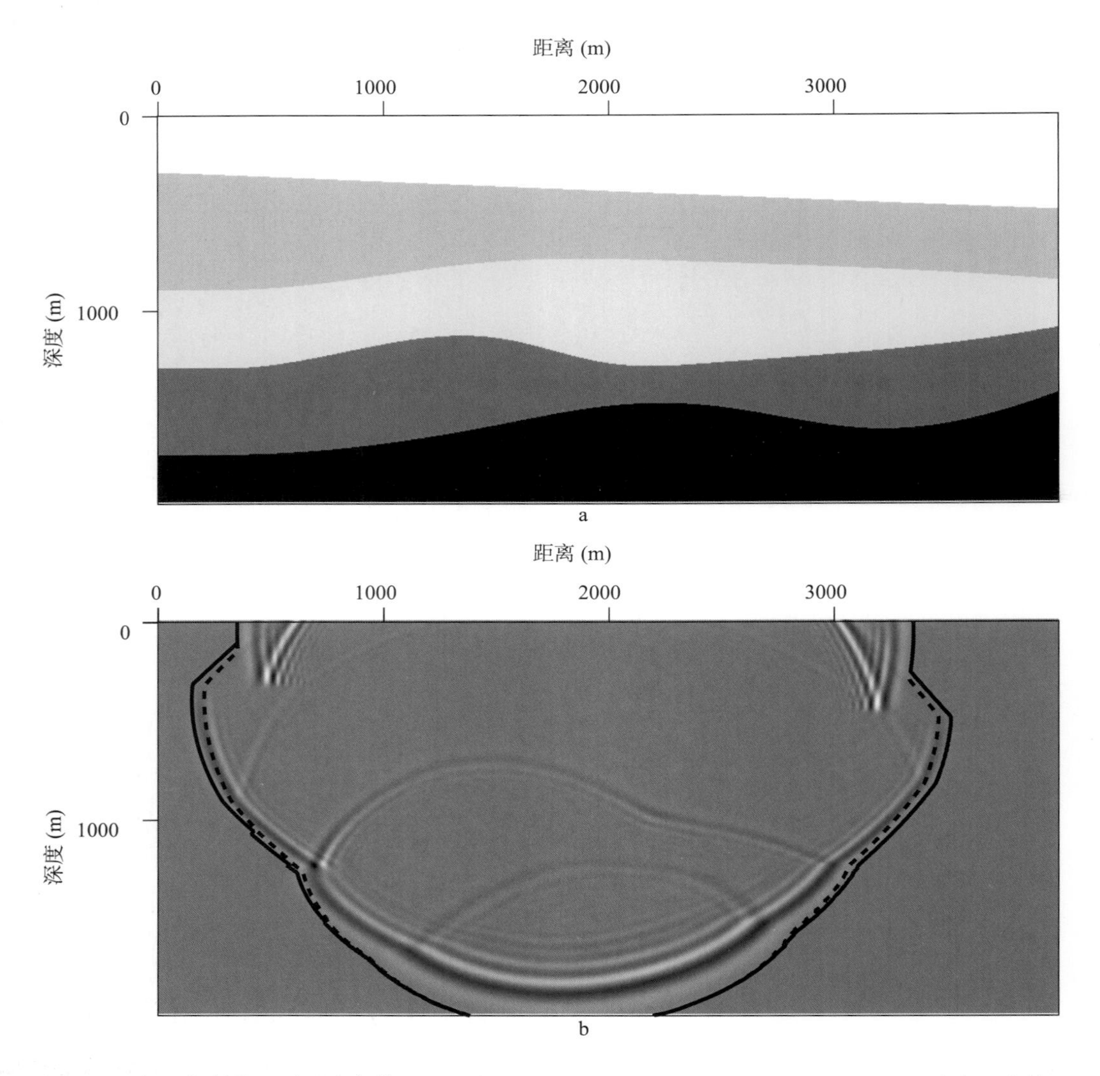

图 3.12 a为一个由从上到下速度等于1500m/s、1900m/s、1700m/s、2400m/s和3000m/s速度组成的五层模型。VTI 模型的相应η从上到下是0、0.1、0.2、0.15 和0.05。b图表示对VTI 模型，在地面横向距离1850 m 和 50 m处震源产生的在 1 s 处的波场

黑实线是 VTI 模型程函方程的解，虚线是对应各向同性模型（Alkhalifah，2000）的解

炮点和检波点都放在各向同性的水层中来构建的，结果没有波的假象出现，这与图 3.7 中的现象类似。

图 3.13 表示的是对应于图 3.12 模型的共炮点道集，检波点放在近地表上。检波器覆盖了整个 4km 的横向距离，图 3.13a 的道集对应于 VTI 模型，图 3.13b 的道集对应于各向同性模型。差别主要（箭头表示的）集中在较迟的时间，在深层各向异性差异最大。图 3.13 也展示了各向异性在处理中的重要性，当类似于模型中所示的各向异性被忽略掉的时候，这种旅行时及振幅上的差异将极大地阻碍各向同性的处理。

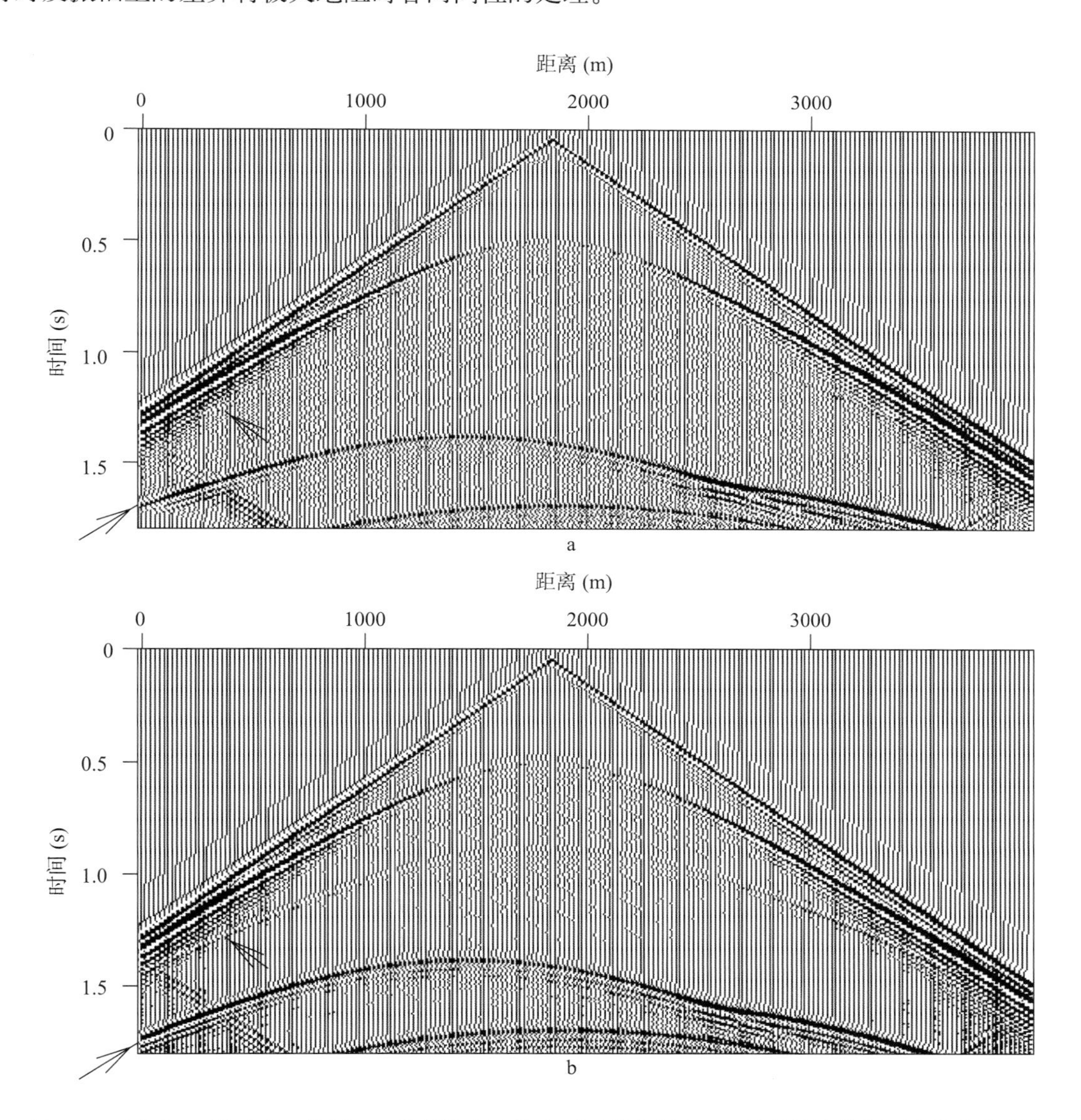

图 3.13　用图3.12的模型，使用4km排列长度和从表面埋藏在深度50m处的检波器得到的共炮点道集

a— 一个与 VTI 模型相对应的炮点道集；b—对应于各向同性模型炮集。两个合成道集是用声波方程（3.28）计算的。箭头指向两个介质之间的能量到达时间的一些差异（Alkhalifah，2000）

3.4.3 其他形式的方程

对于 TTI（或 VTI）声学波动方程，尽管其具有四阶特征，仍可以用一至二阶线性偏微分方程来描述，特别地我们可以查阅 Zhang 等（2011）给出的公式，即

$$\frac{\partial^2 p}{\partial t^2}=v_h^2 H_2[p]+v_v^2 H_1[q] \tag{3.30}$$

$$\frac{\partial^2 q}{\partial t^2}=v^2 H_2[p]+v_v^2 H_1[q] \tag{3.31}$$

式中，p和q是依赖于空间x和时间t的两个波场；H_1和H_2是应用到方括号中波场的差分算子，它们包括了为满足对称轴倾斜的旋转运算。在VTI介质中，H_1和H_2分别简化为$\frac{\partial^2}{\partial z^2}$和$\frac{\partial^2}{\partial x^2}+\frac{\partial^2}{\partial y^2}$。为适应倾斜对称轴，我们用Jacobian（Zhang 等，2011）旋转这些导数。速度v_v、v_h和v分别是用于参数化一般TTI介质沿着对称轴速度、对称轴正交速度和“NMO”速度。因子H_1和H_2也依赖于描述对称轴方向的介质参数θ和ϕ。在方程（3.30）和（3.31）中，设θ=0使我们得到VTI介质的声波波动方程为

$$\frac{\partial^2 p_0}{\partial t^2}-v_h^2 H_2'[p_0]-v_v^2 H_1'[q_0]=0 \tag{3.32}$$

$$\frac{\partial^2 q_0}{\partial t^2}-v^2 H_2'[p_0]-v_2^2 H_1'[q_0]=0 \tag{3.33}$$

式中，H_1'和H_2'是VTI差分算子，正如前面描述的那样，$H_1'=H_1(\theta=0)=\frac{\partial^2}{\partial z^2}$。$H_2'=H_2(\theta=0)=\frac{\partial^2}{\partial x^2}$，这就允许我们求解$p_0$和$q_0$。如考虑密度，可以用Plessix和Cao（2011）的方程式，这里波动方程可以根据压力场p或它的各向异性扰动q写成

$$\begin{cases}-\frac{1}{v_n^2\rho}\omega^2 p-\partial_x\frac{1}{\rho}\partial_x(p+q)-\partial_y\frac{1}{\rho}\partial_y(p+q)-\frac{1}{\sqrt{1+2\delta}}\partial_z\frac{1}{\rho}\partial_z\frac{1}{\sqrt{1+2\delta}}p=s;\\ -\frac{1}{v_n^2\rho}\omega^2 q-2\eta\left(\partial_x\frac{1}{\rho}\partial_x(p+q)+\partial_y\frac{1}{\rho}\partial_y(p+q)\right)=0\end{cases} \tag{3.34}$$

式中，s为震源项；ω为角频率项；ρ为密度。

3.5 小结

尽管在物理上是不可能的，但是具有垂直对称轴（VTI 介质）的横向各向同性介质中 P 波声波方程是对 VTI 介质弹性波动方程的很好运动学近似。这个声波方程的四阶特征导

致了两组复杂的共轭解。一组解就是我们熟悉的各向同性介质中对上行波和下行波声波波场解的扰动。第二组解描述了一种类型的波：对正的各向异性参数 η 来说，这种类型的波以慢于 P 波的速度传播，对负各向异性值 η 来说这种类型的波以指数增大，变得不稳定。而地下介质的各向异性值 η 很可能具有正值。把炮点或检波点放入一个各向同性地层中（海洋情况较普遍，因为海水是各向同性的）将大大减少这种附加波型的能量。数值模拟实例证实了这种波动方程在模拟波在 VTI 介质传播的有用性。射线理论近似（高频）也用于推导分别描述旅行时和振幅特性的程函和传输方程，这些方程比我们所熟知的各向异性介质中的方程更简单。

参考文献

Aki, K., & Richards, P. G.(1980). Quantitative seismology: Theory and methods(Vol. I). W.H. Freeman and Company.

Alkhalifah, T.(1998). Acoustic approximations for seismic processing in transversely isotropic media. *Geophysics*, 63, 623–631.

Alkhalifah, T.(2000). An acoustic wave equation for anisotropic media. *Geophysics*, 65, 1239–1250.

Alkhalifah, T., & Tsvankin, I.(1995). Velocity analysis for transversely isotropic media. *Geophysics*, 60, 1550–1566.

Dellinger, J., & Etgen, J.(1990). Wavefield separation in two-dimensional anisotropic media. *Geophysics*, 55, 914–919.

Grechka, V., & Tsvankin, I.(1997). Anisotropic parameters and p-wave velocity for orthorhombic media.*SEG Expanded Abstract*, 67th, 1226–1229.

Plessix, R.-É., & Cao, Q. (2011). A parameterization study for surface seismic full waveform inversion in an acoustic vertical transversely isotropic medium. *Geophysical Journal International*, 185, 539–556.

Thomsen, L.(1986). Weak elastic anisotropy. *Geophysics*, 51, 1954–1966.

Tsvankin, I.(1997). Anisotropic parameters and p-wave velocity for orthorhombic media. *Geophysics*, 62, 1292–1309.

Tsvankin, I., & Thomsen, L.(1994). Nonhyperbolic reflection moveout in anisotropic media. *Geophysics*, 59, 1290–1304.

Zhang, Y., Zhang, H., & Zhang, G.(2011). A stable TTI reverse time migration and its implementation.*Geophysics*, 76, WA3–WA11.

4　全波形反演基础

全波形反演（FWI）是与地震记录全波波形有关的反演问题，在反演过程中不仅利用旅行时或者振幅信息，更要充分利用相位信息，尽可能包含振幅信息的完整波形。任何反演过程都包含 3 个主要因素：

（1）未知量：做反演的目的是确定未知量。在我们的研究中，未知量指的是描述一个地质模型所需要的地球表面的弹性属性或者简化为声波属性。

（2）已知量：所观测到的资料。在我们的研究中，在地球表面所记录的地震数据或井中数据是已知量。

（3）两者之间的关系，或者换句话说，地球物理学：这个关系涉及将观测到的数据（已知量）变换为模型（未知量）的运算或算子。如果关系是线性的，那么变换就是线性的，并且可以直接用矩阵代数来实现。如果这个关系是（高度）非线性的，就像我们所面对的情况一样，那么整个处理就要通过线性化的更新迭代来实现。

本章将温习 FWI 的基本知识、更新过程（线性化）和所面临的挑战，并首先从建立我们能知道的旅行时和成像讲起。

4.1　背景知识和全波形反演议题

旅行时反演研究重点是波形的几何特征（拟合观测数据和模拟数据或模拟数据旅行时），它通常是光滑的，因此往往给模型提供平均的（光滑的）信息。另外，常用的波形反演（这里的重点）使用波场振幅等额外元素来提取更高分辨率的信息，但这就要以引入非线性反演算子为代价，使收敛过程变得复杂。

过去几十年，我们一直主张用一种把成像过程从速度模型中分离出来的方法来处理地震数据。虽然反射率（即成像目标）定义了地下介质有速度（阻抗）差异的区域，但是我们一直在努力使用这些在几何上能把反射波归位到地下（几乎）真实反射位置上去的没有波阻抗差异的速度模型。这种模型特征的分离（光滑和阻抗差异部分之间）引出了反射率和地震数据的线性关系，称为基于反射率的波恩近似和成像，它主要受到来自多次反射问题的困扰。具体来说，这种成像方法常常忽略了地下散射的多种能量源的潜在影响。尽管可能得到地下地质结构的精确图像，但是偏移速度分析（MVA）模型不能用来模拟数据，因为它通常不能产生反射。这个方法也被称为模型波数分离器，它把有能力预测准确走时的波数（通常较低）和那些用来产生反射的波数（通常较高）分离开来。对这种分离的认识已被 Claerbout 和其他地球物理学家记录在了文献里。图 4.1 展示了地面地震所记录数据对中间波数敏感性缺失的严重问题，缺失的这部分中间波数信息正是有助于许多全波形反演的递归方法收敛所必需的。如果记录数据上的低频成分是有效的，那么速度模型反射率部分的数据敏感性可扩展到较低的波数。最近，许多研究人员试图扩展层析和偏移速度分析（MVA）方法来提高较高模型波数处的准确度，这种波数能够激发散射至少传播到数据中较低频部分。

将速度反演和反射率反演结合在一个反演过程中（FWI），可得到潜在高分辨率信息。高分辨率速度模型有助于获得地下更精细和更准确的成像剖面。这些剖面是从基于满足全波形反演准则的速度中得到的。或者换句话说，这个速度可以产生反射，如果全波形反演能成功地得到这样一个模型，那它就像用真实速度模型进行偏移一样。

近年来全波形反演得到了广泛的关注，尤其是 2008—2009 年。由于计算机能力的快速发展，模拟波场的能力得到了显著提高，也更加希望解决全波形反演面临的各种挑战。这种解决全波形反演的新渴望也得益于另外一种需要构建波场的逆时偏移技术的不断进步。全波形反演（FWI）也可以用简单的术语定义为对速度模型（而不是反射率）“成像”。显而易见，FWI 过程的递归性质是这个定义中的一个困境的来源。

因此，尽管潜力巨大，但全波形反演长期以来一直受到由波场的正弦特征和地球反射率复杂性引起的目标函数的复杂非线性影响。不过，我们长期以来一直在致力于波形反演的实用化。举例来说，当 Tarantola（1984a，b）和 Lially（1984）建议梯度函数可以通过伴随状态法表示时，评价梯度和近似 Hessian 矩阵的计算成本就明显减少，这将在后面看到。为了解决模型的一些部分数据敏感性缺失的问题，特别是在弹性情况下，通过在估计模型上增加间接约束（Engl 等，1996；Zhdanov，2002）使反演问题适定的正则化方法正在越来越受到欢迎。正则化最初由 Tikhonov（1963）等提出，它已成为求解反问题中一个不可缺少的部分。最近，我们看到计算域方面的发展，例如，在频率域和拉普拉斯域应用一些处理复杂的非线性地震反演问题（Pratt，1999；Shin 和 Ha，2008）的方法。尽管取得了这样的进展，波形反演应用实际数据中仍然存在许多问题，因为它需要数据中非常低频的信息和一个较高精度的初始模型用来反演。该模型产生的合成数据与真实模型得到的数据最多只能有半个周期（在波场中的任何位置）的

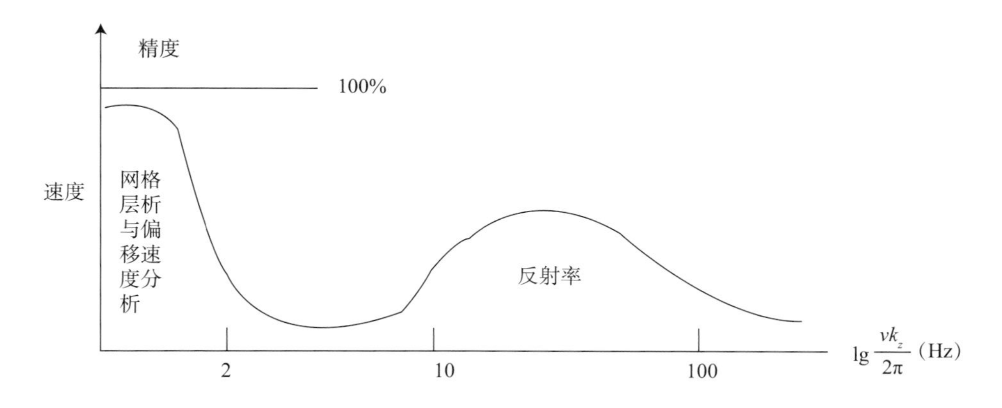

图 4.1　从Jon Claerbout的《地球内部成像》一书中借鉴的示意图

在中间频率（或模型波数）处，存在明显的精度（换言之，记录的振幅：敏感度）缺失

误差。尽管在全波形反演中需要低频成分，但我们几乎总是使用波场的高频特征来形成初始模型，这是一个将引起全波形反演不自然开始（Ellefsen，2009）的断点。使用一个包含全波形内容但是要以与初始模型形成过程中的高频性质相关的形式来表示的波场属性是有益的。

这一章回顾了全波形反演的基本知识，下面将从全波形反演所需的核心步骤即模型正演开始。

4.2 正演

地震正演是主要依靠在一个给定紧空间内求解波动方程的过程，在该空间施加某些边界条件以产生在目标空间的波场解和在设定的接收点位置上的合成数据。正如第 2 章中讨论的那样，正演意味着我们已知模型（即介质的参数或速度）和震源（或部分空间的波场），未知量是目标全空间的波场或者合成数据（定义为在该空间内或边界上由特定位置作为时间函数给出的波场的一部分）。要获得这些波场，要对一个给定的速度模型、边界条件和震源来求解波动方程。这个问题是确定性的并且在震源或数据的任何部分和期望的波场之间的关系是线性的。对于全波形反演，模型正演是产生与观测数据做对比的合成数据所必需的。这个过程中的两个关键要素是模型和数据。

4.2.1 模型

全波形反演中的术语“模型”是地球属性的表示。它可以呈现多个形式并且由多个属性来刻画。对层状模型来说，模型可以通过对地下介质分层和每一层内的速度的几何描述来定义，模型也可以像在地下目标空间的规则离散网格上指定地层属性那样抽象。图 4.2 显示了

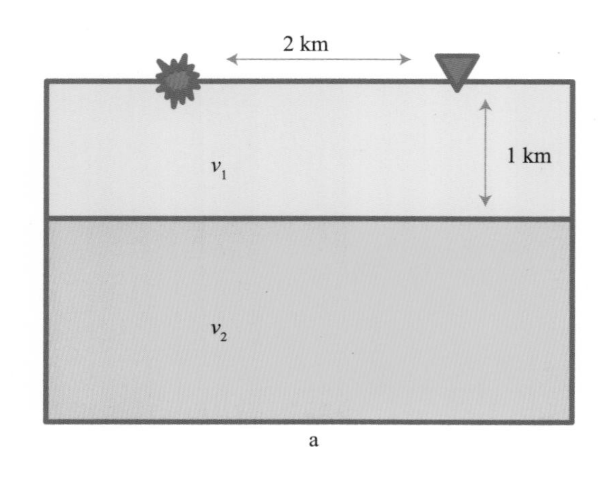

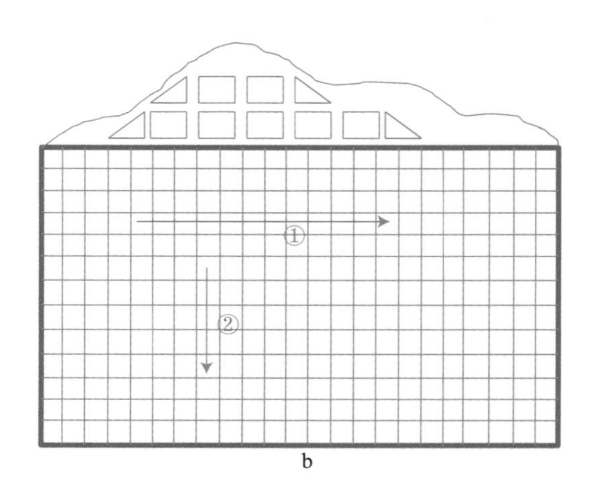

图 4.2 在层析成像中经常使用的层状速度模型（a）和在全波形反演中经常使用的网格化速度模型（b）示例

网格化模型顶部的元素表示也经常用于处理不规则的地形

两种模型的例子，其中离散模型顶部的地形是由通常用有限元法的不规则网格进行离散的。在全波形反演中，因为地下介质初始模型通常是完全未知的，通常使用规则网格进行离散，其主要是由于规则网格实施简单计算效率高，在这种情况下，无论地下介质是二维的还是三维的，地下介质的属性（如速度）都以离散的形式存储在一个通常把它标为 $\boldsymbol{m}$ 的向量中。因此，一个模型属于一组具有真实值和边界值的，有相同地球表征的模型集合。就速度来说，人们期望这些值是正的。

数学术语中的模型是一个物体的较小或较大物理的和离散的复制品，在研究中，研究目标是地下介质，$\boldsymbol{m} \in \Re^n$，其中 n 是模型中离散点的个数。该复制品可以基于我们的经验和对地下介质的认识很自然地建立起来，可以用于生成合成地震数据，或者它也可以用已测量的数据通过反演方法提取出来。地质模型是对地下地质研究和地质认识相结合而形成的模型案例。在许多情况下，它们得到了地球物理数据反演结果的验证，我们在定义地球弹性属性中获得的经验有时被用来构造假设的地球地震模型，用这个模型测试成像算法。一个著名的例子是来自安哥拉地质剖面的 Marmousi 模型。现在 Marmousi 模型是全波形反演算法的首选测试模型。然而，最终我们关心的模型是那些从地震数据中反演出来的模型，特别是那些能够产生与观测数据近乎一致合成数据的模型。

在经典的全波形反演中，考虑到在数据采集过程中的差异，模型的浅层部分分辨率要比深层部分更高。换句话说，我们发现拟合具有较高分辨率模型浅层部分的数据更容易。在反演应用中，模型可分辨性决定了我们在模型中力图提取细节的能力，因此模型可分辨性是全波形反演的一个重要方面。因此对模型特征的度量对于理解要反演的模型是至关重要的，这种度量可以很容易地通过模型波长或由波数给出的倒数来得到。高分辨率信息由模型的高波数成分得出，而低分辨率是由低波数成分表示的。因此，作为波数函数的模型或者速度表示是这种信息的一个来源。这由如下给出的傅里叶变换算子提供，即

$$v(\boldsymbol{k}) = \int v(\boldsymbol{x}) \mathrm{e}^{\mathrm{i}\boldsymbol{k}\cdot\boldsymbol{x}} \mathrm{d}\boldsymbol{x} \tag{4.1}$$

式中，$\boldsymbol{k}$是由分量k_x，k_y，k_z给出的波数向量。在全波形反演中虽然很少在波数域中表达速度，但我们通常以模型的波数内容这样一种通常的方式来表达具有方向意义的模型平滑度。

在分析数据中速度模型波数分量来源的文献中，也用到傅里叶变换算子。这由速度更新向量 $\delta\boldsymbol{m}$ 的平面波分解或者通常称之为灵敏度核函数（稍后介绍）来揭示。如图 4.1 所示，模型的波数精度也有助于认识将在后面详细讨论的全波形反演迭代过程中所面临的严重模型波数缺失。

我们通常用基于一个猜测的初始模型 $\boldsymbol{m}_0$ 开始反演，希望它是一个精度较高的模型。初始速度模型可以通过其他方法来求取，如走时层析成像或偏移速度分析（MVA）。我们希望这个模型包括能够在产生反射的波数处的精确速度，或者换句话说，就是位于图 4.1 中的反射率部分。本章后面将详细讨论初始模型及其重要性。为了反演模型，就需要数据，并且在下一节中将讨论全波形反演的这个要素。

4.2.2 数据

数据（它是一个复数词）是属于一组事物的定性或定量变量的值（来自维基百科）。在

地震勘探中，它们既可以代表用布置的检波器所测量的量值，也可以代表运用计算机设备人工合成的观测量。这些量可以表示在某一方向上或多个方向上（多分量）介质的位移或粒子速度，或可能是其他情况下压力场的测量值。以经典离散形式表示的数据通常存储在一个标记为 $\boldsymbol{d}$ 的向量中（对于全波形反演，这是一个很长的向量）。对于全波形反演的观测数据来说，这个向量包含真实值并且是有边界的。我们把这个向量称为观测数据 $\boldsymbol{d}_{\mathrm{o}}$。也可以通过解波动方程来生成（或模拟）数据，这些数据称为合成数据，标记为 $\boldsymbol{d}_{\mathrm{m}}$。数据主要取决于震源、检波器的位置和性质，它们通常也是时间的函数，只不过是离散采样的。图 4.3 是使用灰度成像绘制的合成记录。检波器沿模型表面扩展，震源位置明显（最小旅行时位置）。

然而，对于全波形反演的应用，所记录的数据也可以转换到频率域用复数的形式记录。在这种情况下，与合成数据的比较也可在频率域中进行。实际上，模拟的数据可以通过求解亥姆霍兹（Helmholtz）方程在频率域中直接计算出来。从时间到频率和从频率到时间的变换是一个线性且快速的过程，称为傅里叶变换和傅里叶反变换。频率表示提供了将在后面讨论的一些特性，当然使用观测数据中存在的频率来模拟地下是有必要的，这样对比会比较有效。

常规地震资料通常是在地表采集到的，因此当从地表向地下模型激发地震能量时，从地表得到对地下模型响应的观测数据具有很大的片面性。激发点和检波点都位于地球或模型的表面（或近地表），我们希望从观察数据中提取必要的信息来定义我们的模型（地表下面的数据体）。在常规反演中，仅用要求解模型一侧的记录数据来反演显然会最终导致求解的偏差，这是地面地震勘探的一个严重局限。这个局限性给全波形反演带来了挑战，特别是在求解地球较深层速度的时候。正如稍后看到的，观测特性的这种偏差导致了反演模型分辨率的偏差，产生了一种称之为可变模型点照明的现象。代表地下地层的大多数模型点被主要来自上面的信息照明。经典反演中，所采集的数据量直接影响要分辨（照明）模型点的能力，但它不是影响分辨率的唯一因素。尽管对某些模型点可能有潜在的非常超定的反演问题，但是更深的模型点通常照明不充分（可能欠定）。在观测数据中也有一个对于提高信噪比来说可

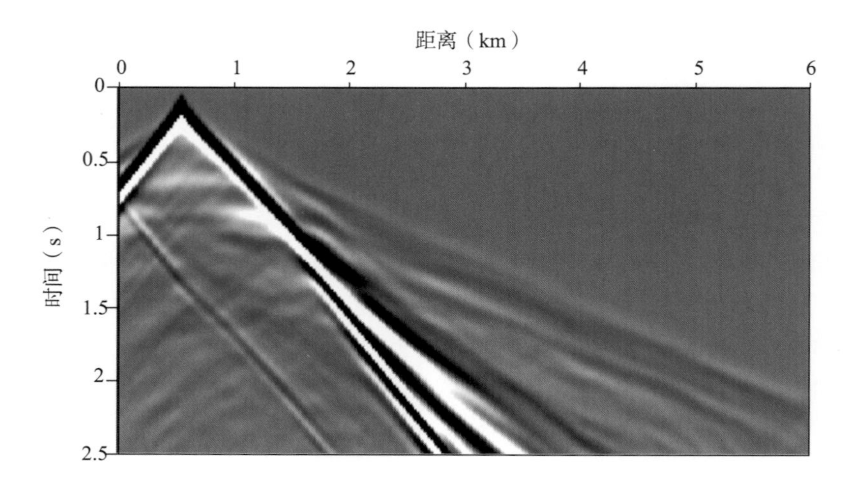

图 4.3　位于0.5km处的震源和从0km到6km处的检波器，使用灰度（业界首选，因为它增强了横向连续性和数据的几何特征）绘制的模拟数据的例子

能是重要的高冗余因素，但对分辨率没有多大影响。当然，数据越多越好，但是更多的数据成本也更高，成本—效益因子不是线性的。在全波形反演中我们仍然把精力集中在地面地震的P波数据上。

有时数据要求在地表沿着直线采集来求解二维模型，假定所得到的数据均是来自这条直线所在的垂直剖面内的反射波。近年来，通过在一个覆盖地下三维区域的地表上采集的数据来求解三维速度模型。在这种情况下，通常模型中零空间的可能性很大，除非采集足够致密以避免模型点照明的缺失。数据还可以包括与地球弹性或各向异性对应的多种模式的波，我们倾向于专注纵波，并将其他模式的波视为噪声。然而，在反演中利用其他模式波的其他反演方法需要对模型参数化方式进行改进，我们称之为多参数反演（见第7章和第8章）。

地震数据通常是有限频带宽度的，频率范围从5Hz到100Hz。现代采集技术的进步得到了低至2Hz的有效数据（从噪声中可识别的）。正如将在后面看到的那样，这些进展对全波形反演及成功有相当大的影响。事实上，到目前为止出于成本考虑，全波形反演主要应用于数据的低频部分，通常达到10Hz。近炮检距数据和早至波数据的振幅特别是信噪比趋于较大，并且随着时间和炮检距的增大而减小，地震波的几何扩散性和色散性这一事实将会影响各种数据的分辨能力。因此，数据是不平等的，最好对数据加权以补偿这种不平等性，这方面内容将在本章后面看到。

在全波形反演中，数据空间往往比模型空间具有更高的维度。所采集的数据比模型的典型描述要多得多。如前所述，尽管这对于反演可能有超定意味，数据中的冗余度很高，但这种冗余对提高信噪比是有必要的，但对提高模型分辨率的影响有限，分辨率主要由有效频带和相对应的有效模型波数控制。

4.2.3　正演问题

对于一个给定模型，利用一个或多个激发源来产生合成数据称为正演。这些波场以时间函数的波场切片形式存储，合成数据通过波动方程的波场解在存储检波点位置处对应的波场切片中提取出来。我们通常关心的是零深度切片，它对应于在地表获取地震数据检波器的位置。在计算机模拟中，正演在时间和空间的离散网格上进行，因此可以用离散形式表示。尽管波动方程是线性的，但波场对模型的依赖性不是线性的。因此，正演过程可以描述为

$$\boldsymbol{d}_{\mathrm{m}} = \boldsymbol{L}(\boldsymbol{m})\boldsymbol{s} \tag{4.2}$$

式中，$\boldsymbol{L}$是由合适的波动方程给出的模型算子；$\boldsymbol{s}$是震源向量。正如前面第2章提到的那样，正演可以在时间域用经典的波动方程实现，也可以在频率域用波动方程的亥姆霍兹方程实现。

4.2.3.1　时间域

在时间域正演是最受欢迎的模拟波场的方法，理解它很容易，因为它作为时间函数遵循地震波在地球内部的传播。波场的空间（时间）域表示是离散的，目标是求解在空间和时间这些离散点处的波场信息。正如在第2章中看到的，这需要用有限差分近似来描述波动方程。基于拉普拉斯算子泰勒级数展开式的经典时间域方法受到频散误差的影响，遵循最小波长的模型精细网格表示或高阶泰勒级数近似对于避免这种误差是必需的。由于振幅是全波形反演的重要组

成部分，因此在全波形反演中这种误差是不可接受的，需要减小误差。减小频散误差所需的精细网格要求相应的小时间步长才能满足 Courant-Friedrichs-Lewy（CFL）条件的稳定性。这些要求会在全波形反演中导致昂贵的计算代价。对于全波形反演，通常需要许多正演运算。图 4.4 显示了用 BP 盐体模型进行正演模拟获得的特定时刻的波场快照。在地表（$z=0$）的波场数值作为时间函数在很多情况下组成了模拟的地震数据。在全波形反演中，我们采用分频的方法，首先拟合数据的低频部分。考虑到波场中相应的长波长部分不容易出现频散，低频的正演成本是较低的。然而，对于一个分频反演方法，直接在频率域求解波动方程更为方便。

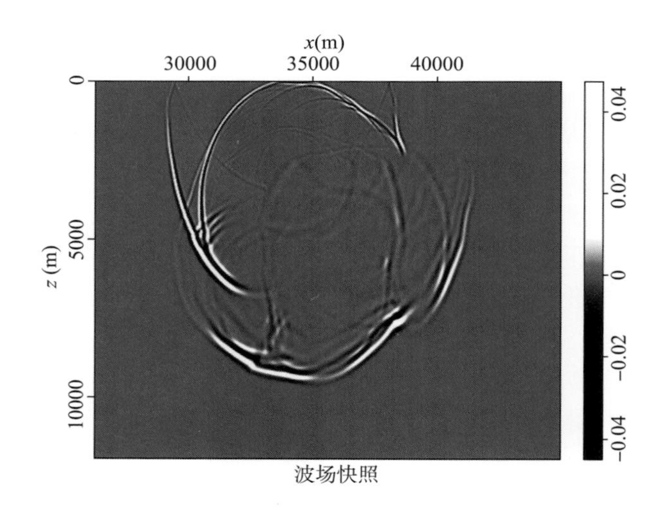

图 4.4　通过正演模拟求解波动方程得到的波场快照

这个特定的快照对应于使用BP盐体模型正演的波场

4.2.3.2　频率域

由于波动方程的线性性质，通过亥姆霍兹表示可以得到单个频率的解。因此多频率的解可以通过对单个频率的解相加来建立。通过对这些解进行适当的线性相移（ωt）可以获得解的时间域版本，在这里通常称为傅里叶反变换。该过程的表示需要对频率轴进行足够的采样。在全波形反演的频率域实现中，通常计算每个频率的观测数据和正演数据之间的误差，并将更新应用于模型。这个事实放宽了对频率轴进行充分采样的要求，如稍后讨论的那样，只需要几个频率即可。第 4 章给出了时间域求解的详细讨论。

亥姆霍兹方程可以用矩阵形式写为

$$\boldsymbol{S}\boldsymbol{u} = \boldsymbol{f} \tag{4.3}$$

式中，$\boldsymbol{S}$是表示$\Delta + \dfrac{\omega^2}{v^2(\boldsymbol{x})}$的离散形式的元素的刚度矩阵；$\boldsymbol{u}$是单个频率的波场矢量；$\boldsymbol{f}$是相同频率的源矢量。通过实现求得$\boldsymbol{S}$的逆$\boldsymbol{L}$，该公式可以与等式（4.2）相关。在一维空间中用于二阶差分近似的矩阵$\boldsymbol{S}$是一个三角矩阵。三角矩阵的本质源于一维拉普拉斯的三点逼近。这种矩阵的第一行和最后一行由两个满足相应边界条件的元素给出。对于多维情况，矩阵有许多三角元素，称为块三角，反映了同一点在其他维度上的差异评估。在所有情况下，除非使用拉普拉斯的高阶差分近似，否则刚度矩阵是非常稀疏的。由刚度矩阵的逆给出的有效解为

$$\boldsymbol{u} = \boldsymbol{S}^{-1}\boldsymbol{f} \tag{4.4}$$

如方程中所明确指出的，这样的逆是由模型中每个潜在震源的格林函数给出的。由于刚度矩阵的大小，通常不会求它的逆。求解方程（4.3）的流行方法是通过使用 LU 因式分解。此外，利用刚度矩阵的空间特性，通常使用置换方法，并加速 LU 分解。亥姆霍兹的详细求解可参考 Gumerov 和 Ramani（2005），Clément 等（1990），Kim 和 Symes（1996），Gupta 等（2009）相关文章。

4.3 目标函数

全波形反演的核心是衡量模拟数据与观测数据之间的匹配程度。通常以一个与模型相关的标量作为目标函数，我们的目标通常是找到这个函数的最小值。由于通常从一个数据减去另一个数据来衡量这种差异，并且不匹配程度随着差异的增加而增加，我们将目标函数称为误差函数，也使用成本函数这个术语。最直观的误差计算是基于评估观测值和模型数据之间的差异（简单的向量相减）。通过从一个数据减去另一个数据得到矢量的范数（大小）来获得不匹配程度的单个数值，并对这种减法求取的元素的平方进行求和。这种距离的具体度量称为 l_2 范数或最小二乘和，它是目标函数中最广泛使用的度量标准。全波形反演的工作是通过找到这个目标函数的最小值或最小的误差匹配来优化模型。

还有一些其他有效的误差匹配计算方法。例如，两种数据之间的相似性可以从两个数据零滞后互相关（或点积）获取，在这种情况下，其目标就是最大限度地提高相似度。下面将解释这两种目标函数并在整个过程中使用它们。

4.3.1 误差计算

目标函数，称为误差函数，是基于模型预测的正演数据与观测数据的差异度量。因此，全波形反演问题可以用数学方式表示为最优化问题（Beylkin，1985；Symes，2008）。用 $\boldsymbol{m}$ 表示要反演的地下参数模型，$\boldsymbol{d}$ 表示各种实验和观测收集的数据或这些数据的属性，$\boldsymbol{L}$ 表示用模型 $\boldsymbol{m}$ 产生数据来匹配 $\boldsymbol{d}_0$ 的建模过程。由于实验通常涉及声波、弹性波以及可能的电磁波，算子 $\boldsymbol{L}$ 通过各种波动方程建立（这里为简单起见，忽略了震源项）。在这个层面上，最终的目标是找到匹配数据 $\boldsymbol{d}_0$ 的参数 $\boldsymbol{m}^*$，即在 $\boldsymbol{m}$ 的所有合理选择上优化目标函数。

$$\min_{\boldsymbol{m}} E(\boldsymbol{m}) = \min_{\boldsymbol{m}} \left\| \boldsymbol{L}(\boldsymbol{m}) - \boldsymbol{d}_0 \right\| \tag{4.5}$$

式中，$\|\cdot\|$是特定的范数，我们将在整个过程中使用E表示目标函数。在所有情况下，即使处理频率域中的复数数据，目标函数也定义为实数标量（在多数情况下，像l_2范数一样，它

是正值）。

全波形反演的目标函数不限于计算观测数据和正演数据的误差。作为传统最小二乘误差函数的替代方法，Shin 和 Min（2006）建议使用对数波场来分离振幅和相位的贡献。这种属性类型允许我们分离数据的振幅和相位部分，并分别测量这些属性的残差。事实上，在目标函数中利用数据的相位信息被称为相位反演。Kim 和 Shin（2005）强调了反演过程中相位的重要性。然而，大多数相位反演的实现是基于提取相位而不消除周波跳跃现象（ 稍后再讨论），因此对降低反演的非线性（波场的周期性）没有太大贡献。最近，Choi 和 Alkhalifah（2011a）应用了一个无周波跳跃的基于相位的反演，它对于获得一个收敛的反演是有用的（甚至对于高频反演），然而它需要对数据进行有效的拉普拉斯衰减以避免地下复杂反射率引起的非线性，这样就导致只能反演相对平滑的模型。Shah 等（2012）分阶段来消除周波跳跃相位问题，但也是把着力点放在折射数据上，因为反射同相轴仍然是强非线性之源。此外 Choi 和 Alkhalifah（2011b）用褶积后的波场来消除对估计震源的需求。下面将展示目标函数其他选项的强大功能。

假如地下的物理特性以及野外观测数据是准确的，那么就能假设地下的真实模型（真实目标）对应于目标函数的最小值。这是一个要求很高的假设，它要求正演和野外地震观测必须正确。在全波形反演中，必须记住这一事实，这种假设的一种补救方法是将正演不确定性引入到与解相关的误差中，这是一种后验分布，但这在地震应用中是昂贵的。

4.3.2 全局和局部最小

全波形反演的目的是找到关于多维模型 $\boldsymbol{m}$ 的目标函数 E（$\boldsymbol{m}$）的最小值。这个最小值在数学上定义为 $\frac{\partial E(\boldsymbol{m})}{\boldsymbol{m}}=0$。因此，全波形反演的目标是找到一个对所有模型参数导数为 0 的模型。当正演算子（也就是所说的波动方程）相对于地下介质参数是非线性时，目标函数会产生多个最小值，而不是一个，可能有数千或数百万的模型满足 $\frac{\partial E(\boldsymbol{m})}{\boldsymbol{m}}=0$。实际上，零空间（数据上模型的零影响区域）的存在可以导致最小值区域。在目标函数中应用具有凸状模型（稍后将看到）的正则化可缓解这个问题。在这种情况下，将有多个不同的极小值，但通常只有一个最小值是趋于对数据和由目标函数最小值给出的正则化的最佳匹配。所有极小值中的最小值称为全局最小值，其他极小值通常称为局部极小值。我们的目标是找到提供全局最小值的模型，但是在全波形反演中，由于目标函数高度非线性，这个任务是艰巨的。

另一个重要的问题是全局最小值是否是我们实际上想要的解。在全波形反演的框架下，必须假设所得到的东西是正确的，并且最合适的模型就是我们的解。然而，在许多情况下，由于正演误差的存在可能会偏向给出另一个拟合数据更好的模型（或模型集合）（即忽略声波正演中的横波），可能会导致将解与局部极小值相匹配。影响全局最小值的另一个因素是正则化（稍后再讨论）。因此尽管我们的目标是找到全局最小值，但是根据全波形反演的机制，我们的目标就会有变数。它可能准确地描述地下介质，也可能不能准确地描述地下介质，这取决于正演时对地球描述的准确程度，对模型添加了多少正则化或者所拥有的一些先验信息。换句话说，对应于目标函数的模型可能没有我们想要的那么准确，在探索全波形反演时，必须牢记这一事实。其准确程度与模型关系极大，除测量精度和模型设置之外，模型中物理复杂性的变化和野外观测数据的照明度（浅与深）也是影响准确程度的重要因素。

图 4.5 显示了一个目标函数 $f(x)$ 相对于单个模型参数 x 的示意图。由于模型参数的物理限制，x 是有界的，例如知道速度必须是正值。此外，知道纵波的最小速度存在于空气中，约等于 300m/s。在最大速度方面，我们也认识到浅层地壳（或调查的区域）的纵波速度几乎不超过 6000m/s。对全波形反演施加这些约束有助于其收敛，因为它倾向于减少目标函数中局部极小值的数量。

4.3.3 吸引域

误差是模型矢量的函数，在地震试验中模型尺寸很容易超过 10000 个元素。目标函数 $E(\boldsymbol{m})$ 通常是连续可导的，需要它至少两次连续可导。目标函数的平滑性是震源和数据的有限带宽范围以及用于正演波动方程的线性特征的假象。当然，这也依赖于用来计算误差函数的范数。先讨论 l_2 模：观测和模拟数据之间平方差的和。

对于线性问题 $\boldsymbol{Am}=\boldsymbol{d}$，无论维度如何，其中 $\boldsymbol{A}$ 是矩阵，l_2 模目标函数是凸函数。这意味着 $E(\boldsymbol{m})$ 是向上凹陷的，顶点代表解，这也意味着对所有可能的模型曲率都是正的，具体来说 $\frac{\partial^2 E(\boldsymbol{m})}{\partial \boldsymbol{m}^2}>0$。图 4.6 显示了对于一个线性问题双参数模型目标函数的例子。

尽管考虑到远离凸点的速度模型的高维度，全波形反演的目标函数非线性程度较高，但总是存在全局最小值（解）的区域，其中目标函数是拟凸函数（凸函数的推广，除了单个最小值外，希望是全局最小值以外其他梯度不等于零）。该区域的大小取决于所涉及的频率、模型的复杂性（反射的数量）和实验观测设置，它也受正则化和施加在模型上的约束的影响。在全局最小值的周围，目标函数是拟凸的，被称为吸引域。因此，在图 4.5 中，全局最小值的吸引域由以全局最小值为中心的凹形向上的区域给出。对于多维（超过 2D）问题，吸引域难以可视化，但具有相同的定义。

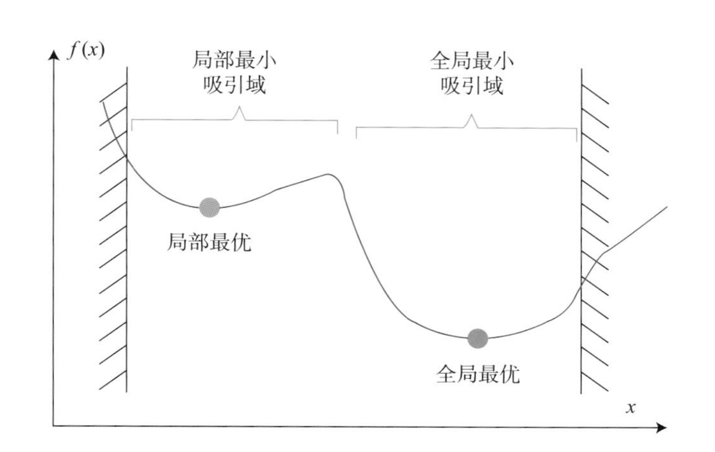

图 4.5 描述一个参数为x的非线性问题的示意图

其中有一个全局最小值和局部最小值。两条垂直线表示x的边界。这里有两个吸引域，一个对应全局最优，一个对应局部最优

吸引域被正式定义为从一个动力系统移动到特定吸引子的一组点。该术语是从数学系统借鉴来的，后面将讲到。在 FWI 中，动态系统由吸引到吸引子（最小值）的 FWI 梯度给出，这样它在最小值周围定义了一个区域，在该区域目标函数是拟凸的。把初

始（或当前）模型放在吸引域内有助于（如果没有保证）全波形反演的收敛。由于目标函数取决于数据，特别是所涉及的震源和频率，吸引域也取决于反演中所涉及的数据。如果把更多的数据添加到与更多炮点和频率对应的反演中，期望吸引域会做出相应的反应。在多尺度全波形反演实施过程中，吸引域在确保反演收敛方面起着重要的作用。

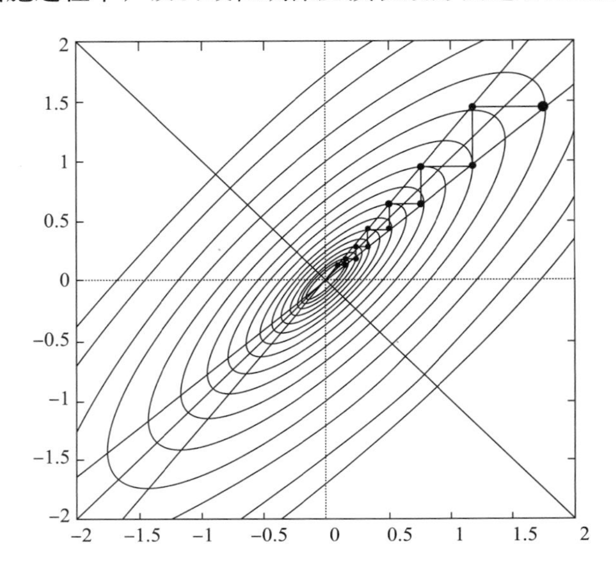

图 4.6 一个线性问题两个模型参数的凸目标函数的例子

锯齿曲线显示了初始模型基于Hessian梯度更新收敛到全局最小值的过程

4.3.4 实例

全波形反演方程（4.5）在实际勘探应用中，通常对 $\boldsymbol{d}$ 使用 l_2 范数，$\boldsymbol{d}$ 是由所有震源在检波器处得到的观测数据，$\boldsymbol{m}$ 由地震 P 波速度给出。为了检验对模型参数和数据频率的依赖性，考虑在具有平方慢度的恒定垂直梯度介质中垂直传播平面波，$s^2(z)=s_0^2+g(z-z_0)$，其中 $s=\dfrac{1}{v}$，v 是速度。在这种介质中，亥姆霍兹方程（4.41）随着变量的变换减少成贝塞尔（Bessel）方程，并具有已知的精确解析解（Pekeris，1946）。地震波从深度 z_0 传播到深度 z_i 表示为

$$u(z_1,\omega)=u(z_0,\omega)\frac{F(\omega,z_0)}{F(\omega,z_1)} \tag{4.6}$$

其中

$$F(\omega,z)=Ai\left[-s^2(z)\left(\frac{\omega}{|g|}\right)^{2/3}\right]+\mathrm{i}Bi\left[-s^2(z)\left(\frac{\omega}{|g|}\right)^{2/3}\right]$$

式中，Ai和Bi分别表示第一类和第二类的艾里（Airy）函数（Lebedev，1972）；$|\cdot|$表示绝对值。

在这个测试中，把真实模型的速度置为 $v_0 = \frac{1}{s_0} = 2\text{km/s}$，$g = -0.139\text{s}^2/\text{km}^3$，1km 深度的速度为 3km/s。将震源放在地表（$z_0 = 0$），在深度 $z = 1\text{km}$ 处观测波场。图 4.7 显示了基于常规 l_2 范数的目标函数，其中 g 被设为真值，仅改变 v_0。显然，在整个速度范围内，目标函数对具有单个同相轴的地震道是高度非线性的。随着频率降低，非线性减小。这种类型的非线性仅由波场的性质引起，因为相位具有周期性行为，因此它在 2π 范围内存在周期跳跃现象。正如以后看到的那样，非线性的另一个来源出现在地震道有多个同相轴的情况并且同相轴存在相互影响的时候（有点类似于道间感应）。

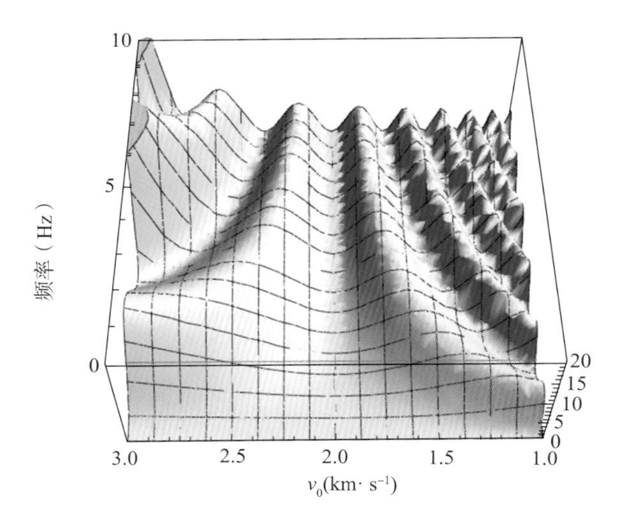

图 4.7 对于简单的两点模型，传统 l_2 范数误差的目标函数是初始速度和频率的函数

速度作为 $\frac{1}{v(z)^2} = \frac{1}{v_0^2} + gz$ 的函数在相距1km的震源和检波器之间变化，其中 v_0=2km/s，g =−0.139s²/km³

4.4 更新

全波形反演的核心是速度模型更新过程。在经典实现方法中（Tarantola，1984a，b；Lially，1984），更新是基于由玻恩（Born）近似所清晰表示的梯度方法（Cohen 和 Bleistein，1977；Panning 等，2009）。鉴于要反演的模型的高维度，使用模型参数上有数据依赖关系的物理量来更新模型是符合逻辑且直观的选择，因为随机方法计算量较大。全波形反演的收敛速度取决于基于梯度更新的具体特征，包括辐射模式和更新的尺度（Sirgue 和 Pratt，2004）。尽管 Sirgue 和 Pratt（2004）采用的模型有约束条件（例如水平反射率），但是通过在地震成像中所采用的照明准则可以得到更通用的公式。

4.4.1 梯度

考虑到模型在全波形反演问题中的高维度，其中评估每个未知模型目标函数的成本等同于对数据的全面模拟，如两个参数（在近 10000 个模型参数中）构建目标函数或甚至是模型的一小部分都是不允许的。在某些反演应用中，使用统计学方法评估模型的分布（有时候是随机选择的）并使用随机方法更新模型参数集。考虑到模型的高维度和地表获取的地震数据问题，这类方法仍然是不可行的。

一种更可行的方法是评估模型参数的一阶（可能是二阶）导数来获取波传播的一些物理特性，在当前模型的附近运用泰勒级数展开方法得到目标函数的近似。即使这样，直到Tarantola（1984a，b）和Lially（1984）告诉我们如何低成本地去做它之前，求取这些导数都是非常昂贵的。

如果$\Delta \boldsymbol{d}=\boldsymbol{d}_{\mathrm{o}}-\boldsymbol{d}_{\mathrm{m}}$，那么目标函数可以由下式给出，即

$$2E(\boldsymbol{m})=\left\|\Delta\boldsymbol{d}^{\mathrm{T}}\Delta\boldsymbol{d}\right\| \tag{4.7}$$

乘以 2 只是为了让梯度更加美观。如果知道初始或当前模型 $\boldsymbol{m}_{\mathrm{o}}$ 的目标函数，则可以用目标函数的广义泰勒级数展开来评估该模型附近 $\boldsymbol{m}$ 的目标函数的近似值，即

$$E(\boldsymbol{m})\approx E(\boldsymbol{m}_{\mathrm{o}})+\left(\frac{\partial E(\boldsymbol{m}_{\mathrm{o}})}{\partial \boldsymbol{m}}\right)^{\mathrm{T}}(\boldsymbol{m}-\boldsymbol{m}_{\mathrm{o}})+\frac{1}{2}(\boldsymbol{m}-\boldsymbol{m}_{\mathrm{o}})^{\mathrm{T}}\left(\frac{\partial^2 E(\boldsymbol{m}_{\mathrm{o}})}{\partial \boldsymbol{m}^2}\right)(\boldsymbol{m}-\boldsymbol{m}_{\mathrm{o}}) \tag{4.8}$$

类似的，导数的泰勒一阶级数展开为

$$\frac{\partial E(\boldsymbol{m})}{\partial \boldsymbol{m}}\approx\frac{\partial E(\boldsymbol{m}_{\mathrm{o}})}{\partial \boldsymbol{m}}+\left(\frac{\partial^2 E(\boldsymbol{m}_{\mathrm{o}})}{\partial \boldsymbol{m}^2}\right)(\boldsymbol{m}-\boldsymbol{m}_{\mathrm{o}}) \tag{4.9}$$

关于模型参数的目标函数的一阶导数称为弗雷谢（Fréchet）导数，二阶导数称为 Hessian 导数。因为目标函数的最小值定义为$\dfrac{\mathrm{d}E(\boldsymbol{m})}{\mathrm{d}\boldsymbol{m}}=0$，所以

$$\delta\boldsymbol{m}=\boldsymbol{m}-\boldsymbol{m}_{\mathrm{o}}=-\left(\frac{\partial^2 E(\boldsymbol{m}_{\mathrm{o}})}{\partial \boldsymbol{m}^2}\right)^{-1}\frac{\partial E(\boldsymbol{m}_{\mathrm{o}})}{\partial \boldsymbol{m}} \tag{4.10}$$

由于只有合成数据 $\boldsymbol{d}=L$（$\boldsymbol{m}$）$\boldsymbol{s}$ 依赖于模型，因此

$$\frac{\partial E(\boldsymbol{m}_{\mathrm{o}})}{\partial \boldsymbol{m}}=\frac{\partial \boldsymbol{d}_{m}(\boldsymbol{m}_{\mathrm{o}})}{\partial \boldsymbol{m}}\Delta\boldsymbol{d}=\boldsymbol{F}^{\mathrm{T}}\Delta\boldsymbol{d} \tag{4.11}$$

其中 $\boldsymbol{F}=\dfrac{\partial \boldsymbol{d}_{m}(\boldsymbol{m}_{\mathrm{o}})}{\partial \boldsymbol{m}}$，Hessian 矩阵由下式给出，即

$$\frac{\partial^2 E(\boldsymbol{m}_{\mathrm{o}})}{\partial \boldsymbol{m}^2}=\boldsymbol{F}^{\mathrm{T}}\boldsymbol{F}+\frac{\partial \boldsymbol{F}(\boldsymbol{m}_{\mathrm{o}})}{\partial \boldsymbol{m}}(\Delta\boldsymbol{d}\cdots\Delta\boldsymbol{d}) \tag{4.12}$$

正如预期的那样，Hessian 矩阵的计算，特别是第二项的计算是非常昂贵的。作为一个优化问题，重构反演公式，得到了一个只包含第一项的近似 Hessian 矩阵，下面将会看到。

为了评估 $\boldsymbol{F}$（$\boldsymbol{m}$），使用等式（4.3）中代表亥姆霍兹算子的 $\boldsymbol{S}$ 及链式法则，于是有

$$\boldsymbol{S}(\boldsymbol{m})\frac{\partial \boldsymbol{d}_{\mathrm{m}}}{\partial \boldsymbol{m}}=\frac{\partial \boldsymbol{S}(\boldsymbol{m})}{\partial \boldsymbol{m}}\boldsymbol{d}_{\mathrm{m}} \tag{4.13}$$

当然，方程（4.3）的源函数与模型无关。因此

$$\boldsymbol{F}(\boldsymbol{m})=\frac{\partial \boldsymbol{S}(\boldsymbol{m})}{\partial \boldsymbol{m}}\boldsymbol{d}_{\mathrm{m}}\boldsymbol{S}^{-1}(\boldsymbol{m}) \tag{4.14}$$

因此，$\boldsymbol{F}$ 由正向 Born（玻恩）近似的伴随矩阵给出。因子$\dfrac{\partial \boldsymbol{S}(\boldsymbol{m})}{\partial \boldsymbol{m}}$定义了散射势，它包含在玻恩表达式中看到的与 ω^2 项的乘积。事实上，通过亥姆霍兹算子的离散形式表示 $\boldsymbol{S}$ 揭示

了这个因子是由具有 $-\frac{\omega^2}{v^3}$ 的对角矩阵组成。

4.4.2 最优化

全波形反演从一个初始模型 $\boldsymbol{m}_0$，通过迭代寻优逼近最优解 $\boldsymbol{m}^*$。在这个过程中的每次迭代，给定当前近似模型 $\boldsymbol{m}_n$，首先在 $\boldsymbol{m}_n$ 的附近执行 $\boldsymbol{L}$（$\boldsymbol{m}$）的线性近似。

$$\boldsymbol{L}(\boldsymbol{m}) \approx \boldsymbol{L}(\boldsymbol{m}_n) + \boldsymbol{L}'(\boldsymbol{m}_n)(\boldsymbol{m} - \boldsymbol{m}_n)$$

定义 $\boldsymbol{F}_n = \boldsymbol{L}'(\boldsymbol{m}_n)$，很明显，$\boldsymbol{F}_n : \delta\boldsymbol{m} \rightarrow \boldsymbol{F}_n\delta\boldsymbol{m}$ 是计算参数 $\boldsymbol{m}$ 的变化会多大程度地影响数据 $\boldsymbol{d}$。假设上述近似是足够充分的，并将其引入到 l_2 范数的最小化过程中，得到一个近似优化问题。

$$\delta\boldsymbol{m}_n = \min_{\delta\boldsymbol{m}} \left\| \boldsymbol{F}_n\delta\boldsymbol{m} - \left[\boldsymbol{d} - \boldsymbol{L}(\boldsymbol{m}_n)\right] \right\|_2^2$$

式中，$\delta\boldsymbol{m}_n$应该近似于$\boldsymbol{m}^*-\boldsymbol{m}_n$。这个问题可以通过下式明确地解决，即

$$\delta\boldsymbol{m}_n = (\boldsymbol{F}_n^*\boldsymbol{F}_n)^{-1}\boldsymbol{F}_n^*\left[\boldsymbol{d} - \boldsymbol{L}(\boldsymbol{m}_n)\right]$$

一旦 $\delta\boldsymbol{m}_n$ 已知，设 $\boldsymbol{m}_{n+1}=\boldsymbol{m}_n+\delta\boldsymbol{m}_n$，并重复迭代过程，直到足够小。这个公式中的 Hessian 矩阵表示为 $(\boldsymbol{F}_n^*\boldsymbol{F}_n)^{-1}$，它是上面给出的目标函数的真实 Hessian 矩阵的近似值，并且不受多次散射的影响。

4.4.3 Hessian 矩阵

泰勒级数模型更新方法一般分为两类：不以任何方式使用经典 Hessian 矩阵的梯度方法和以某种形式依赖 Hessian 矩阵的牛顿方法。梯度法包括最陡下降法和共轭梯度法。它们每次迭代更加有效且应用更简单，但收敛速度较慢。另外，牛顿法是可以修正梯度方向以提高更新的收敛性（提供二次收敛）的方法，它最完整的表示是通过用梯度乘以 Hessian 矩阵的逆给出，梯度为模型在最陡下降方向上提供了更新方向（矢量），最陡下降方向是在当前模型（矢量）的目标函数的一阶导数上提取的。Hessian 矩阵利用目标函数的二阶导数修正更新方向，以预测最小化目标函数所需的最优下降和曲率的组合影响。曲率的一部分依赖于波场的多散射（特别是二次散射）特性。如同预期的那样，当二次散射在数据上有相对较大的印记时，Hessian 矩阵的这部分是至关重要的。在这种情况下，完整的 Hessian 矩阵可能会显著地改变梯度。然而，在大多数全波形反演应用中，Hessian 矩阵的这一部分［等式（4.12）中所示的独立项］通常被忽略，因为计算成本极高。Hessian 矩阵的其余部分主要用于适当地聚焦在一次散射玻恩贡献上。该聚焦包括等式（4.12）中主要由第一项的对角元素所提供的适当振幅权重，它还在等式（4.12）中第一项的非对角元素中提供了处理模型各参数间耦合所需的适当权重。

尽管包含 Hessian 矩阵的方法有明显的优势，人们可能会问对模型参数的目标函数广义泰勒级数扩展的高阶项怎么样。为什么要停留在 Hessian 矩阵上？在光滑函数中一维搜索的经验证明了二次项的有效性（牛顿方法）。然而，对于声波反演，将我们的经验应用于反问

题的一维（甚至二维）到高维度搜索的问题仍然在研究中。沿着最陡下降方向应用一个线性搜索等效于在下降方向使用一维 Hessian 矩阵方法。然而在某些条件下搜索方向的修改（除了最陡下降方向以外）可能会对收敛有些好处。对于高度非线性目标函数，Hessian 矩阵就变得不那么重要了，因为它的广义泰勒级数展开已不太准确了。非线性程度随频率增加自然地增加。因此，Hessian 矩阵对最小二乘线性问题提供了直接解决方法（一次迭代），并且倾向于对可以通过线性化形式很好近似的目标函数的一部分提供类似的特征。然而，当目标函数包含涉及复杂模型的数据时，Hessian 矩阵的线性化特征就减少了。考虑到目标函数的特点，关键是要找到 Hessian 矩阵方法应用和这样做代价之间的适当平衡。从应用 Hessian 矩阵沿着梯度线搜索的一个简单选项到全 Hessian 矩阵计算（牛顿法），有很多 Hessian 矩阵近似方法可以选择。

在所有情况下，我们倾向于来近似 Hessian 矩阵。下面将介绍不同的 Hessian 矩阵近似方法，这些方法范围涉及由 Shin 等（2001）倡导的方法到只计算与几何扩散（在模型点的数据曲率）相关对角元素方法。对矩阵对角元素处理可以直接获得 Hessian 矩阵的逆。如前所述，它提供了适当的权重来说明更新的传播。梯度将数据中的残差转换为模型中的更新，有时是在有限区域之内。更新权重由更新的玻恩近似性质来控制。当施加适当的权重来说明相对的能量分布时，Hessian 矩阵提供的对角元素通常保持了该梯度（而不是方向）的特征。

Hessian 方法涉及数据对模型参数的二阶依赖性，更具体地说是涉及两个模型参数。Hessian 矩阵的元素表示了一个模型参数（行）相对于另一个（列）的敏感性。因此，Hessian 矩阵的对角元素涉及一个模型参数并描述了该参数的必要尺度。显然，Hessian 矩阵是对称的。Hessian 矩阵在分母中（乘以逆 Hessian 矩阵）的存在是为了修正三个主要现象：

（1）在等式（4.12）中嵌入 Hessian 矩阵第一项的对角元素中的每个模型参数所需的尺度。

（2）当由等式（4.12）中第一项的非对角元素来衡量对数据敏感性相关值时（分辨率矩阵），两个不同模型参数的耦合情况。

（3）包含两个参数的二次散射和应用二次散射路径将对应的数据残差到该能量相关的两个模型点上的必要映射。

这些特征如图 4.8 和图 4.9b 所示。图 4.8 显示了 Hessian 矩阵第一项（常常使用的那项）的作用，它用于修正模型点之间耦合系数。如果两个模型点在数据中产生类似的扰动（由每个模型点对应的 Fréchet 矩阵列给出），将在 Hessian 矩阵中与这两个模型点对应的非对角元素（在对称的 Hessian 矩阵中某一行和列）产生大值。这个大值在它的逆 Hessian 矩阵与梯度的乘法中将有效地降低这两个模型参数在更新中的独立性（使它们像一个模型点一样，具有与扰动对应的相等的更新分布）。换句话说，它将修正耦合系数。这种双参数或点连接就把另外一层加到模型分辨率上，它能把数据上类似影响的点连接起来。下面介绍一个用与波场主波长很好相比的模型离散化常用做法实例。这里的主波长是不能区分相邻模型点的独立影响的。这些点独立作用于数据残差而不是用每个点来试图独立解释残差，这样就产生了混波效应。Hessian 矩阵的这一项将有效地把这些相邻点黏合在一起就像由相关波长所描述合适分辨率所给出的单一大点一样。在这种特殊情况下，Hessian 矩阵以一个分块主对角形式在其对角元素周围有一个数值带，条带的宽度由波长控制。Hessian 矩阵这一项的特性通常被称为分辨率。除此之外，这些用于评估数据对这些模型点相对敏感度的数值大小对模型点中能量的适当分布进行了校正。如果有一个具有完美分辨率并且参数间没有互相耦合问题的近乎完美的反演方法和数据，那么 Hessian 矩阵只在对角元素上有非零值。这些对角元素值的倒数与梯度相乘以保证较低敏感度的模型点得到合适的补偿加权。

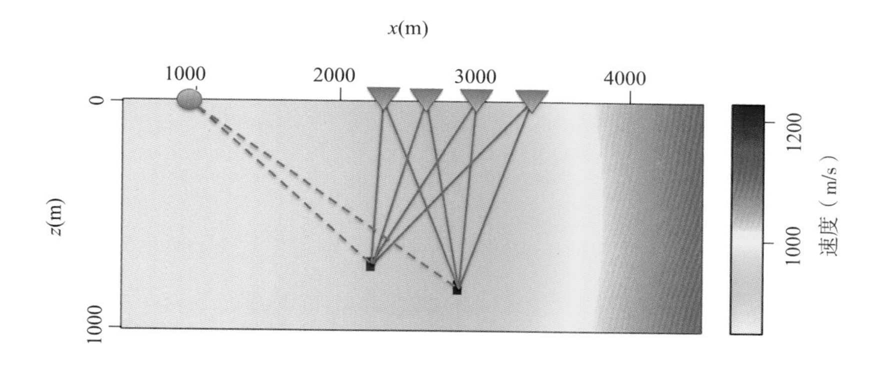

图 4.8　一个包含平滑背景和两个散射体的模型

因为测量的是对应于两个模型点的数据的导数，我们可以在试图理解Hessian作用的时候移动它们。具体来说，该图展示了等式（4.12）中Hessian第一项的作用，将来自两个模型点的单个散射响应与点积进行比较，以确定尺度和修正权重

图 4.9 显示了等式（4.12）中与二次散射有关的 Hessian 矩阵的第二项的物理意义。因此，模拟波场对从两个模型点的反射能量的敏感性被评估（在处理中称为多次波）。根据真实模型的性质，在我们的数据中这些贡献很大。然而，一般来说，它们是双重反射和更长的波路径的结果，其中的能量可能比一次散射的能量小。这就是为什么这种对模型更新的贡献通常被忽略的一个原因。另一个原因是，评估 Hessian 矩阵的这一部分是非常昂贵的。在经典的玻恩级数表示中，双重散射的计算由玻恩级数的第二项给出，包括两个体积分，与梯度相比，计算成本增加了三倍（三维情况下）。用外行话来说，计算成本相当于用模型点数乘以完整的成像应用。然而，如果对 Hessian 矩阵这一项进行评估，它试图将存在于数据中的二次散射能量放在引起这种二次散射的适当模型点上。放置的准确性取决于背景速度模型的准确性。

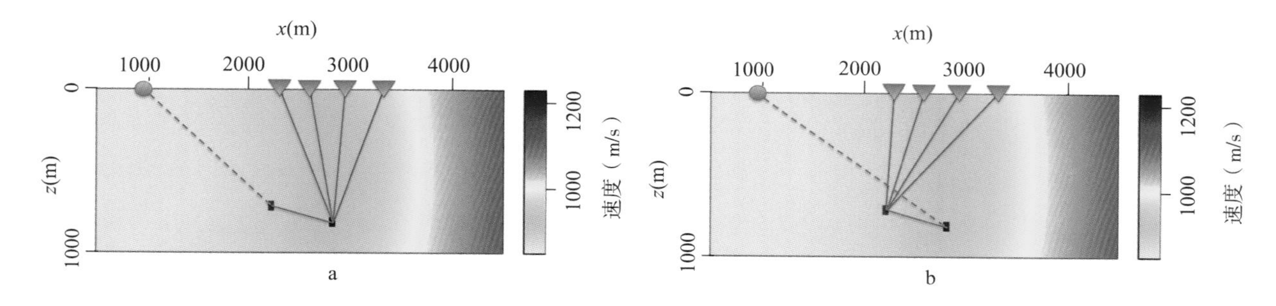

图 4.9　一个包含平滑背景和两个散射体的模型

可以在试图理解Hessian作用的时候移动它们，因为Hessian测量的是对应于两个模型点的数据导数。具体来说，该图展示了公式（4.12）中Hessian第二项的作用，其中来自两个模型点的二次散射响应被校正，以便将能量精确地放置在这些点上

4.4.4 实际应用

从广义泰勒级数展开提取的更新等式（4.10）具有以下形式，即

$$\delta \boldsymbol{m} = -\left(\frac{\partial^2 E(\boldsymbol{m}_{\mathrm{o}})}{\partial \boldsymbol{m}^2}\right)^{-1} \frac{\partial E(\boldsymbol{m}_{\mathrm{o}})}{\partial \boldsymbol{m}} = \boldsymbol{A}\boldsymbol{F}^{\mathrm{T}}\Delta \boldsymbol{d} \tag{4.15}$$

$$\boldsymbol{A} = -\left(\frac{\partial^2 E(\boldsymbol{m}_{\mathrm{o}})}{\partial \boldsymbol{m}^2}\right)^{-1} \tag{4.16}$$

等式（4.15）的准确实现被称为牛顿法。它需要计算完整的 Hessian 矩阵，这通常是非常昂贵的。

在最优化实现中看到的 $\boldsymbol{A}$ 的流行近似值由公式（4.17）给出，通常称为高斯牛顿法。

$$\boldsymbol{A} \approx -(\boldsymbol{F}^{\mathrm{T}}\boldsymbol{F})^{-1} \tag{4.17}$$

如前所述，Hessian 矩阵的简化形式去掉了完整 Hessian 矩阵的多散射部分。然而，它包括调整更新区域传播所需的尺度，并且能够针对多参数反演的多尺度特性进行调整，就像在各向异性介质中将面临的那样。这将在本书后面章节看到。非对角元素可以改善由于观测系统自身的局限性（方位角）所导致的照明不充足的问题。对于高维度问题，高斯牛顿法实现起来比牛顿法更简单，但仍然不便宜。

如果只采用 Hessian 矩阵的对角元素 $\boldsymbol{h}$，它通常与更新的几何扩散有关，$\boldsymbol{A} \approx \boldsymbol{h}^{-1}\boldsymbol{I}$，其中 $\boldsymbol{I}$ 是单位矩阵。在许多情况下，将一个简单的线性搜索应用于梯度，同样也可以适用于基于近似 Hessian 的参数更新。线性搜索是一种单参数（尺度）搜索，用来最优化应用于模型更新向量的步长。以较小的步长进行搜索，其中 $\boldsymbol{A} \approx \alpha \boldsymbol{I}$。许多准牛顿法或共轭梯度法起初只依赖 Hessian 矩阵的对角元素。

为了沿着梯度方向寻找适当的步长，我们倾向于通过求解一个抛物线方程。在这个方程中，在梯度方向上计算目标函数对步长变量的一阶和二阶导数。这就需要在全波形反演迭代过程中沿着梯度方向基于两个模型做两次额外的正演。某些情况下只使用一阶导数和线性估计步长，这就只需要一次额外的正演。然而，考虑到非线性水平，在当前模型周围计算的步长可能不够精确甚至不能接受。它可能提供了一个足够大的步长导致迭代无法收敛。因此，小的固定步长也是一种安全的选择，因为它们假设梯度方法只在局部有效，并且不受非线性水平的影响。

在梯度方法的大旗下不同的更新方案主要取决于如何使用 Hessian 矩阵或它的近似，相应地也依赖于如何对梯度施加条件。在极其复杂的介质和高频情况下，估算评估 Hessian 矩阵的帮助很小，因为这些情况下泰勒级数扩展的准确性有限。Hessian 矩阵的真正价值是当吸引域是高度凸形和参数对数据的影响高度可变时才体现出来。

4.5 玻恩近似

上述更新（梯度）理论来源于玻恩级数的第一项，称为玻恩近似。在各向同性声波介质情况下，在频率域描述从位于 $\boldsymbol{x}_{\mathrm{s}}$ 的点源发出的波场的格林函数 G（$\boldsymbol{x}$；$\boldsymbol{x}_{\mathrm{s}}$，$\omega$）满足以下波动

方程，即

$$(w\omega^2+\nabla^2)G(\boldsymbol{x};\boldsymbol{x}_s,\omega)=\delta(\boldsymbol{x}-\boldsymbol{x}_s) \tag{4.18}$$

式中，w是速度平方的倒数。假设背景介质为w_0，其对应的格林函数G_0满足方程（4.18）。考虑由δw给出的背景介质中的扰动，介质中的扰动导致了波场变化，我们称为δG。因此，对应于由$w=w_0+\delta w$给出介质的完整格林函数具有$G=G_0+\delta G$的形式。将G和w代入等式（4.18）得到

$$(w_0\omega^2-\nabla^2)\delta G(\boldsymbol{x}_r,\omega)=-\delta w\omega^2 G(\boldsymbol{x};\boldsymbol{x}_s,\omega) \tag{4.19}$$

基于提到的无限介质理论，将等式右边视为虚拟源函数，等式（4.19）有如下解，即

$$\delta G(\boldsymbol{x}_r,\omega)=-\omega^2\int\delta w(\boldsymbol{x})G(\boldsymbol{x};\boldsymbol{x}_s,\omega)G_0(\boldsymbol{x}_r;\boldsymbol{x},\omega)\mathrm{d}\boldsymbol{x} \tag{4.20}$$

在这种情况下，散射波场的格林函数出现在等式（4.20）的两边，称为弗雷德姆（Fredholm）积分方程，也把这个方程称为李普曼施温格（Lippmann Schwinger）方程。它描述了代表散射顺序的无限级数，级数中的每个序列添加了额外的散射体。

忽略散射的影响，在方程（4.19）的右侧设置 $G\approx G_0$ 得出，即

$$(w_0\omega^2-\nabla^2)\delta G(\boldsymbol{x}_r,\omega)=-\delta w\omega^2 G_0(\boldsymbol{x};\boldsymbol{x}_s,\omega) \tag{4.21}$$

解由下式给出，即

$$\delta G(\boldsymbol{x}_r,\omega)=\omega^2\int\delta w(\boldsymbol{x})G_0(\boldsymbol{x};\boldsymbol{x}_s,\omega)G_0(\boldsymbol{x}_r;\boldsymbol{x},\omega)\mathrm{d}\boldsymbol{x} \tag{4.22}$$

等式右边没有散射的格林函数。因此，散射波场以单散射背景波场的形式明确给出。我们把这种近似称为玻恩近似，它是由梯度给出的全波形反演目标函数的等效线性化部分。图4.10 显示了在有两个散射体在均匀无边界背景介质中玻恩级数不同项的贡献。

将等式（4.22）的两边乘以从炮点和检波器到介质点 y 的伴随矩阵，对于单个炮点对所有的检波点位置求积分有

$$\omega^4\int G_0(\boldsymbol{x};\boldsymbol{x}_r,\omega)G_0^*(\boldsymbol{y};\boldsymbol{x}_r,\omega)\mathrm{d}\boldsymbol{x}_r\approx\delta(\boldsymbol{x}-\boldsymbol{y})$$

在 $\boldsymbol{x}_r$ 覆盖次数高的区域得到

$$\int G_0^*(\boldsymbol{y};\boldsymbol{x}_s,\omega)G_0^*(\boldsymbol{x}_r;\boldsymbol{y},\omega)\delta G(\boldsymbol{x}_r,\omega)\mathrm{d}\boldsymbol{x}_r=\int\delta w(\boldsymbol{x})G_0(\boldsymbol{x};\boldsymbol{x}_s,\omega)G_0^*(\boldsymbol{y};\boldsymbol{x}_s,\omega)\delta(\boldsymbol{x}-\boldsymbol{y})\mathrm{d}\boldsymbol{x} \tag{4.23}$$

通过运用 δ 函数的筛选属性，得到

$$\delta w(\boldsymbol{x})=\Re\left[\omega^2\iint G_0^*(\boldsymbol{y};\boldsymbol{x}_s,\omega)G_0^*(\boldsymbol{x}_r;\boldsymbol{y},\omega)\delta G(\boldsymbol{x}_r,\omega)\mathrm{d}\boldsymbol{x}_s\mathrm{d}\boldsymbol{x}_r\right] \tag{4.24}$$

考虑到地震信号的因果性，解由实部给出。

格林函数在时域中表示系统对脉冲源的相应，对于声波方程满足

$$\left(\frac{1}{v}\frac{\partial^2}{\partial t^2}-\nabla^2\right)G(\boldsymbol{x},t;\boldsymbol{x}_s)=\delta(t)\delta(\boldsymbol{x}-\boldsymbol{x}_s) \tag{4.25}$$

对于 $t<0$ 有 $G\equiv 0$ 。与完整的声波方程类似，由 r 给出的速度（平方）模型中的一个扰动导致格林函数的一个扰动 [这里 $v=$ （$1+r$）v_0]，即

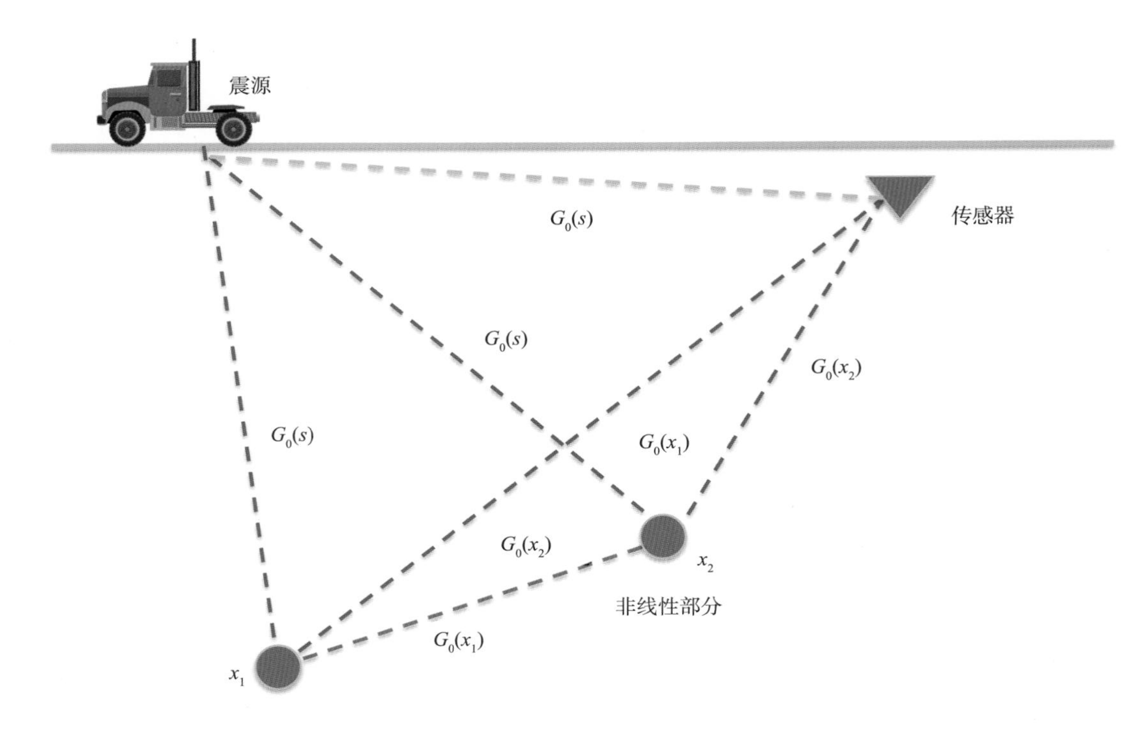

图 4.10 描绘包含两个散射体的玻恩级数不同元素的贡献示意图

绿色虚线表示均匀背景模型的格林函数。蓝色虚线对应于两个散射体玻恩近似的贡献。红色虚线来自玻恩近似的下一项，因为它增加了两个散射体之间的相互作用

$$\left(\frac{1}{v_0}\frac{\partial^2}{\partial t^2}-\nabla^2\right)\delta G(\boldsymbol{x},t;\boldsymbol{x}_{\mathrm{s}})=\frac{2}{v_0^2}\frac{\partial^2 G_0(\boldsymbol{x},t;\boldsymbol{x}_{\mathrm{s}})}{\partial t^2}r(\boldsymbol{x}) \tag{4.26}$$

式中，$G=G_0+\delta G$，对于给定的速度模型v_0，G_0满足等式（4.25）。这与上面的推导类似[等式（4.20）]，但现在我们在时域而不是在频域中进行。因此，基于对正演算子的定义，$F[v]r=\delta G\big|_{x-x_r}$。事实上，格林函数中扰动的积分解满足相同的波动方程，但是对于包含源函数（由上一等式的右端项给出）和格林函数的卷积的虚拟源来说，有

$$\delta G(\boldsymbol{x}_{\mathrm{r}},t;\boldsymbol{x}_{\mathrm{s}})=\int \mathrm{d}\boldsymbol{x}\frac{2r(\boldsymbol{x})}{v^2(\boldsymbol{x})}\int \mathrm{d}s G_0(\boldsymbol{x}_{\mathrm{r}},t-s;\boldsymbol{x}_{\mathrm{s}})\frac{\partial^2 G_0(\boldsymbol{x}_{\mathrm{r}},s;\boldsymbol{x}_{\mathrm{s}})}{\partial t^2} \tag{4.27}$$

在将卷积部分表示为分布内核的情况下，把扰动以K（$\boldsymbol{x}_r$，t，$\boldsymbol{x}_s$，$\boldsymbol{x}$）的形式写入到格林函数中，即

$$\delta G(\boldsymbol{x}_{\mathrm{r}},t;\boldsymbol{x}_{\mathrm{s}})=\int \mathrm{d}\boldsymbol{x}r(\boldsymbol{x})K(\boldsymbol{x}_{\mathrm{r}},t,\boldsymbol{x}_{\mathrm{s}},\boldsymbol{x}) \tag{4.28}$$

其中

$$K(\boldsymbol{x}_{\mathrm{r}},t,\boldsymbol{x}_{\mathrm{s}},\boldsymbol{x})=\frac{2}{v^2(\boldsymbol{x})}\int \mathrm{d}s G_0(\boldsymbol{x}_{\mathrm{r}},t-s;\boldsymbol{x}_{\mathrm{s}})\frac{\partial^2 G_0(\boldsymbol{x}_{\mathrm{r}},s;\boldsymbol{x}_{\mathrm{s}})}{\partial t^2} \tag{4.29}$$

格林函数的近似高频渐近表示为

$$G(\boldsymbol{x},t;\boldsymbol{x}_{\mathrm{s}})=A(\boldsymbol{x},\boldsymbol{x}_{\mathrm{s}})\delta\left[t-\tau(\boldsymbol{x},\boldsymbol{x}_{\mathrm{s}})\right] \tag{4.30}$$

因此，分布核近似为

$$K(\boldsymbol{x}_{\mathrm{r}},t;\boldsymbol{x}_{\mathrm{s}},\boldsymbol{x})\approx\frac{2A(\boldsymbol{x}_{\mathrm{r}},\boldsymbol{x})A(\boldsymbol{x},\boldsymbol{x}_{\mathrm{s}})}{v^2(x)}\int\mathrm{d}s\delta\left[t-s-\tau(\boldsymbol{x}_{\mathrm{r}},\boldsymbol{x})\right]\delta''\left[s-\tau(\boldsymbol{x},\boldsymbol{x}_{\mathrm{s}})\right] \tag{4.31}$$

$$=\frac{2A(\boldsymbol{x}_{\mathrm{r}},\boldsymbol{x})A(\boldsymbol{x},\boldsymbol{x}_{\mathrm{s}})}{v^2(\boldsymbol{x})}\delta''\left[t-\tau(\boldsymbol{x},\boldsymbol{x}_{\mathrm{s}})-\tau(\boldsymbol{x},\boldsymbol{x}_{\mathrm{r}})\right] \tag{4.32}$$

这个核（称为敏感核函数）为线性化反演提供了基础。它用于以后的计算敏感核，正如等式（4.32）所清楚地展示的那样，它近似包括了从炮点到模型点的旅行时和从模型点到检波点的旅行时之和，以及这两部分波场振幅的乘积。

4.6 敏感核函数

敏感核函数简单地回答了以下问题：在我们的模型中，数据中的这种误差（预测和实际观测之间的残差）来自哪里？像克希霍夫偏移（通常指成像）一样，数据的单个反射能量扩散到图像中所有可能的来自地下反射的位置，在求和前我们也在模型中把这个误差扩散到了所有可能的位置，并且把由于考虑扩散区域（几何扩散）而进行适当比例后的结果也可能是Hessian 矩阵的附加元素进行了相加。敏感核函数是对误差函数的响应，它通常是由带限脉冲或针对单个炮点和检波器的单频扰动给出的。这个分布区域可以很容易地由玻恩近似提供，因此它表示一阶敏感度，也表示我们在全波形反演中使用的用来更新模型的内核。从研究敏感核函数获得的认识是无价的，将有助于我们了解模型更新、模型点照明和与此有关数据的作用。

敏感核函数描述了我们模型中能够影响特定检波器数据的所有可能的区域。这个核通过定义敏感核从玻恩近似中提取，即

$$K(\boldsymbol{x}_{\mathrm{s}},\boldsymbol{x}_{\mathrm{r}},\boldsymbol{y},\omega)=\Re\left[\omega^2G_0^*(\boldsymbol{y};\boldsymbol{x}_{\mathrm{s}},\omega)G_0^*(\boldsymbol{x}_{\mathrm{r}};\boldsymbol{y},\omega)\right] \tag{4.33}$$

在这种情况下，等式（4.24）可以写成

$$\delta w(\boldsymbol{x})=\Re\left[\int K(\boldsymbol{x}_{\mathrm{s}},\boldsymbol{x}_{\mathrm{r}},\boldsymbol{y},\omega)\delta G(\boldsymbol{x}_{\mathrm{r}},\omega)\mathrm{d}\boldsymbol{x}_{\mathrm{r}}\right] \tag{4.34}$$

这清楚地表明梯度是所涉及核的数据误差的加权和。

我们也从等式（4.33）认识到，敏感核函数只不过是来自特定检波器（把它当作炮点）的波场和来自炮点波场的互相关，这是逆时偏移采用的原理（Woodward，1992a）。对于一个 15Hz 的单频波场，假如不受检波器的误差影响，图 4.11 显示了两个波场快照，一个来源于炮点，另一个来源于检波点。两个波场的简单点乘乘法运算产生了敏感核函数（独立于数据），如图 4.12 所示。这种带有特定波数成分的敏感核函数与频率和背景速度有关。

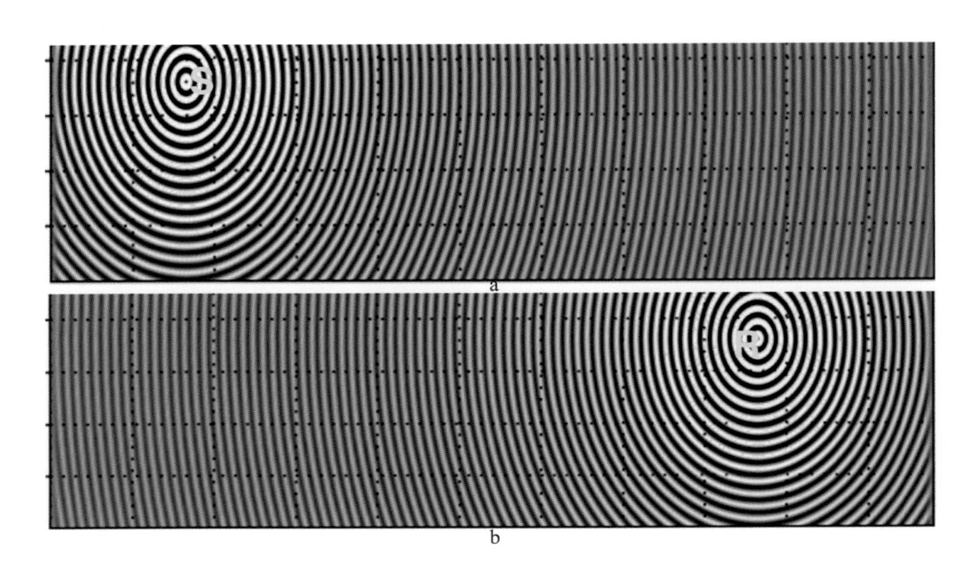

图 4.11 在2km/s的恒定背景速度模型中，从炮点（a）和检波器（b）产生的15Hz频率的单频波场（Woodward，1992b）

4.6.1 反射和透射

对于地面地震数据，透射表示穿透地下地层而没有得到反射的能量（正如回折波一样），它也是称为直达波数据中同相轴的一部分。它们的路径通常由模型中的速度变化控制，需要随深度增加的合理平滑速度以迫使向下传播的能量按弧状路径返回到记录表面。因此，透射波主要由速度模型的平滑部分控制，另外，反射对应于记录波场中从界面反射得到的能量部分。这些反射点的作用就像镜子，通过它产生波场就好像是从位于反射点背面的虚震源发出一样。虚震源的位置取决于反射点的位置和形状，这又陷入两难的境地。因此，与直达波或者回折波不同，反射波在全波形反演的目标函数中就引入了严重的非线性问题，用敏感核函数有助于更好地解释这一点。

因此，与具有固定震源位置的回折波（透射波）不同，反射所需虚拟源的位置取决于反射点，速度模型必须具有产生这种反射所必需的锐度（短波长变化，相对于波长的主波长）。然而，为了在正确的位置有反射（即虚拟源），需要具有准确的背景速度模型（就像在偏移中）。不准确的速度模型将使反射点处于不准确的位置，因此虚拟源也将无法准确地定位。反射波反演所需长波长和短波长速度模型信息的复合要求导致了全波形反演中面临的复杂非线性问题。在有多次波的情况下，该问题会进一步复杂化，这是我们现在试图避免的课题。

为了理解在全波形反演的更新过程中反射和透射的作用，假定在特定检波器上的地震道上有两个同相轴，如图 4.13a 所示，一个和直达波对应（特别是针对到达时间），另一个和反射波对应。两个同相轴由峰值频率为 15Hz 的雷克子波给出（b）。将敏感核（如图 4.12 所示，15Hz）与地震道卷积可得到对应于该地震道的敏感度，如图 4.14 所示。直接连接震源和检波器的香蕉形物体在模型中对应于在 2.5s 处直达波误差的印记，它反映了所涉频率信号在模型中可能导致误差的所有位置。对于无限频率，香蕉形物体减小到反映射线路径的一条线（高

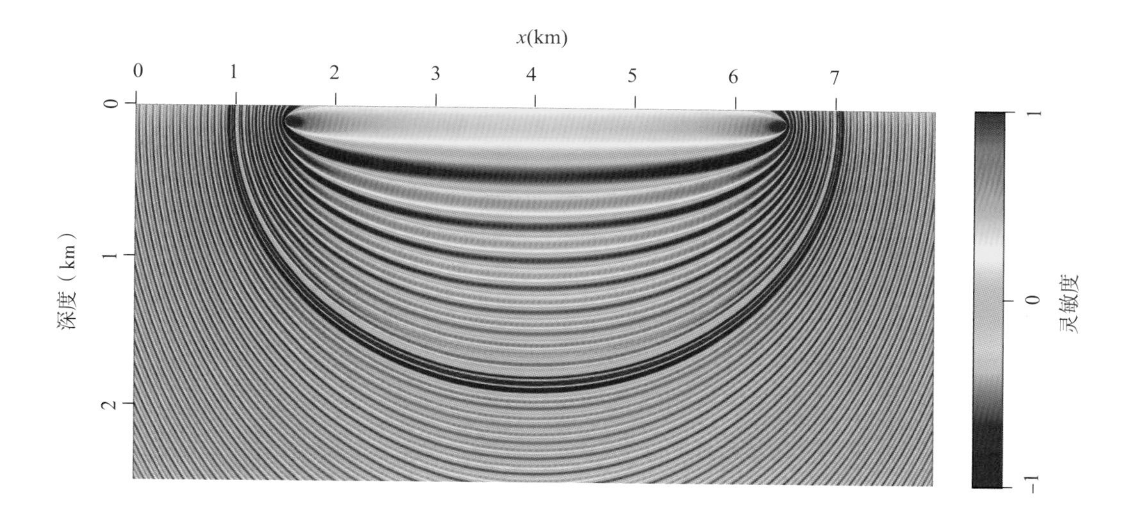

图 4.12 图4.11中两个波场相乘得到的敏感核函数

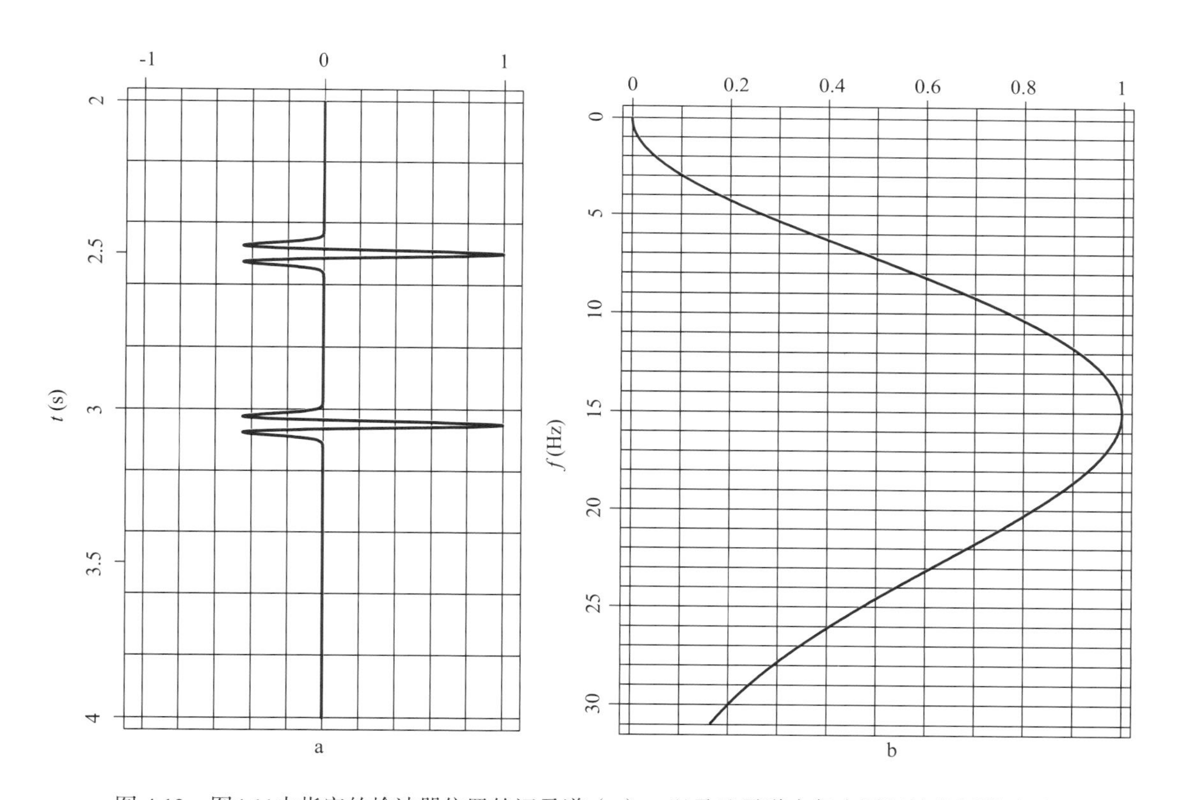

图 4.13 图4.11中指定的检波器位置的记录道（a），以及地震道中每个同相轴的频谱（b）

峰值频率为15Hz

频近似)。另外，具有椭圆形状的共炮检距偏移等时线状的物体对应于模型中 3s 处的反射印记，它也代表了模型中所有可能产生误差的散射位置。敏感核函数中的两个物体差异很大，直达波特征显示在检波器处可能导致变化的点对应于射线路径周围的区域。如图 4.15 所示，区域特性由菲涅尔带控制。另外，反射响应甚至与所涉及的射线路径并不很相似，它导致了速度更新和相应更新位置（背景）速度的严重脱节。换句话说，如果背景速度不准确，则更新不能校正速度模型，这是全波形反演在处理反射时的根本弱点。

然而，对于直达波，更新区域覆盖射线路径，可以更新与传播有关的速度模型的长波长分量。该功能通常用于透射波（也适用于回折波）。因此，这个事实迫使我们用浅层数据来开始全波形反演，并专注于用回折波更新背景速度。逼近一个可接受背景速度模型的能力取决于回折波的穿透深度（数据中有效炮检距）和频率成分。然而，这两个更新之间的模型波

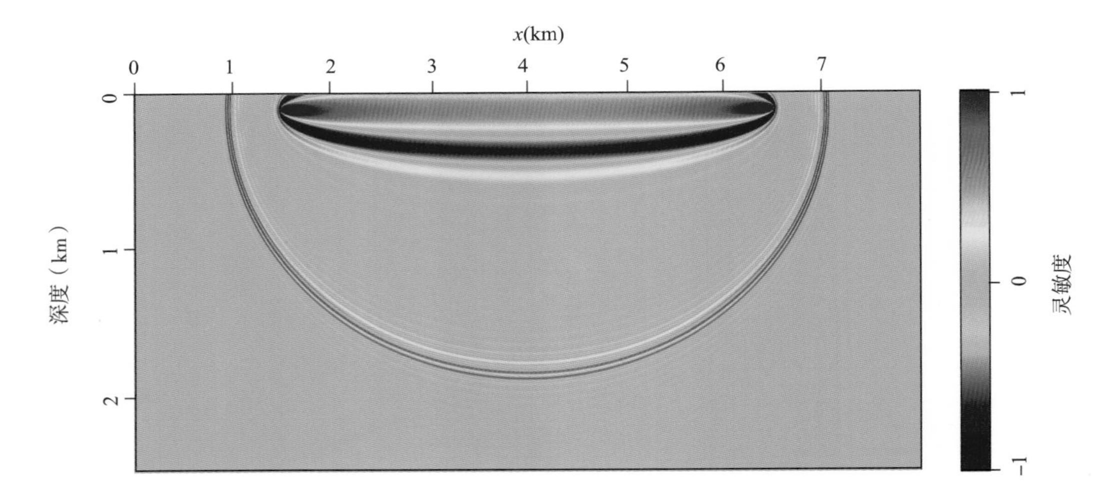

图 4.14　直接连接震源和检波器的香蕉形物体在模型中对应于直达波误差在2.5s的印记

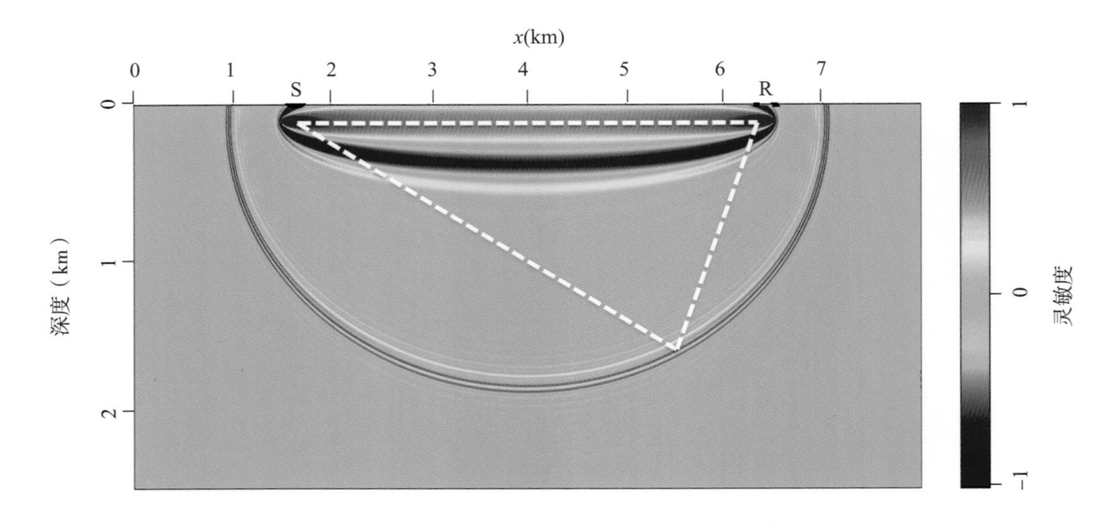

图 4.15　与图4.14相同，但显示的是直达波和可能的反射波能量的射线

长中存在着基本性的信息缺失，被称为中间模型波数缺失。这个缺失来自数据采集中，特别是孔径的限制，这方面内容稍后再讨论。

然而，尽管模型的敏感度对这些同相轴具有不同的特征，但反射和透射所使用的波动方程相同。正如我们看到的，它们都存在于图 4.12 所示的波场响应中，并且没有明确的边界来区分两者。这个事实源于在描绘和表示直达波时玻恩近似的缺点。由于直达波和反射波的区别取决于许多因素，包括频率，特别是与模型变化相比的主波长，将它们单独进行研究有助于我们对反演问题进行深入了解。回顾之前通过对回折波和反射波在垂直变化介质中的时差特征认识可以帮助我们理解两者之间的关系。具体地说，对于给定的炮检距，在从震源到检波器的回折波对应射线的顶点处，在顶点所在深度的水平反射层的反射与回折波具有相同的时间。这是两个同相轴的交点，时差在该点是相切的。当移动到较短的炮检距时，回折波倾向于比零偏移距反射波更早到达。对于深层反射点，反射波表现的像回折波时的炮检距可能很大。

4.6.2 炮检距和频率

通过 Born 近似提取出的模型更新提供了对模型更新分辨率的一阶解。Born 近似提供了数据对参数的一阶灵敏度，从而为我们提供了模型更新的梯度和更新的相应波长。在各向同性介质中，模型点处的更新波长由反射点的未知倾角和散射角决定。具体地说，$\boldsymbol{k}_{\mathrm{m}}=\boldsymbol{k}\cos\frac{\theta}{2}$，其中 $\boldsymbol{k}_{\mathrm{m}}=\boldsymbol{k}_{\mathrm{s}}+\boldsymbol{k}_{\mathrm{r}}$ 是中点波数矢量，$\boldsymbol{k}_{\mathrm{s}}$ 和 $\boldsymbol{k}_{\mathrm{r}}$ 分别是在模型点震源和检波器波场波数，θ 是散射角，$\boldsymbol{k}=\frac{\omega}{v}\boldsymbol{n}$，其中，$\boldsymbol{n}$ 是一个单位向量，指向模型更新波数的方向（通常与反射面倾角正交）。

正确的全波形反演策略是在更新高波数分量之前，先更新使我们进入全局最小区域（吸引域）所需的低波数分量。当然，除了其他方面外，模型更新波数取决于角频率 ω，$|\boldsymbol{k}|=\frac{\omega}{v}$，其中 v 是速度。因此，较低的频率引起长波长更新，但它不是长波长信息的唯一来源。显然，引起大散射角的大炮检距减小了更新的波数。因此，我们的反演策略更倾向于使用较低的频率和较大的炮检距信息。然而，从玻恩近似提取的模型波长公式并没有把整个故事讲完整，对于折射波或直达波，其中 $\theta=\pi$，模型波数是零，因此分辨率嵌入在非线性项中（图 4.16）。

上述观点可以由敏感核函数直观地支持。考虑图 4.16 中速度随深度线性增加（梯度为 $0.5\mathrm{s}^{-1}$）的模型，图 4.17 显示了炮检距为 4km 的单频敏感核。从上到下 3 张图中，频率分别是 2Hz，4Hz 和 6Hz。我们在顶部的图中可以注意到透射区域（第一菲涅尔带或第一零交叉）覆盖了模型区域（长波长更新）的多少，甚至浅层反射也在这个潜在的背景更新区域。这个特征随频率的增加而减少，正如在图 4.17 的底部图中看到的。这个特征随着炮检距的减小而减少（如图 4.18 所示），从 4km（a 图）减小到零炮检距（c 图）。当然，零炮检距敏感核对反射和透射都没有背景模型的更新信息。对反射来说，各向同性介质中波数更新方向精确指向垂直于射线的方向。换句话说，它变成一维更新问题，并且背景更新的唯一来源是非常低的频率。

因此，正确的反演应该首先建立准确的速度模型长波长特性。对于可用频率信号，它能够将我们带到目标函数的吸引域中。吸引域的大小取决于频率，在考虑较大的吸引域时，数据中的低频信号可以某种程度上帮助我们实现这种目的。然而，这种频率通常又是无法获取的，另一种增加吸引域的方法就是在反演中包含大的炮检距。

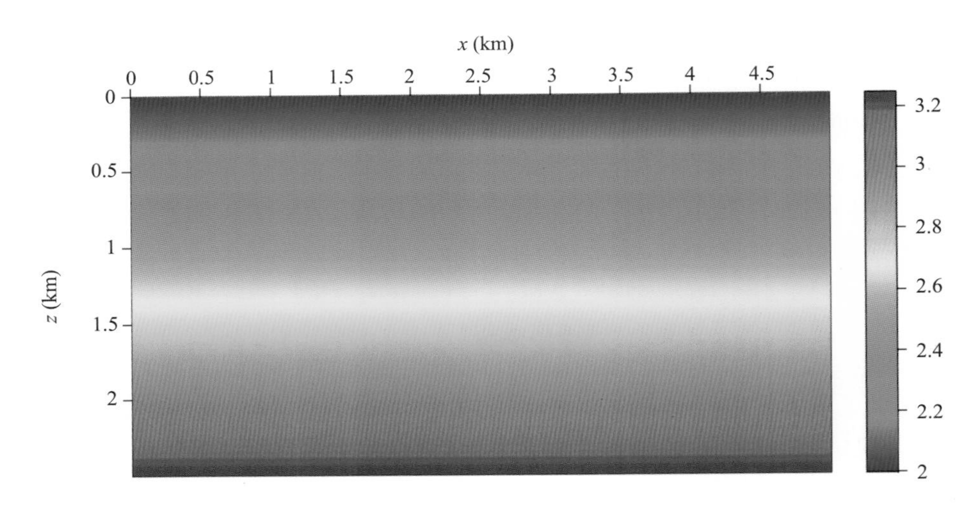

图 4.16 速度随深度按照0.5s^{-1}的梯度线性增加的模型

在这里当做背景模型用来产生敏感核

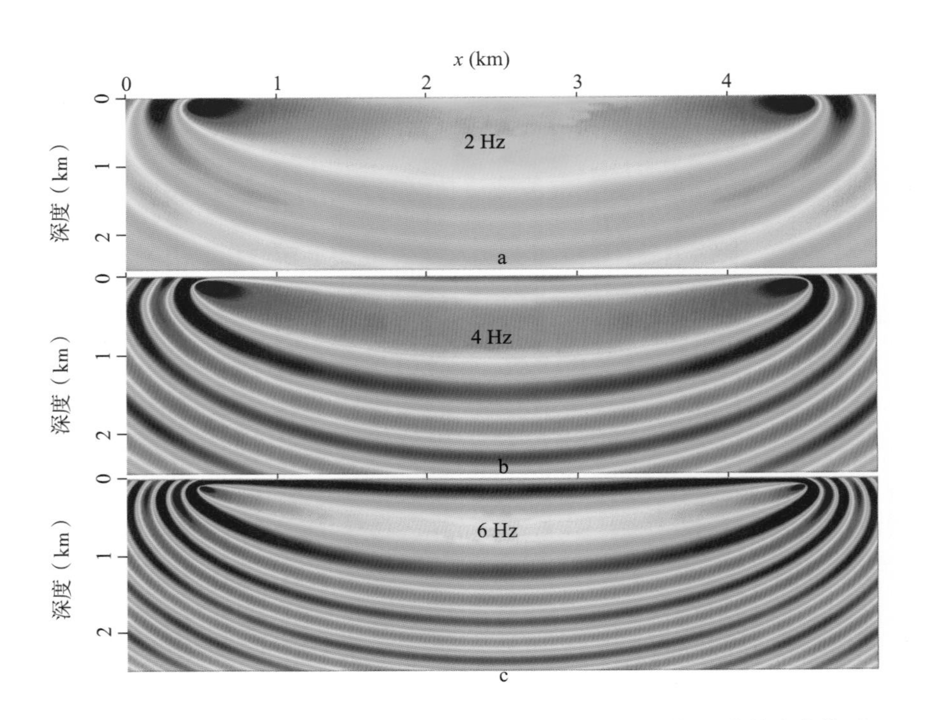

图 4.17 震源和检波器之间为4km的单频敏感核以及线性增加的背景速度模型

a—2Hz；b—4Hz；c—6Hz

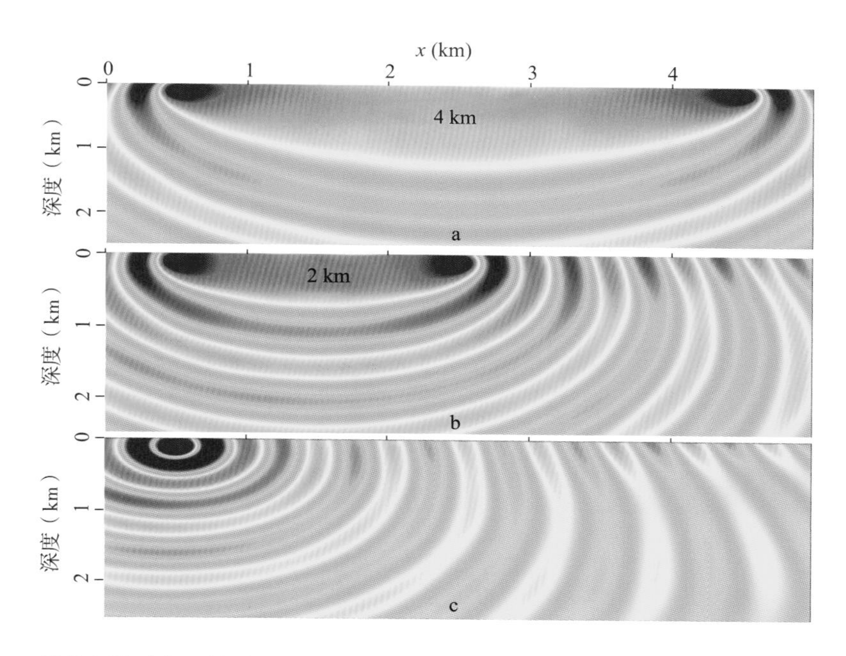

图 4.18　2Hz的单频敏感核及偏移距分别为4km（a）、2km（b）和0km（c）的线性增加背景速度模型

4.6.3　背景速度和扰动

正如看到的那样，玻恩近似将速度场分解为一个平滑（低波数）背景情度 w_0，用于将反演结果带到正确的全局最小区域（吸引域），和一个扰动（某些方向上的高波数）速度 δw 用于更新速度模型，尽可能地更新背景速度。如果扰动速度覆盖射线路径，如直达波和折射波，对背景的更新是有效的，希望将我们带到吸引域内的模型点。如果由敏感核给出的更新区域不包括射线路径，则其对背景的更新只是识别散射位置的成像过程（图 4.15）。

在将速度模型分解为长波长与短波长分量时，我们承认全波形反演受数据特别是采集参数非常大的影响。对于全波形反演，直达波和回折波含速度模型的长波长信息。如果用于成像（确定反射点的深度）的话，这些信息也可以从反射中获得。图 4.19 显示了对应于一个震源和检波器的偏移速度分析敏感核的例子，这里很明显偏移速度分析响应与射线路径相同。

背景速度可以用长波长信息或短波长扰动来更新。如前所述，扰动可以在某些方向和某些情况下包括长波长信息，特别是在低频和大炮检距时。在这两种情况下，在记录的数据中，炮检距有多大或频率有多低是有限度的。这就形成了模型扰动和背景特征之间的差异，我们倾向于将其称为缺失的中间模型波长。在炮检距足够大和频率足够低时，从图 4.17 中可以看到，回折波和反射波直到 1km 深度还都具有相同的特征。在这种情况下，扰动包括了更新背景速度模型所需的波长，这个特征仅限于数据中炮检距和深度比可用的那部分。

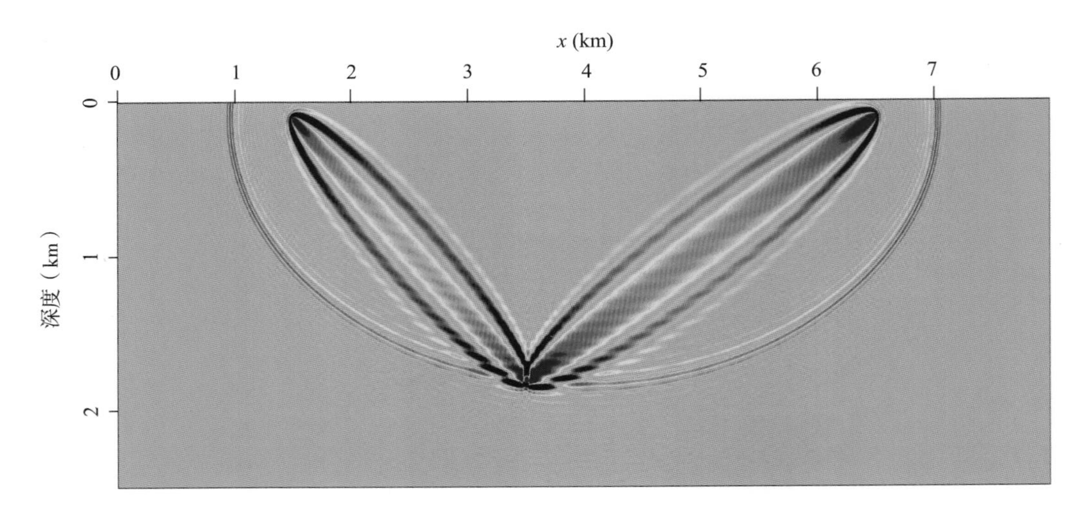

图 4.19 对应于从FWI中得到的一个反射波（如常规偏移的脉冲响应）的敏感核和偏移速度分析（MVA）中获得反射波的敏感核

其中反射深度通过背景速度模型固定（两条香蕉在反射点处连接）

4.7 模型和数据权重

在数值实验中我们设计覆盖次数和模型敏感度分布等方面都很完美和均衡，但现实是地表地震记录更侧重于模型的浅层和采集测线的中部，并且地表地震记录也受记录和波传播机制的影响。对这些影响不均衡的补偿都应该在用于 FWI 计算数据和模型的加权（特别是在目标函数计算的加权）上得到体现。由于几何扩散和衰减的自然现象，远偏移距数据倾向于具有更小的振幅，因此在常规未加权目标函数中的权重较小。这对后续到达的波通常也是一样。由于地表地震采集观测系统的限制或模型的复杂性，模型的一些区域照明较差或根本没有照明，从而导致病态反演问题。模型中某些区域较差的照明意味着这些模型点不会影响我们的数据，从而导致我们称之为“零”空间的现象。

4.7.1 照明度和零空间

对于全波形反演来说，最好是数据对模型每个点相互独立且同等灵敏。实际上由于记录条件限制和波传播的复杂性，这种要求是不可能实现的。模型点会在不同程度上影响我们的数据，前面看到的敏感核函数就充分强调了这一点。从模型点的角度看，我们的数据求解其值并因此照亮它的能力被称为模型点照明。

照明是从光学研究中借鉴的术语，它描述了有目的地使用光以达到实用或美学的效果。我们在成像中大量使用这个术语来描述数据对照明地下构造的能力。或者换句话说，就是以合理的分辨率和振幅从所有侧面对潜在反射体进行成像的能力。由于作为关键的成像是全波形反演线性近似的核心，照明这个术语可以用在全波形反演的场景中，以反映在适当加权和所有不同角度的波长情况下地面地震数据求解一个模型点的能力。

如果拥有不影响数据的模型点或不同模型点对数据有相似的影响（折中）就将反演问题引入到了零空间。它来源于线性化近似，这里正演算子的秩比想要求解的点数低。在线性反演中，如果 $\boldsymbol{Am} = \boldsymbol{d}$ 代表最小二乘反演，其中 $\boldsymbol{A}$ 是 N 行 N 列的方阵，如果这个矩阵的秩小于 N，那么就会产生零空间。换句话说，如果模型矩阵有效非零特征值的个数小于 N，那么它就产生了零空间。在计算数学中，零的定义可以包含非常小的特征值，尤其是相对于最大特征值而言时，这种相对性依赖于信噪比。零空间的这个定义适用于在一个模型点的全波形反演（更新）的线性化形式。包含零空间的反演被称为病态反演问题。类似于将小正数加到分母中可能等于或大于零值的函数中以避免除以零的做法，正如后面会看到的，“正则化”除了在模型空间中施加特定的属性外，它也具有减轻零空间的任务。

由于地震数据是在地表记录的，所以模型浅层数据的覆盖次数往往超过深层。在许多情况下，零空间的来源往往是地震数据较深的部分。

4.7.2 数据质量

在地表接收地下上传的地震波受到许多因素影响，这些因素包括观测系统设置、检波器与地表的耦合程度、波传播时间、出射角，其中最重要的是速度模型（我们的目标）。因此数据质量受所有这些因素和区域中的背景噪声（包括来自近似的其他噪声）影响。由于我们的神圣目标是尽可能地将数据中的合理信息转化为速度模型，因此必须去掉这些因素对数据的负面影响，通过必须考虑这些因素来不断增强对反演模型的信心。

地震数据的明显特征是能量随记录时间而衰减，直到深层的某一时间点上噪声可能比有效信号还强，这是波传播的自然现象，因为能量作为时间的函数在不断扩散和衰减。因此，在远炮检距地震道稍后到达的波信号振幅更低。这种衰减现象也与频率高低有关，因为高频能量随着时间衰减快。不均匀数据质量的另一个来源是未知的复杂速度模型，它会导致地震波能量在某些区域能较好传播而在另外一些区域无法有效传播。例如，一个具有低速体的简单速度反演可以引起所谓的阴影区域，其中记录在该区域中的数据很少或没有能量。

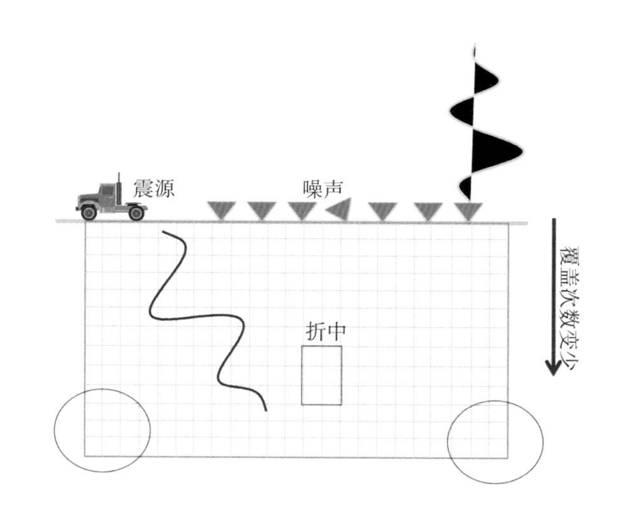

图 4.20　在全波形反演中模型和数据所面临的一些缺点描述示意图

应该通过对数据和模型进行适当地加权达到归一化的目的

除了由于自然传播现象造成的数

据质量变化外，部分变化也可能是人为造成的。在记录地震数据时，采集观测系统在对出射地震能量（特别对某些出射角）进行采样时可能不是最佳的。如果在三维采集时检波器的分布在某些方向过于稀疏，这就是一个更严重的问题。数据质量也受采集噪声的影响，这些采集噪声范围从差的检波器性能（或耦合）到附近的噪声源，它们都会影响记录数据的质量(图 4.20)。

为了弥补这种不均匀的数据质量问题，全波形反演中的数据加权可以帮助校正这些因素，我们将在下面看到。

4.7.3 权重

由于模型和数据存在相当大的不平衡和偏差，因此需要适当的加权来补偿。例如，考虑到在求解模型时中间波数的缺失，利用正则化在模型上加强平滑来帮助减轻这一缺陷带来的影响。本节的目的是介绍这个概念，而不是评估每个可能的正则化或权重选项。

把目标函数简单修改一下，在目标函数中插入一个数据权重矩阵 $\boldsymbol{W}_{\mathrm{d}}$ 和一个模型权重矩阵 $\boldsymbol{W}_{\mathrm{m}}$，则

$$2E(\boldsymbol{m})=\left\|\Delta\boldsymbol{d}^{\mathrm{T}}W_{\mathrm{d}}\Delta\boldsymbol{d}\right\|+\lambda\left\|\boldsymbol{m}^{\mathrm{T}}W_{\mathrm{m}}\boldsymbol{m}\right\| \tag{4.35}$$

式中，λ是用于确定施加在加权后目标函数上的模型约束量的比例因子。考虑到$\boldsymbol{m}=\boldsymbol{m}_0+\Delta\boldsymbol{m}$，则更新由下式给出，即

$$\Delta\boldsymbol{m}=\left[\frac{\partial^2E(\boldsymbol{m})}{\partial\boldsymbol{m}^2}\right]^{-1}\frac{\partial E(\boldsymbol{m})}{\partial\boldsymbol{m}} \tag{4.36}$$

因此

$$\Delta\boldsymbol{m}\approx\alpha\left[-\boldsymbol{J}_0^{\mathrm{T}}\boldsymbol{W}_{\mathrm{d}}\boldsymbol{J}_0+\lambda\boldsymbol{W}_{\mathrm{m}}\right]^{-1}(\boldsymbol{J}_0^{\mathrm{T}}\boldsymbol{W}_{\mathrm{d}}\Delta\boldsymbol{d}_0+\lambda\boldsymbol{W}_{\mathrm{m}}\boldsymbol{m}_0) \tag{4.37}$$

式中，$\boldsymbol{J}_0=\dfrac{\partial\boldsymbol{f}(\boldsymbol{m}_0)}{\partial\boldsymbol{m}}$是$\boldsymbol{M}\times\boldsymbol{N}$矩阵给出的弗雷谢导数。所有函数在当前模型$\boldsymbol{m}_0$被评估。

数据加权矩阵 $\boldsymbol{W}_{\mathrm{d}}$ 通常用于补偿野外采集中的不确定性。它可以像切除不需要的地震道那样容易或者也可以对后到达的地震波和远偏移距地震数据实施某种增益来均衡振幅。然而，数据权重的共同来源是数据协方差矩阵（特别是它的逆），数据协方差矩阵直观地将方差的概念推广到应用于数据的多维度。通过假设数据具有随机倾向（至少其噪声部分），然后求取沿着该向量两个元素的方差，这样就形成了数据协方差矩阵。数学上，如果考虑算子 E_{v}，它给出了数据向量（在地震研究中通常为零）中元素的期望值（或最可能的或是平均值），则协方差矩阵为

$$C_{ij}=E_v[(\boldsymbol{d}_i-\mu_i)(\boldsymbol{d}_j-\mu_j)] \tag{4.38}$$

式中，i和j分别是数据向量$\boldsymbol{d}$（$\boldsymbol{d}_i$，$\boldsymbol{d}_j$）中的元素；$\mu_i=E_v\left[\boldsymbol{d}_i\right]$。

另一方面，模型权重 $\boldsymbol{W}_{\mathrm{m}}$ 允许我们将模型的先验偏好引入到反演中。从某种意义上说，无论何时 $\boldsymbol{W}_{\mathrm{m}}$ 都是满秩的。它确保了目标函数对所有模型参数是敏感的，从而减小零空间，但这是以减小全波形反演的数据拟合目标为代价的。模型加权的一个来源是模型协方差矩阵。

它由分辨率矩阵清楚地表示，主要定义了地面记录数据照明了多少个模型点，因此对角线分辨率矩阵或模型协方差表示那些可被地面地震数据单独很好地分辨出的模型点。当然，这个矩阵依赖于模型，它这样被更新以反映用于获得梯度的当前背景模型。分辨矩阵还将识别较差的可分辨点区域并在这些区域点上设置有用的先验信息。如果网格间距比在反演中使用的波长提供的分辨率更精细，则共价矩阵中的非对角元素将提供适当的权重以有效地连接这些点把他们当作一个过程网格表示。

4.8 算法

如果把正演和更新步骤结合在一起的话，接下来就可以详细讨论全波形反演算法。由于需要正演来生成合成数据以便与从野外采集到的数据进行比较，那么首先需要一个模型。如前所述，该模型被称为初始模型，它必须具备全波形反演的某些特征才能有效运行。

因此，全波形反演算法的基本组成部分包括：

（1）建立或构建良好的初始模型 $\boldsymbol{m}_0$；

（2）使用适当的正演代码生成合成数据，$\boldsymbol{d}_{\mathrm{m}}=\boldsymbol{L}（\boldsymbol{m}_0）\boldsymbol{s}$；

（3）将 $\boldsymbol{d}_{\mathrm{m}}$ 与观测数据 $\boldsymbol{d}_0$ 进行比较，计算出 $\Delta \boldsymbol{d}$；

（4）使用 $\Delta \boldsymbol{d}$ 计算模型更新向量 $\delta \boldsymbol{m}$；

（5）测试如果 $\delta \boldsymbol{m}$ 足够小，这将允许我们停止；否则 $\boldsymbol{m}_0=\boldsymbol{m}_0+\delta \boldsymbol{m}$，重复步骤（2）～（5）。

下面让我们更详细地看一下这个算法的一些步骤。

4.8.1 初始模型

初始模型一直是全波形反演的挑战，特别是对反射波数据。由于初始模型需要在目标函数的吸引域内，或者换句话说，构建产生模拟数据与观测数据的时间误差不超过半个周期的初始模型至关重要。如前面所看到的，对初始模型施加的这个标准依赖于许多因素。其中主要是反演频率，因为较低的频率增加了吸引域的范围。

对于全波形反演，通常要设法建立最佳的可用模型作为全波形反演的初始模型。找到这样一个模型本身就是一项重要的工作，需要应用像层析成像和偏移速度分析（MVA）这样的技术。它们提供的速度模型可用于偏移成像，然而不能保证这种模型能够提供满足吸引域准则的模拟数据。

尽管没有办法保证初始速度模型一定能够符合我们的标准，但有一些方法可以测试是否符合这样的标准。测试半周期时移量可以判断观测记录与模拟之间的周波跳跃的程度。这可由计算特定频率两个数据集之间的相位差来直接得到结论。对于两个不同的频率数据，图4.21 显示了用精确 Marmousi 模型生成的合成数据与用一些未知的初始模型（由线性增加的速度模型给出）生成的数据之间的残余相位。作为震源和检波器位置（两个轴）的函数，低频残留的周波跳跃（由颜色急剧变化或类似断层结构给出）明显远远低于高频残留。在 5Hz 数据中，由色标急剧变化给出的周波跳跃水平超过 2.5Hz 数据。然而，在两个频率下都有周波跳跃，这意味着对于线性增加的速度模型在两个频率都没有达到吸引域准则的要求。事实上对于这种类型的初始模型，可能需要一个更低的频率（大概为 0.2Hz）才能消除线性增加速度模型的周波跳跃问题。这就提出了一个疑问，这样低的频率在实际数据中是否可行，图 4.21 中我们注意到的另一个现象是，正交于零炮检距线测量的周波跳跃的波长随炮检距增加而增加。因此周波跳跃频率随炮检距增加而减小，这是远偏数据有较少周波跳跃问题的原因。

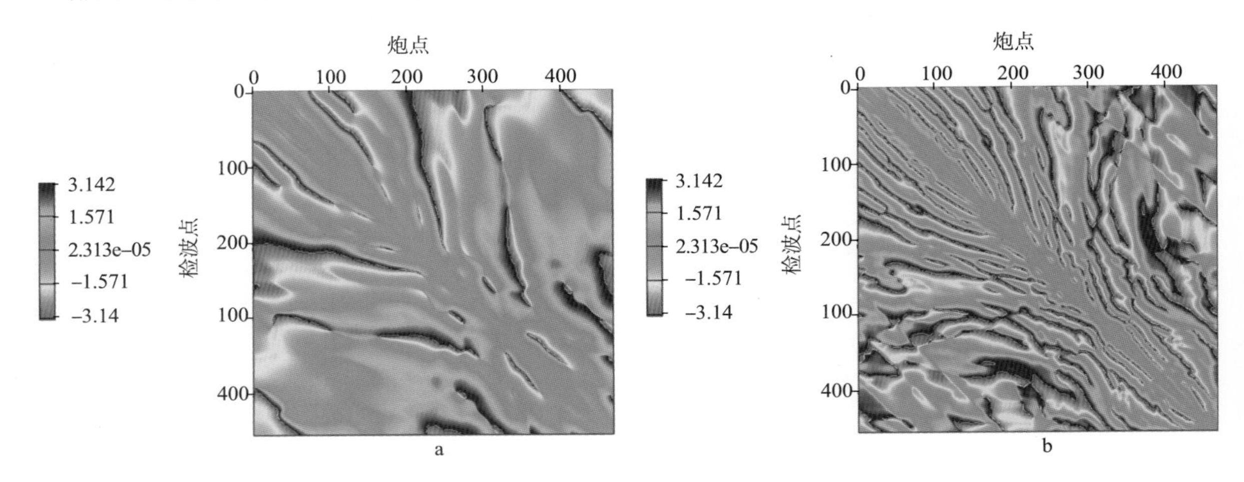

图 4.21 2.5Hz（a）和5Hz（b）Marmousi模型和观测数据相位残差平面图

图中横坐标和纵坐标分别为炮点和检波点位置

4.8.2 正演

全波形反演的核心是正演。执行正演所需的计算成效取决于模型、对模型进行的物理假设和地震试验观测系统设置。如前所述，正演是通过对特定的震源、地质模型及适当的边界条件求解波动方程来实现的。根据正演算子、模型大小和维度及实验的规模，正演成本可能是全波形反演成本的主要部分。一个有效的正演算子是有效全波形反演的核心，它对成本的主要贡献是在迭代质量上，它决定了每次迭代的运算成本。每次迭代所需的有效正演运算的数量取决于实现过程。

使用近似 Hessian 矩阵或简单线搜索可以减少每次 FWI 迭代所需的正演（包括伴随）运算的次数。加快正演的研究对全波形反演是至关重要的，例如，在频率域的正演的效率较高(特别是在二维情况下)，因为全波形反演实施对顺序频率策略的偏好很容易通过求解亥姆霍兹波动方程来实现。

在正演模拟过程中，开始迭代时要聚焦低频（通常是可用的最低频率)，然后在稍后的迭代中缓慢增加数据的频率信息进行正演。尽管实施这种顺序频率多尺度反演有许多策略，但是对于时间域正演，还是趋向于随着迭代的进行不断增加低通滤波的高截频率策略。对于频率域正演，频率分开逐一频率处理或分为频率组处理，波场对速度模型平滑度的依赖性反映了数据对短波长信息的敏感性。图 4.22 显示了高频波场（中）对突变的 Marmousi 模型和稍微平滑后的 Marmousi 模型之间差异的敏感程度。另一方面，低频波场显示的敏感度要低得多。因此突变的速度信息嵌入在波场的高频部分，为了提取这些信息，也必须对这些频率进行正演。

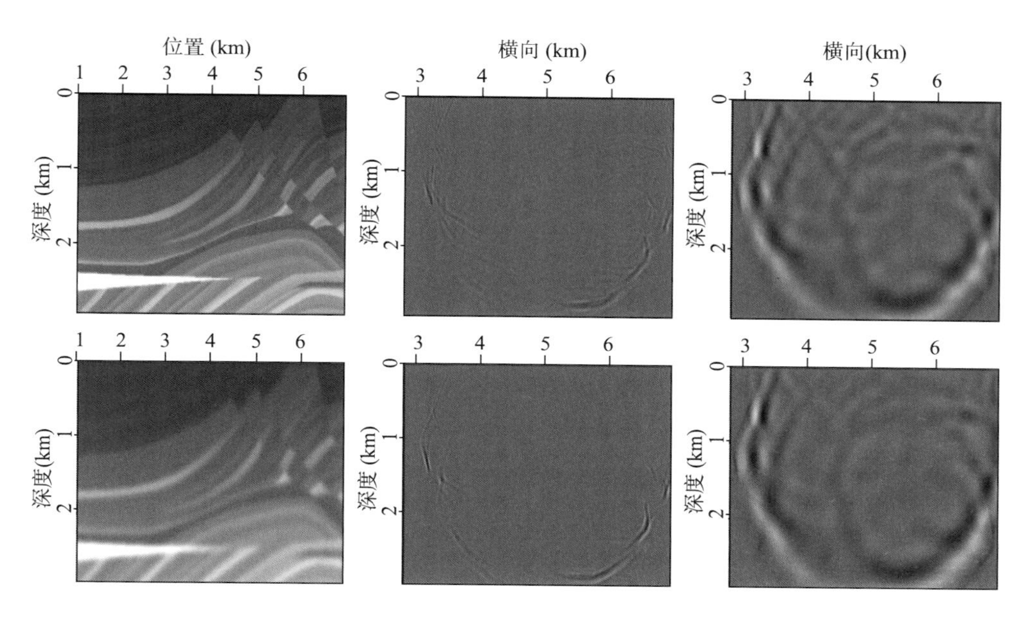

图 4.22 Marmousi模型（上）和Marmousi模型平滑版本（下）的波场快照

两个模型都显示在左侧。中间的图对应于地表附近高频震源的快照，右边的图对应于低频震源的快照

尽管全波形反演理论上可以产生最准确和精细的地下速度信息，巨大的计算成本也给实际应用带来了很大的负担。作为一个正演模拟中的研究实例，我们看到了在 FWI 中应用多源取得的成效。最近，Krebs 等提出在正演模拟中用同步震源来提高计算速度，全波形反演的成本随着编码多震源全波形反演（EMSFWI）的出现而显著降低，特别是在时域实现效果更好（Krebs 等，2009；Choi 和 Alkhalifah，2011b）。在 EMSFWI 中，编码后的震源同时被激发产生正演波场，因此通过正比于激发源个数的因子减少了反演的成本。在计算 EMSFWI 梯度时自然形成的串扰噪声通过使用随机源编码函数进行衰减，随机源编码函数在反演过程的每次迭代中随机再生。然而，通常 EMSFWI 的应用仅限于固定传播数据，如陆地或海底采集（Krebs 等，2009）。为了在反演的逆向传播过程中计算残余波场，必须匹配上观测波场和正演波场的采集观测系统。在海上拖缆数据的分离源反演中，可以通过切除正演波场很容易地将正演波场与观测波场的采集观测系统匹配。然而在海上拖缆数据的 EMSFWI 中，同步激发的正演模拟波场无法通过切除来遵从海上拖缆采集的观测方式，由于采集观测系统的不同，每个接收点处叠加道的数量在观测波场炮集和在同步激发正演波场之间是不同的。由于最小二乘准则不考虑多震源同步观测和正演波场之间不匹配的采集观测系统，所以基于常规最小二乘法的 EMSFWI 不适用于海洋拖缆数据。作为替代方案，全局相关范数已被用于海洋拖缆数据的 EMSFWI（Choi 和 Alkhalifah，2011a；Routh 等，2011；Choi 和 Alkhalifah，2012）。在全局相关范数中，它们计算观测数据和正演数据的相似度，并在最大相似度方向上更新速度模型。由于两个信号之间的相似度在相同的采集观测系统中具有相对大的值，并且在不同的采集观测系统中具有较小的值，全局相关范数适用于海洋拖缆数据的 EMSFWI。Choi 和 Alkhalifah（2011b）表明，全局相关范数的梯度与使用归一化波场的 l_2 范数梯度完全相同。然而，全局相关范数的形式是不灵活的，而归一化波场可以用于求取各种类型范数，例如，

Cauchy 范数、双曲正割范数和 Huber 范数等（Crase 等，1990；Ha 等，2009），全局相关范数是使用归一化波场残差范数的一种特殊形式。由于上述各种范数可以根据误差偏差近似为 l_1 和 l_2 范数的组合（Crase 等，1990），所以仅引用了归一化波场的 l_1 和 l_2 范数。在多震源正演中，每个检波器同时记录所有同步激发震源的响应，而叠加后海洋拖缆数据（观测数据）的每个地震道包括了在拖缆长度范围内所有震源的响应。因此在海洋拖缆数据 EMSFWI 的观测数据和正演数据之间，构建叠加道的地震道数量是不同的，通过用其长度（时间采样平方和的均方根）对其归一化的地震道可以减轻多震源观测波场和正演波场之间构建叠加道的地震道数量不一致的问题。因此可以直观地预测使用归一化波场的误差范数可以用于海洋拖缆数据的 EMSFWI。另外，对目标函数的梯度计算弗雷谢导数是非常昂贵的，如前面（图 4.23）看到的那样，可以通过使用基于伴随状态技术（Tarantola，1984a）的反向波场传播算法来获得新目标函数的梯度。

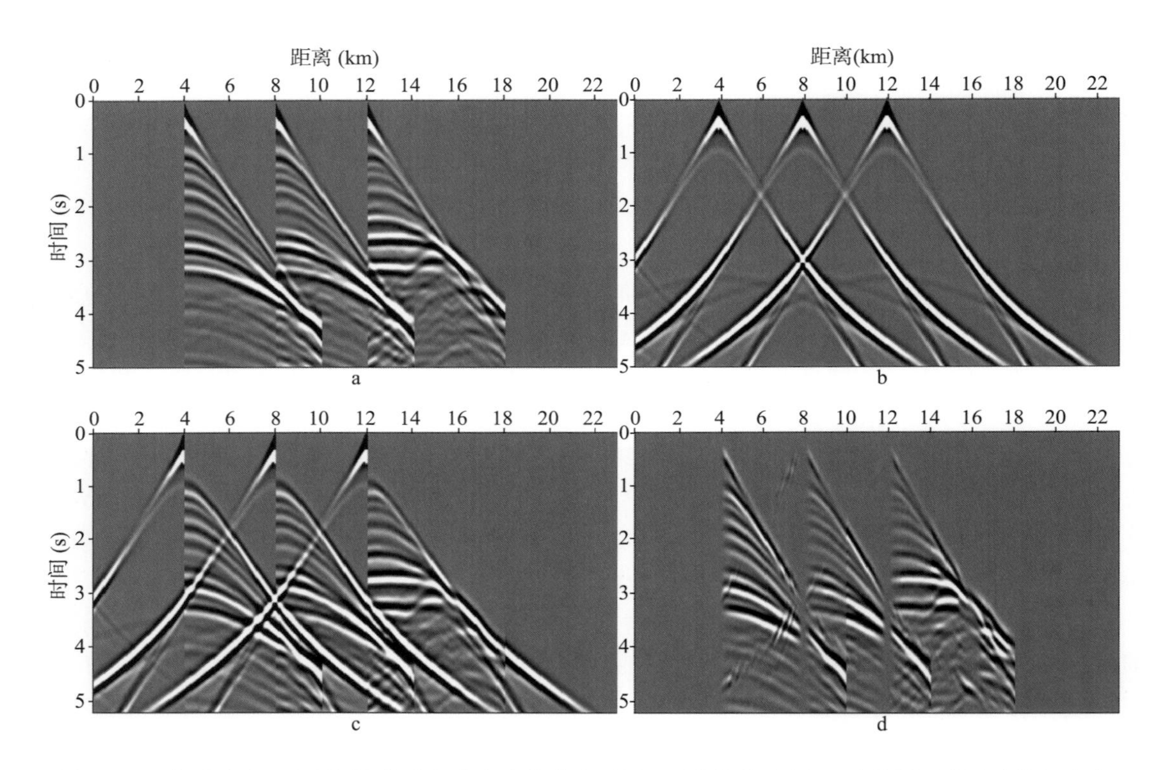

图 4.23　a为通过对三个震源炮集进行求和来构建多震源观测数据的示例；b为使用平滑垂直增加速度模型作为初始模型得到的多震源模拟数据（这种情况下为3个炮集）；c为使用常规最小二乘法范数得到的模拟数据与观测数据的残差；d为使用包含一个数据加权到残差中的归一化波场得到的残差

4.8.3　残差

在全波形反演中，最常用的方法是将观测数据和正演数据之间的差异作为拟合差。其他拟合差求解方法还包括对两种数据求互相关或者测量这些数据属性之间的差异。在下一章中，将介绍一个由瞬时旅行时给出的特定属性的例子，有许多研究方法来评估残差的不同度量性能。

当然，全波形反演的目标是最大限度地减少观测数据和正演数据之间的差异。差异的最小化也可以通过将两个信号之间的相似度最大化来实现。然而这两种计算方法并不等价，因为信号振幅在相似度计算 [例如，通过点积（零滞后互相关）给出的] 中起主要作用。考虑到在频域用复杂形式表示了观测数据和正演数据，可以根据每个数据的振幅和相位分量写出点积的范数为

$$\boldsymbol{E}_c = -\boldsymbol{d}_{\mathrm{o}}^{\mathrm{T}}\boldsymbol{d}_{\mathrm{m}} = -A_{\mathrm{m}}A_{\mathrm{o}}\mathrm{e}^{\mathrm{i}(\phi_{\mathrm{o}}-\phi_m)} \tag{4.39}$$

式中，下标“o”和“m”分别对应于观测数据和正演数据振幅A及相位ϕ。因此这里的最小值是在观测数据和正演数据的相位匹配的情况下实现的，而不是振幅。由于在具有所有噪声可能性的情况下，重构地震数据中观测振幅的能力是有限的，所以有时需要基于相位的反演，在第5章中将关注这种类型的反演。Shin和Min（2006）实际上提出了一种通过采用对数来分离数据中的振幅和相位的方法。

在这种情况下，残差具有以下形式，即

$$\boldsymbol{E}_1=\log\boldsymbol{d}_{\mathrm{o}}-\log\boldsymbol{d}_{\mathrm{m}}=\log(A_{\mathrm{m}})-\log(A_{\mathrm{o}})+\mathrm{i}(\phi_{\mathrm{o}}-\phi_{\mathrm{m}}) \tag{4.40}$$

因此，残差的实部对应于振幅残差，虚部对应于相位残差。在这种情况下的匹配可以包含两者或者其中之一。振幅残差对地震数据没有很好的帮助，因为它们缺乏地震波运动学特征（包含一阶可识别特征）的主要成分。在 FWI 中，使用振幅和相位相当于经典的全波形反演，但在许多情况下，我们更喜欢仅使用相位以避免在振幅中的许多不确定性。

4.8.4 更新

在 FWI 中，更新基本上是通过将数据拟合差或残差转换为模型更新量 $\delta\boldsymbol{m}$ 来实现的。回顾一下基于梯度方法的更新所必需的配置，也可以使用随机方法作为替代。但考虑到全波形反演中模型空间的大小，这种方法被认为是不切实际的。

更新预处理是基于梯度更新中一个非常重要且快速发展的课题。部分预处理设定在目标函数构建中，然而也可以直接为预处理对物理核函数所做的改变建立限制和范围。在这种情况下，它定义了在经典梯度更新方向上或权重的任何修改（其中可能包括 Hessian 矩阵）。这些修改通常由附在预处理中的另一个向量和表示，例如应用于模型空间的权重 [等式 (4.37)]。此外修正可以包括基于波数的滤波，在这个过程中模型更新图像中的较高波数成分被压制。

全波形反演中最耗时的步骤是外推算子 $\boldsymbol{L}$ 及其伴随 $\boldsymbol{L}^*$ 的应用。近似 Hessian 矩阵或者线性搜索需要这些算子的额外应用。这些算子通常在时域进行计算，其中 $\boldsymbol{L}$ 和 $\boldsymbol{L}^*$ 的应用是通过在时间上向前正向传播震源波场和向后反向传播数据残差波场，然后把正向波场与反向波场互相关来实现的。这种方法通常需要存储和读取所有时间点的正反向传播波场，这在计算时间和存储空间方面可能是相当昂贵的。另一种方法是使用频率域公式，如前所述的亥姆霍兹声波方程，即

$$\Delta u(\boldsymbol{x},\omega)+\frac{\omega^2}{m^2(\boldsymbol{x})}u(\boldsymbol{x},\omega)=f(\boldsymbol{x}) \tag{4.41}$$

或它的广义形式，具有辐射边界条件。式中，$\boldsymbol{x}$是在三维笛卡尔空间中描述位置的向量；ω是角频率。这种方法是有吸引力的，因为它不需要存储所有时间点的波场，并且通常仅使用少数主频。

4.8.5 收敛

全波形反演的收敛性是一个广泛而复杂的课题。这种复杂性主要是由于跨越高维度模型空间的全波形反演目标函数的高度非线性引起的，它导致了无数影响收敛的局部极小值。虽然我们的目标是获得最小拟合差，但是建立这个目标仍然是重要的。对于经典全波形反演的多维模型，通过实现 $\frac{\partial E(\boldsymbol{m})}{\boldsymbol{m}}=0$ 建立这样的标准，同样的条件用于建立更新所需的梯度。因此如果 $|\boldsymbol{m}|$ 小于某个阈值，则表明我们已经达到（在阈值的数值精度内）目标，然而它并不能保证全局最小收敛。

模型的准确性和收敛性通常可以通过多种方式进行评估，评估收敛的一个显而易见方法是追踪目标函数。特别是真实数据，对它能否等于零表示怀疑。由于对拟合过程施加了替代约束，正则化的使用通常将阻止目标函数等于零（完美拟合）。然而，追踪目标函数的缓慢减小有助于我们评估收敛性。许多人主张在过程结束时把正演数据和观测数据相减以评估数据的哪部分对反演做出了贡献。这可以通过很多方式完成，但是一种通行的方法是简单地将残差可视化。

由于反演后的速度模型应该反映地下介质的真实情况并尽可能多地符合地球物理假设的要求，使用这个速度的成像可以作为对反演精度进行检验的一种形式。对于可扩展图像，可以评估对零炮检距成像的聚焦性或查看角道集的拉平程度。提取扩展成像剖面或角道集有时是很昂贵的，但与全波形反演迭代收敛本身相比计算量仍然较小。考虑到成像的线性性质，即使是单频波场，也能评估聚焦性（对于零炮检距），例如，可以使用差分相似算子（DSO）完成这种测量和评估。

4.9 小结

尽管找到一个能够产生类似于野外观测数据的合成数据的模型很简单，但是由于波场和地球内部的复杂散射，这样做的过程可能令人望而生畏。但是有三个控制全波形反演过程和结果的要素，我们必须遵循：

（1）我们只能在模型中以合理的精度求解对野外记录数据（有震源信号）产生影响的特征。模型的其他特征可以从先验信息和反演约束条件推导出来，但是必须牢记的是这些约束并不是来自（或反演于）野外记录数据的。

（2）反演的模型精度与正演过程及观测数据所影响的照明强度有关。而正演和采集系统都有最大的潜在精度极限，考虑到反演中涉及的其他障碍因素（如噪声和全波形反演自身的迭代更新性能），我们很少能达到这个精度极限。

（3）数据的最佳拟合模型不必是唯一的或准确的。零空间是不可避免的。因此全波形反演必须与模型和数据的适当约束及物理假设相结合。

牢记这些要素会使我们以健康客观现实的心态来看待 FWI 的反演结果。只有运用合成数据测试并通过计算反演模型和真实模型之间的残差，才能真正评估全波形反演的性能。在实际工作中，FWI 就像成像一样，都在反演未知量；但它又与成像不同，FWI 具有较少的捷径和更少的假设（或反射率）。

参考文献

Alkhalifah, T., & Choi, Y. (2012). Taming waveform inversion non-linearity through phase unwrapping of the model and objective functions. *Geophysical Journal International*, 191, 1171–1178.

Beylkin, G. (1985). Imaging the discontinuities in the inverse scattering problem by inversion of a causal generalized radon transform. *Journal of Mathematical Physics*, 26, 99–108.

Choi, Y., & Alkhalifah, T. (2011a). Frequency-domain waveform inversion using the unwrapped phase. *SEG Technical Program Expanded Abstracts*, 30, 2576–2580.

Choi, Y., & Alkhalifah, T. (2011b). Source-independent time-domain waveform inversion using convolved wavefields: Application to the encoded multisource waveform inversion. *Geophysics*, 76, R125–R134.

Choi, Y., & Alkhalifah, T. (2013). Multisource waveform inversion of marine streamer data using nor-malized wavefield. *Geophysics*, 78, R197–R206.

Clément, F., Kern, M., & Rubin, C. (1990). Conjugate gradient type methods for the solution of the 3D Helmholtz equation. *Proceedings of the First Copper Mountain Conference on Iterative Methods*.

Cohen, J., & Bleistein, N. (1977). Seismic waveform modelling in a 3-d earth using the born approxima-tion: Potential shortcomings and a remedy. *Journal of Applied Mathematics*, 32, 784–799.

Crase, E., Pica, A., Noble, M., McDonald, J., & Tarantola, A. (1990). Robust elastic nonlinear waveform inversion: Application to real data. *Geophysics*, 55, 527–538.

Ellefsen, K. J., (2009). A comparison of phase inversion and traveltime tomography for processing near-surface refraction traveltimes. *Geophysics*, 74, WCB11–WCB24.

Engl, H., Hanke, M., & Neubauer, A. (1996). Regularization of inverse problems. Kluwer Academic Publishers, Springer Netherlands.

Gumerov, N., & Ramani, D. (2005). Fast multipole methods for the Helmholtz equation in three dimen-sions. Elsevier.

Gupta, A., Koric, S., & George, T. (2009). Sparse matrix factorization on massively parallel computers. In *Proceedings of the Conference on High Performance Computing Networking, Storage and Analysis* (SC ’ 09), New York, NY: ACM.

Kim, S., & Symes, W. W. (1996). Cell–centered finite difference modeling for the 3-D Helmholtz problem. (preprint).

Kim, W., & Shin, C. (2005). Phase inversion of seismic data with unknown source wavelet:

Synthetic examples. *SEG Technical Program Expanded Abstracts*, 24, 1685–1688.

Krebs, J. R., Anderson, J. E., Hinkley, D., Neelamani, R., Lee, S., Baumstein, A., & Lacasse, M.-D. (2009). Fast full-waveform seismic inversion using encoded sources. *Geophysics*, 74, WCC177–WCC188.

Lebedev, N. N. (1972). Special functions and their applications. Dover.

Lially, P. (1984). Migration methods: Partial but efficient solutions to the seismic inverse problem: Inverse problems of acoustic and elastic waves. Philadelphia, PA: Society of Industry and Applied Mathematics.

Panning, M., Capdeville, Y., & Romanowicz, A. (2009). An inverse method for determining small varia-tions in propagation speed. *Geophysical Journal International*, 177, 161–178.

Pekeris, C. L. (1946). Theory of propagation of sound in a half-space of variable sound velocity under conditions of the formation of a shadow zone. *The Journal of the Acoustical Society of America*, 18, 295–315.

Pratt, R. G. (1999). Seismic waveform inversion in the frequency domain, part 1: Theory and verification in a physical scale model. *Geophysics*, 64, 888–901.

Shah, N., Warner, M., Washbourne, J., Guasch, L., & Umpleby, A. (2012). A phase-unwrapped solution for overcoming a poor starting model in full-wavefield inversion. *EAGE Extended Abstract*, 74.

Shin, C., & Ha., W. (2008). A comparison between the behavior of objective functions for waveform inversion in the frequency and laplace domains. *Geophysics*, 73, VE119–VE133.

Shin, C., Jang, S., & Min, D.-J. (2001). Improved amplitude preservation for prestack depth migration by inverse scattering theory. *Geophysical Prospecting*, 49, 592–606.

Shin, C., & Min, D.-J. (2006). Waveform inversion using a logarithmic wavefield. *Geophysics*, 71, R31–R42.

Sirgue, L., & Pratt, R. (2004). Efficient waveform inversion and imaging: A strategy for selecting tempo-ral frequencies. *Geophysics*, 69, 231–248.

Symes, W. W. (2008). Migration velocity analysis and waveform inversion. *Geophysical Prospecting*, 56, 765–790.

Tarantola, A. (1984a). Inversion of seismic reflection data in the acoustic approximation. *Geophysics*, 49, 1259–1266.

Tarantola, A. (1984b). Linearized inversion of seismic reflection data. *Geophysical. Prospecting*, 32, 998–1015.

Tikhonov, A. N. (1963). Solution of incorrectly formulated problems and the regularization method. *Soviet Mathematics Doklady*, 5, 1035–1038.

Woodward, M. J., (1992). Wave-equation tomography. *Geophysics*, 57, 15–26.

Zhdanov, M. S. (2002). Geophysical inverse theory and regularization problems. Elsevier Science.

5 全波形反演的非线性特性及潜在解

在第 4 章中，我们研究了全波形反演（FWI）的基本原理，讨论了要实施 FWI 所面临的一些挑战。本章将着重探讨这些挑战中最关键的部分，特别是目标函数的非线性问题。它是 FWI 收敛到精确解的关键，如果搞不好的话，在与实际观测数据拟合时，这些非线性问题就会强迫我们不声不响地与那些不精确的解做无休止的纠缠。这也是为什么 FWI 需要这么多次迭代和花费这么多的原因。

5.1 低频问题

首先来做一个全波形反演实验，研究低频丢失或不使用低频时的全波形反演结果。图 5.1a 显示了用于生成合成数据的 Marmousi 模型，所合成的数据在本实验中作为观测数据。

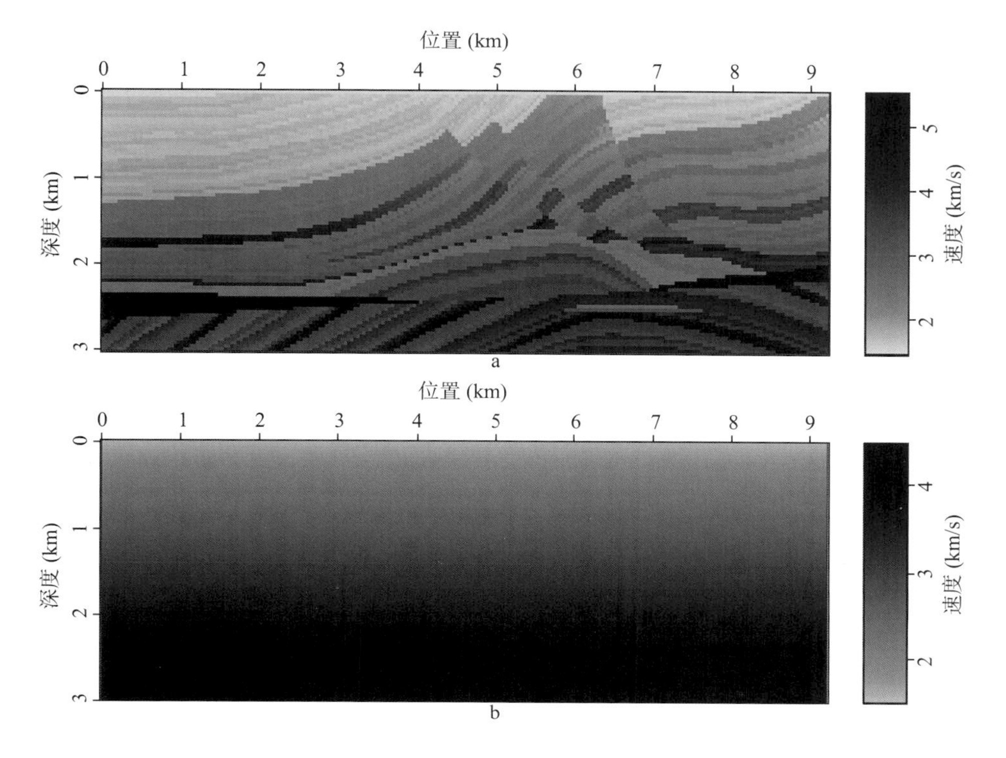

图 5.1 精确的Marmousi模型（a）和梯度为1s^{-1}的速度随深度线性增加的初始速度模型（b）

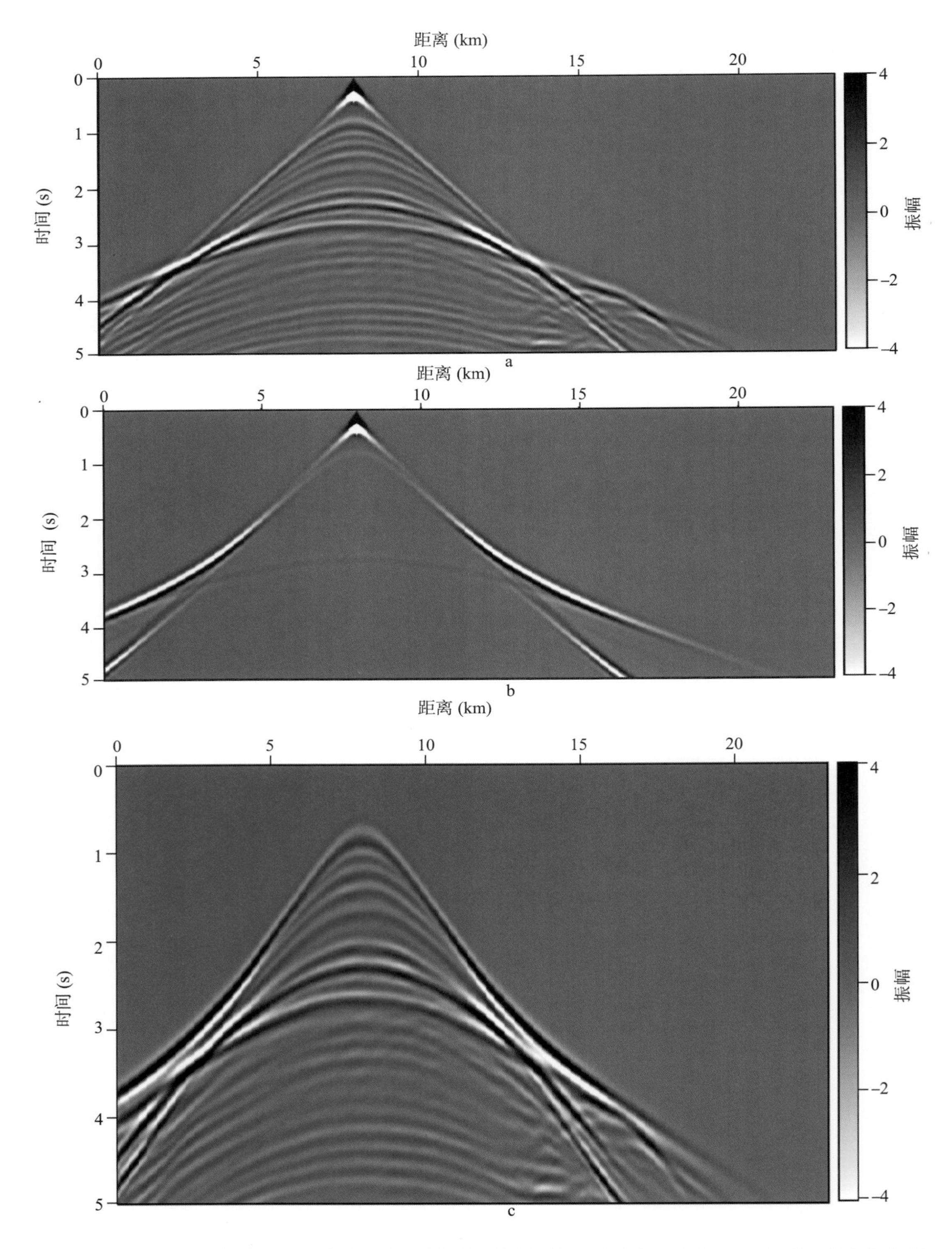

图 5.2 a为对图5.5a中Marmousi模型通过波动方程正演得到的一个炮集，含有2~5Hz频率，把它作为观测数据。b为同样位置但用图5.5b所示线性速度模型计算出的一个炮集；c为两者之差

图 5.2a 中显示了其中一个单炮记录。正如从前一章所看到的，要么需要一个能够在有效的低频段内产生相当精确反射数据的良好初始速度模型，要么需要在它的波长范围内涵盖大部分模型域非常低的频率。然而在许多情况下，一个良好的速度模型是难以获得的，因此在实验中，会将图 5.1b 中的模型作为初始速度模型，将其用于生成初始合成数据同观测数据进行比较。在图 5.2b 中显示了与图 5.2a 所示数据相同位置的单炮记录，这个数据中明显缺失了 2~5Hz 频率范围内的反射同相轴。FWI 的下一步工作是求取合成数据和观测数据之差。因为初始速度模型具有与 Mamousi 模型相同的水速，如果模拟得到的直达波是准确的，那么波场相减后的结果就只包含回折波和反射波。现在，在背景速度模型上使用梯度计算的方法通过残差来更新速度模型。如前所述，从运动学上来讲，该梯度是由成像过程来实现的。因此，在没有低频的情况下，这种按成像结果比例化的速度更新方式（20 次迭代）求得了图 5.3a 所示的速度模型。这个结果非常糟糕，因为在成像过程中使用了一个误差很大的模型。在这种情况下，FWI 不会收敛到真实的模型（Marmousi 模型）上。如果将频率降到 0.125Hz，并且在更新过程中仅使用这些低频信息，则将得到图 5.3b 所示的准确得多的速度模型。为了得到该速度模型，必须对反射能量进行衰减，这是本章后面将要讨论的主题。不管怎样，在一些次迭代后，应用低频信息所得到的

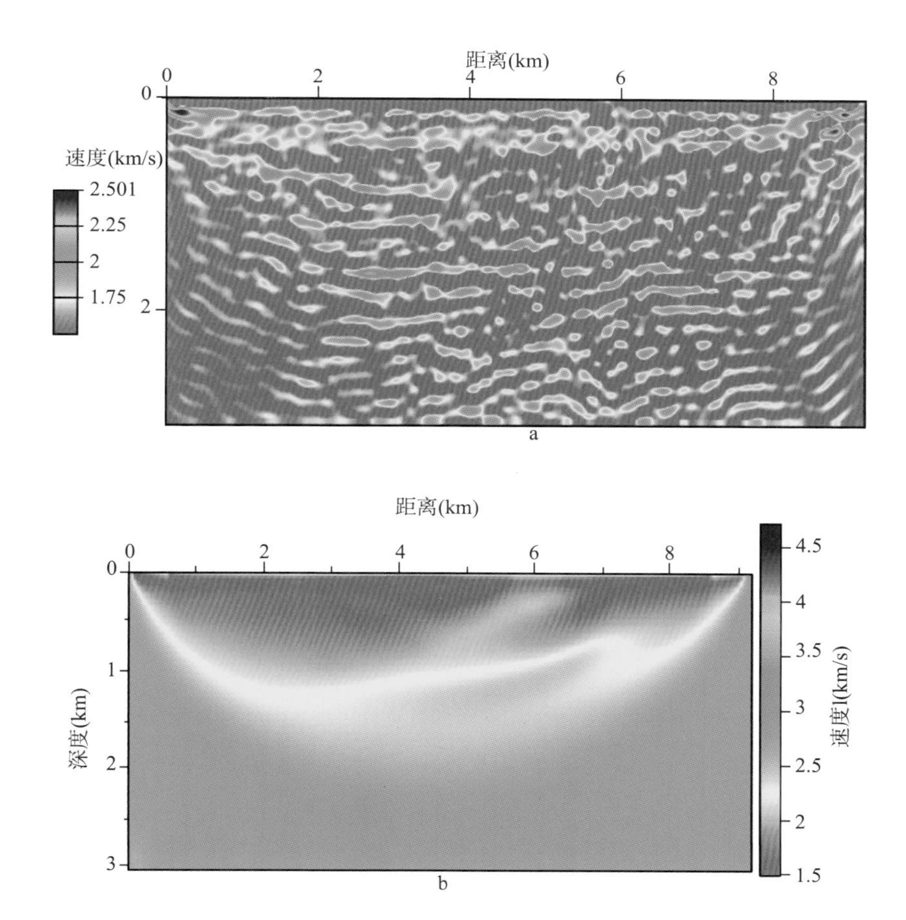

图 5.3 用数据中有效的频带范围进行几次更新迭代的速度结果（a）和用低至0.125Hz频率数据中进行几次更新迭代的速度结果（b）

速度模型似乎更为合理。更重要的是，看起来该迭代过程是不断收敛的。

在这个实验中梯度结构的核心是这些梯度的波数成分。从高频数据中提取出的梯度很明显地只包含高波数（图 5.3a），而从低频数据中提取出的梯度主要由平滑的低波数更新所主导（图 5.3b）。这里的关键词是波数，因为要涉及的是从具有某种波数特征的波场中提取出的梯度，如上节看到的那样，下面要细讲。

5.2 模型波数

在 FWI 中，模型波数向量描述的是一个潜在散射点的分辨率和倾角。根据伴随 Born 散射近似，它涉及两个局部平面波场通过互相关的相互作用（经常用于得到一个速度梯度），所得到的波数向量由下式给出（Miller 等，1987；Jin 等，1992；Thierry 等，1999），即

$$\boldsymbol{k}_{\mathrm{m}}=\boldsymbol{k}_{\mathrm{s}}+\boldsymbol{k}_{\mathrm{r}}=2\frac{\omega}{v}\cos\frac{\theta}{2}\boldsymbol{n} \tag{5.1}$$

它依赖于角频率 ω，方向与垂直于潜在反射面的单位向量 $\boldsymbol{n}$ 一致。这里 $\boldsymbol{k}_{\mathrm{s}}$ 和 $\boldsymbol{k}_{\mathrm{r}}$ 如前章所说的那样，分别是炮点和检波点（或任何状态或伴随状态）在模型点的波场波数向量；θ 是这些向量之间的夹角（散射角）；v 是模型点处的速度。

公式（5.1）说明了任何两个波场（包括单散射波场）之间的相互作用。对于一个线性增加的背景速度模型和来自炮点和检波点中每一个 10Hz 频率的单频波场，所得到的 FWI 梯度如图 5.4a 所示。这个函数被称为敏感核函数，对应于该梯度的波数矢量的模和方向如图 5.4b 所示。沿着炮点和检波点之间的回折波路径，波数向量大小趋于零，在之外的区域，波数向量垂直于 FWI 梯度场，该方向同样也是分辨率最大的方向。

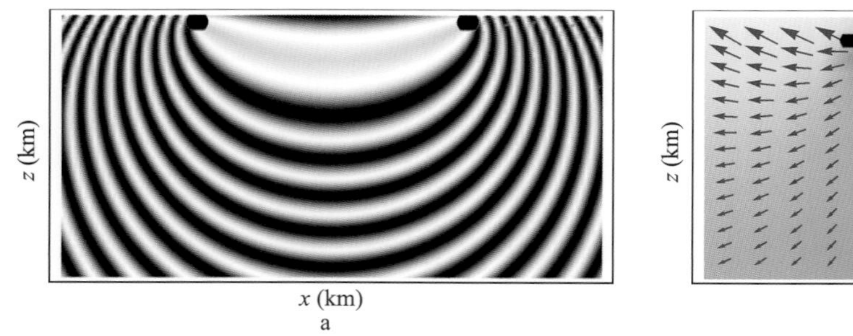

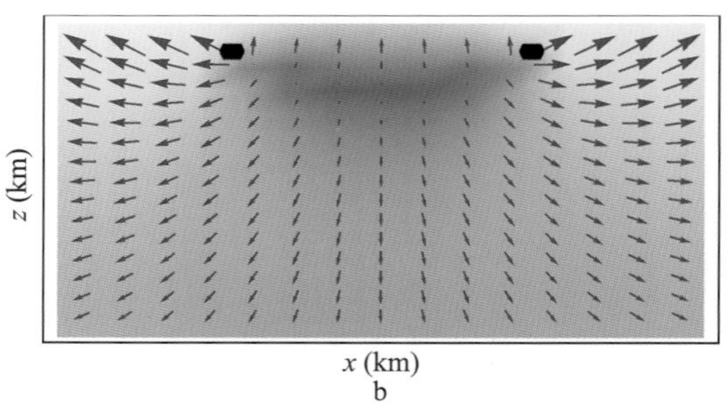

图 5.4　在标准FWI中，一个炮点和检波点（图中黑点位置处）单色波场梯度密度图（a），以及敏感核的模型波数向量与振幅（b）

5.3 模型波数与数据之间的关系

为了在可提取模型波数的数据空间中搜索，首先要检查数据对模型特殊波数的敏感性（或具体来说是计算目标函数）。在此仍用图 5.5a 所示的 Marmousi 模型来做这个实验。首先

看一个初始速度模型，它是由随深度线性增加的速度公式 $v_0(z)=1.5+z$ 给出的（速度单位km/s），如图 5.5b 所示。初始速度与真实速度之间的差是期望从 FWI 中提取的剩余速度Δ v。首先调查这个剩余速度场中目标函数对某些垂直波数缺失情况下的敏感性。图 5.5c 显示了去除垂直波数采样值为 0.33km^{-1} 对应能量（或 3km 波长）后的 Marmousi 速度模型。该粗网格化模型是由 39 个离散深度模型波数表示，残差 [$\Delta V(k_z)-\Delta V(0.33)$] 中所缺少该波数

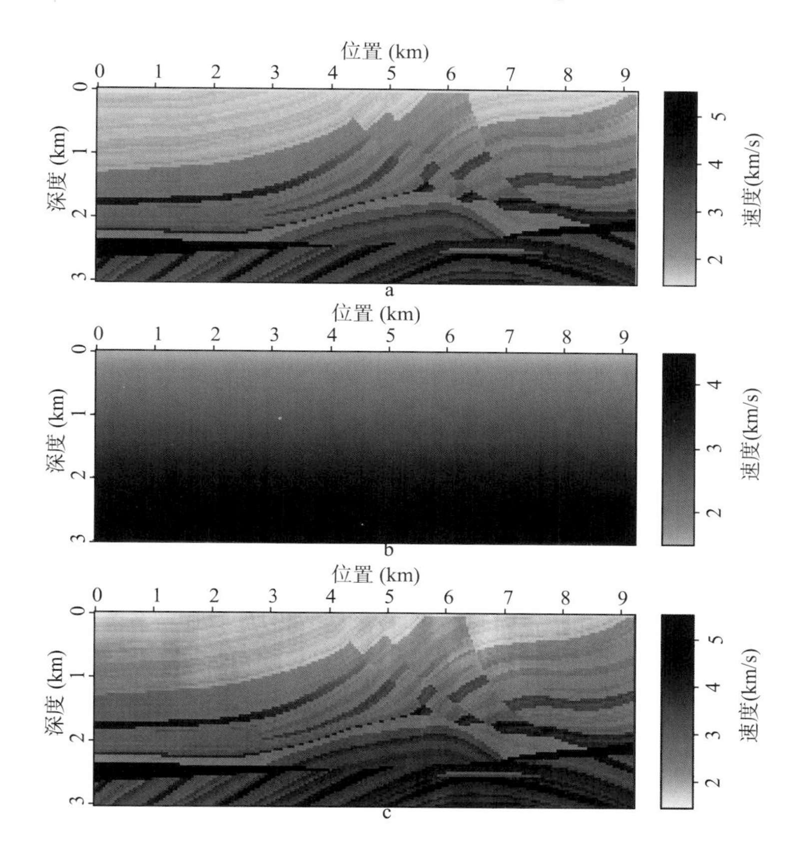

图 5.5　a为水平和垂直采样率为0.04km的Marmousi速度模型；b为$v_0(z)=1.5+z$ km/s.速度随深度线性增加的速度模型；c为对应Marmousi速度模型和$v_0(z)$残差中缺失波数为0.33km^{-1}能量所构建的速度模型

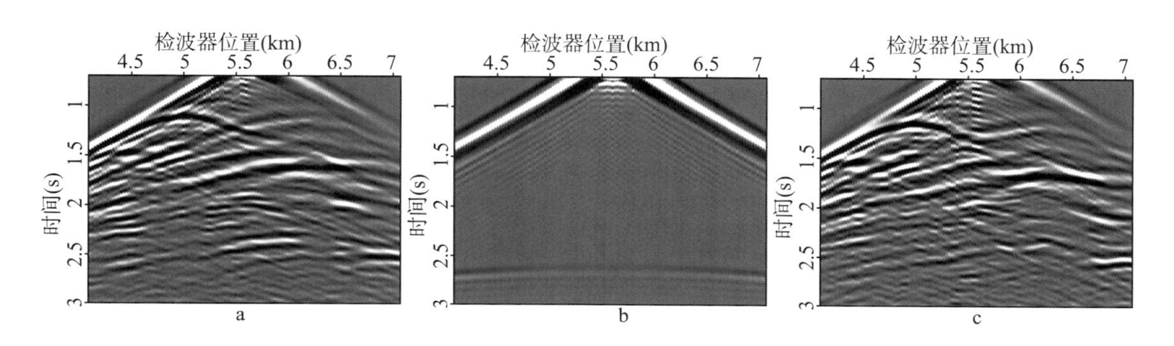

图 5.6　地表炮点位置为5.6km，a为图5.5a中原始Marmousi速度模型对应的炮集；b为图5.5b中线性增加速度模型对应的炮集；c为图5.5所示模型对应的炮集

的痕迹在图 5.5c 所示模型中表现为长波长的变化，其中 ΔV 是 Δv 的傅里叶变换。图 5.6a~c 显示了分别对应于图 5.5a~c 所示速度模型在 5600m 处的震源所产生的炮点集。震源子波是峰值频率为 10Hz 的 Ricker 子波，其频谱如图 5.7a（虚线）所示，使用 3km/s 的（代表性的）速度映射到波数轴上。图 5.7b（实线）显示了初始速度与真实速度经最小平方拟合得到的目

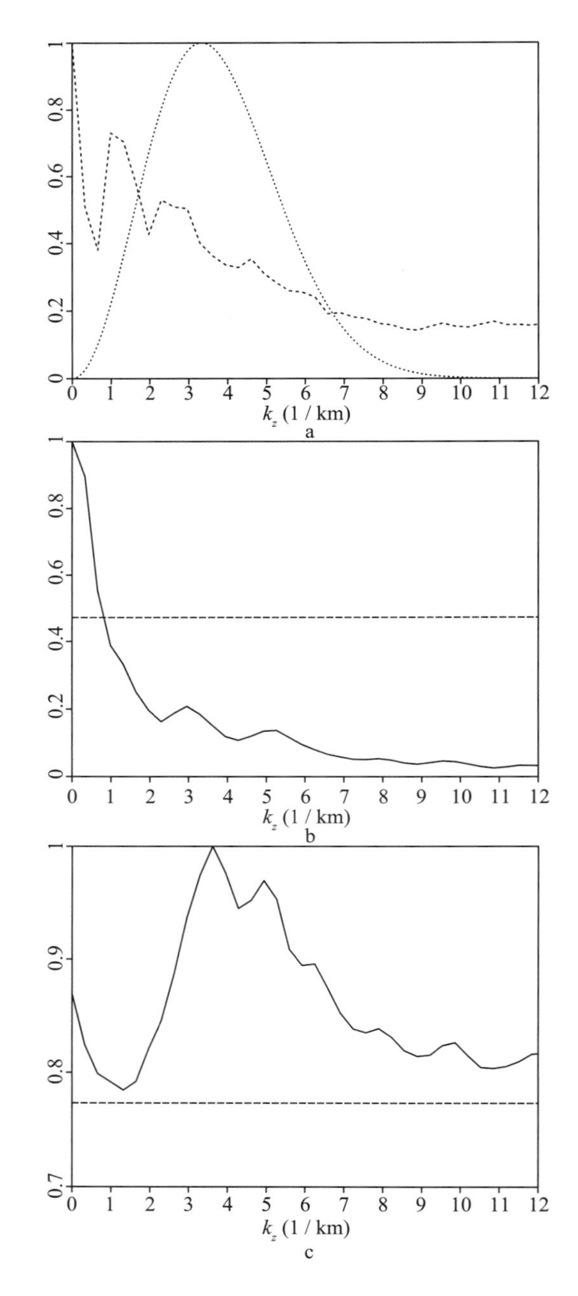

图 5.7　a为用一个3km/s（点画线）速度从频率映射到波数的震源子波谱和剩余速度Δv平均垂直波数谱（虚线）；b对应于残差中缺少波数速度模型的由水平轴表示的目标函数（实线）；c对应于残差中只有一个波数的速度模型由水平轴表示的目标函数（实线），b和c中，直虚线对应于图5.5b背景速度的目标函数值，所有垂直轴由最大值进行了归一化

标函数，这里的水平轴代表了所用模型中 Δv 所缺失的波数能量，其可与图 5.5b 中线性速度模型的目标函数（虚线）相对比，所有值都已由这些模型的最大目标值进行了归一化。与最原始 Marmousi 模型所产生的炮集（图 5.6a）相比，缺失 0.33 km^{-1} 垂直波数（图 5.6c）模型所产生的炮集看起来要比由随深度变化速度产生的炮集像得多。然而，图 5.7b 中给出的目标函数表明存在较大的拟合差。与线性速度模型相比，现在的残差只缺少 39 个离散垂直波数中的一个采样值。该采样值在此位置的线性速度介质根本不存在，然而拟合差却变得更糟。如果仔细观察合成数据，就会发现尽管产生了大部分反射同相轴，但它们被移动了大约半个周期，就导致了较大的拟合差。这说明了在提取高波数之前，在相应位置上获取模型的低波数的重要性。这个例子清楚地强调了 FWI 中一个众所周知的事实，缺少较高的模型波数对数据的影响较小，并且几乎可以得到一个完美的拟合，最终可以得到零目标值。如图 5.7a 所示，尽管残差（Δv）包括了幅值较大的低波数成分（如人们期望的那样），缺失高波数成分对数据的影响甚至可以进一步被震源子波性质所弥补。因此，震源子波可作为波数谱的附加滤波器。正如所显示的，它实际上是一个对于速度等于或大于 3km/s 的区域的直接滤波器。图 5.7c 显示了代表 Δv 精确值的 39 个波数值中每个采样值所对应的目标函数（实线），水平虚线表示线性速度模型的目标函数，两者均由最大值进行了归一化。仅使用一个精确的波数值却比使用全部错误的波数时产生更差的拟合。这也说明了 FWI 中相对于速度模型的非线性程度。有趣的是，当拥有正确的中间波数时，却产生最大的拟合差。虽然得到中间波数非常难，但看起来它们却对数据产生了大的负面影响。因此在得到低波数之前，模型的相应位置存在精确的中间波数可能是有害的，接下来将研究 FWI 中非线性的来源。

5.3.1　非线性的关键问题

目标函数非线性的两个主要来源是：(1) 与地震波场正弦特性相关的非线性（图 5.8）；(2) 与地下的复杂反射率特征及多次波相关的非线性。下面为所对应的例子。

导致非线性的第一个根源通常解决起来容易得多，特别是当震源函数已知时。数据中有效的低频信息可以避免如图 5.8 所示的非线性问题。后面将探讨一种可以解决该问题的更为系统化的途径。

另一个导致非线性的根源一般可以通过预先切除反射同相轴或者衰减反射同相轴来解决。特别在 FWI 初始迭代过程中，要重点关注折射和回折波能量（假如有大炮检

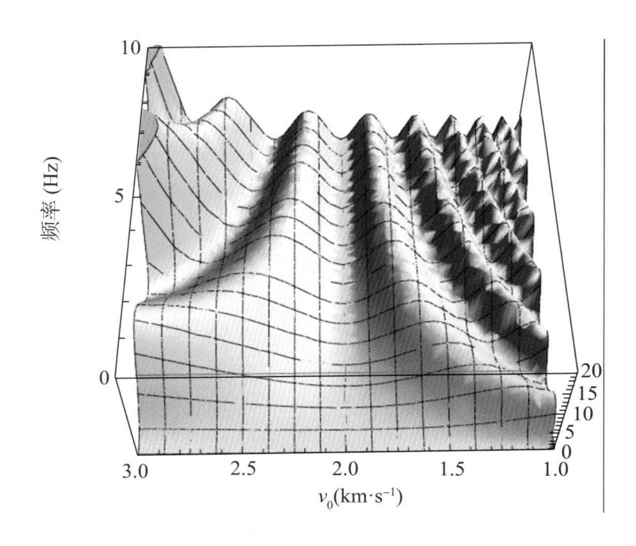

图 5.8　对常规 l_2 范数的目标函数是简单两个模型点的频率和速度的函数

速度在相距1km的炮点和检波点之间变化，作为 $\frac{1}{v(z)^2}=\frac{1}{v_0^2}+gz$ 的函数，这里 $v_0=2\text{km}\cdot\text{s}^{-1}$，$g=-0.139\ \text{s}^2/\text{km}^3$

距数据的话），用这种阻尼方法得到的速度模型会比较平滑，主要是长波长分量。这个模型是否能包括中间波长分量（合理构建有效低频处的反射波所必需的）主要取决于数据中的有效低频成分及大炮检距回折波所能覆盖的区域的分辨率和照明度。为了证明低频信息的重要性，在此看一下使用一系列速度模型所计算得到的 Marmousi 模型数据目标函数。图 5.5a 为用来合成观测数据的真实的 Marmousi 模型，图 5.5b 为初始速度模型。利用该模型合成数据并同观测数据进行比较。

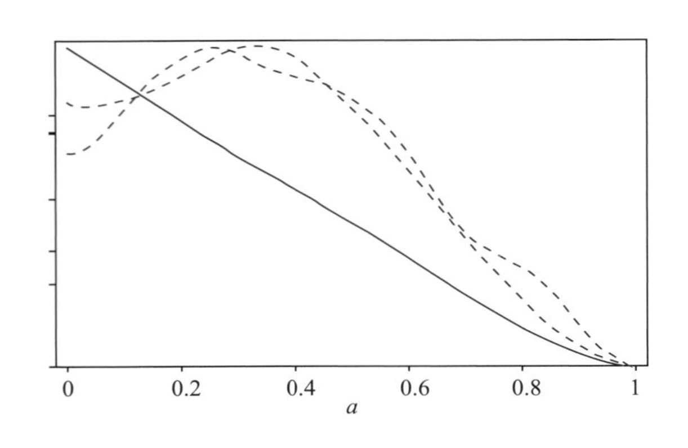

图 5.9　所示曲线为实际观测数据和合成数据之间的最小平方差所求出的，其中实际观测数据是由图5.5a所示的Marmousi模型用5Hz、7.5Hz、10Hz信号正演得到的数据；而合成数据是由Marmousi模型和图5.5b的线性速度模型经线性混合得到的模型用5Hz、7.5Hz、10Hz信号正演得到的数据

线性比例因子为a，$a=0$，模型变为图5.5b的模型，$a=1$，模型变为图5.5a的模型。图中实线对应5Hz数据，虚线对应7.5Hz数据和点线对应10Hz数据

图 5.9 显示了在以速度分布为 v_m（x，z）的 Marmousi 模型（图 5.5a）和一个初始速度模型 v（x，z）的拟合差。这里初始速度模型 v（x，z）是基于方程 $v(x, z) = av_i(x, z) + (1-a)v_m(x, z)$（其中 a 是比例因子）进行线性求和得到的，v_i（x，z）为图 5.5b 中随深度线性增加的速度模型。可以看到低频情况（频率为 5Hz）的目标函数是近似线性的，而其他频率则导致了目标函数的非线性，尽管目标函数在速度模型准确性增加时是逐渐收敛的。

5.3.2　解决非线性的途径

目前已经出现了一系列技术和方法来解决 FWI 所面临的非线性问题。其中，最主要的途径是通过多尺度的方式实现的，首先在数据空间提取用以更新长波长分量的数据，随后缓慢地添加短波长分量。所谓的“缓慢”体现在经常需要数百次的迭代来设法通过未平滑的山谷型的原始目标函数（或者更确切地讲要通过钻取合适的隧道来保证向沿着下坡的方向前进）。上述过程需要在反演方案中通过使用低频信息和初至数据来实现。在这种情况下，得到的目标函数趋于平滑，在模型空间中具有更宽的吸引域。

上述的多尺度迭代过程最初是通过 Bunks 等（1995）以一个频率驱动运算的方式引入到地震勘探领域的，此后被许多人（Pratt，1999）所采用。此外，也有很多学者认识到了在数据空间由浅向深走的重要性。这些思路自然是由地面地震采集和使用了许多年的层剥离的经验所驱动的。

多尺度可以通过在初始阶段利用数据的适当部分（浅层的和低频的）或者通过对速度更新过程设置适当的条件来有效地实现。在模型更新过程中首先引入更新的低波数分量是可行的。通过对更新核函数进行适当的滤波可以有效地保证该过程。然而速度更新的平滑度不仅与波数谱相关，而且还受其方向的影响，低波数更新直接由低频数据所决定。然而，这么低频的信号可能不存在于数据中，因此就难以对速度更新过程产生有效影响。更合理的预条件方法是在初始迭代的过程首先使用对应大散射角的地震数据。这种对梯度进行滤波的思路可以通过提取更新成像的角度道集信息的方式来实现。这个问题将在后续章节进行更多的讨论。

与此同时，还有许多其他的方式来解决 FWI 目标函数高度的非线性问题。其中部分是通过改进测量拟合差的方式来实现的。在前面的章节探讨过的通过估算观测数据和模拟数据的相似性来计算拟合差就是其中的一种方式，它相当于应用所谓的相位反演。在这种情况下的目标函数很大程度上依赖于比较观测数据和模拟数据的相位，去除振幅分量减少了嵌入在振幅信息中的一些非线性因素。考虑到数据在频率域中是由振幅和相位分量组成的，把这两个分量对速度求取高阶导数比使用单一分量方式在公式实现上要复杂得多。

因此，修改目标函数是降低反演问题非线性影响的一种方法，也是解决全波形反演中遇到的其他问题的一种方法。作为常规最小二乘拟合差函数的替代方法，Shin 和 Min（2006）建议使用对数波场来分离振幅和相位的贡献。此外，Choi 和 Alkhalifah（2011b）使用卷积后地震波场来消除估算震源函数的必要性。事实上，在目标函数中使用数据的相位信息，即所谓的相位反演（Kim 和 Shin，2005）强调了在反演过程中波场相位方面的重要性。然而，大多数的相位反演是基于提取没有消除周期跳跃现象的相位来实现的，因此对于减少反演的非线性（波场的周期性）没有多大贡献。最近，Choi 和 Alkhalifah（2011a）使用了基于无周期跳跃相位反演。该方法可以促进反演过程的收敛，即使是对于高频信息都是有效的。然而，为了避免由地球的复杂反射率引起的非线性，它需要对数据进行较大的拉普拉斯阻尼运算，从而使得模型相对平滑。Shah 等（2012）提出分阶段解决相位周期跳跃问题，但该方法依然必须使用折射数据，因为反射数据的非线性仍然是 FWI 非线性的主要来源。接下来给出另一个更适合于减小非线性的目标函数。

5.4 相位反演与瞬时走时

基于瞬时频率的要义，瞬时走时可以利用下述公式来提取，即

$$\tau(\omega)=\Im\frac{\frac{\mathrm{d}u(\omega)}{\mathrm{d}\omega}}{u(\omega)} \tag{5.2}$$

式中，u是频率域波场；$\Im$ 代表虚部。考虑到

$$u(\omega)=A(\omega)\mathrm{e}^{\mathrm{i}\phi(\omega)} \tag{5.3}$$

$$\tau(\omega)=\frac{\mathrm{d}\phi}{\mathrm{d}\omega} \tag{5.4}$$

对于高频极限$\phi(\omega)=\omega t(\boldsymbol{x})$，因此，$\tau=t$（$\boldsymbol{x}$），其一般通过程函方程来提取。因此，瞬时走时可以为提供地震数据中某个同相轴依赖于频率的走时相位信息。如果数据中包含多个同

相轴，那么它提供的是在那个特别频率上被每个同相轴振幅（Saragiotis 等，2011a）加权后的多同相轴平均走时信息。该同相轴的具体信息包含于走时的频率依赖性中，因此可以在反演过程中利用该特性。

相应地，基于该属性的目标函数定义为观测数据和模拟数据的瞬时走时的拟合差。Choi 和 Alkhalifah（2011a）的研究结果表明，假如沿时间对地震波场应用合理高的拉普拉斯阻尼因子，该方法可以保证平滑速度模型的收敛反演。这种方式对于避免模型（或反射率）所引入的非线性是有必要的。我们将继续使用 l_2 范数作为该属性拟合差衡量标准。再者，对于前面章节中所述的简单单同相轴模型，图 5.10 对比了以不同属性来表示上述描述的单同相轴试验波场的目标函数。图 5.10a 显示了图 4.7 所示的常规目标函数，为了便于对比，在此我们使用了密度绘图的方式进行显示。可以看到即使对于如此简单的模型，也会因为波场的周期特性导致高度的非线性，图 5.10b 显示的对数波场同样含有类似相同的非线性特征。另一方面，而以瞬时走时为技术基础计算的目标函数（图 5.10a 中显示）则清楚地消除了所有频率上的非线性特征。然而，实际情况要复杂得多，因为数据中很少只有一个同相轴，因此接下来将计算在地震单道数据中包含两个相邻同相轴时的目标函数。

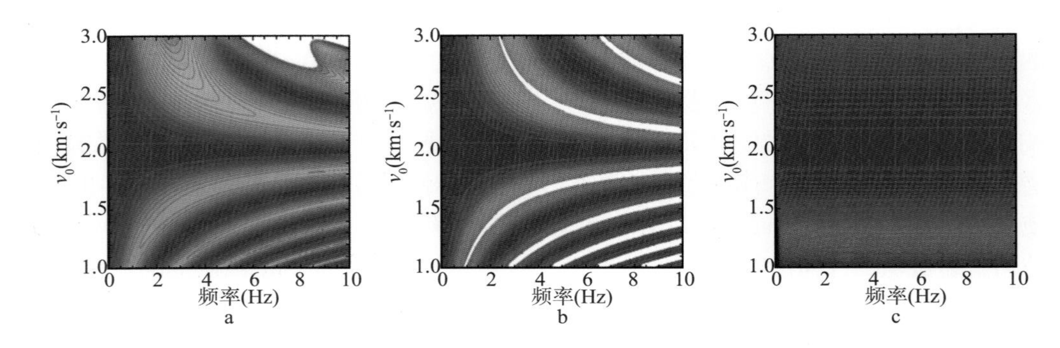

图 5.10 仅有一个简单反射同相轴速度模型的目标函数密度显示图

a—常规目标函数；b—对数目标函数；c—瞬时走时反演目标函数。这里图中上边的白色区域被剪切掉以便让关键区域有更高的分辨率，真实模型由v_0 = 2km/s给出（Alkhalifah和Choi，2012）

5.4.1 多同相轴

通过引入两个震源对前面所述的线性惰度（慢度平方）模型模拟合成了多同相轴记录。考虑到地震波场的线性可叠加性，最终的模拟波场是两个依据上一章及 Alkhalifah 和 Choi（2012）所描述的方法计算出波场的叠加。震源间隔是 200m，因此会引起某些频率成分的陷波现象（由于干涉效应）。

记录中的两个同相轴能量之间的相互影响增加了反演过程中的非线性（周期性）特征。图 5.11 显示了该非线性特征，其趋向于在频率轴的方向上，几乎垂直于由周期跳跃现象引起的非线性（周期性特点）。对于瞬时走时［公式（5.2）］而言，由于其依赖于波场的除法运算，两个同相轴所导致的零波场值会导致目标函数的不稳定性（图 5.11b）。瞬时走时可

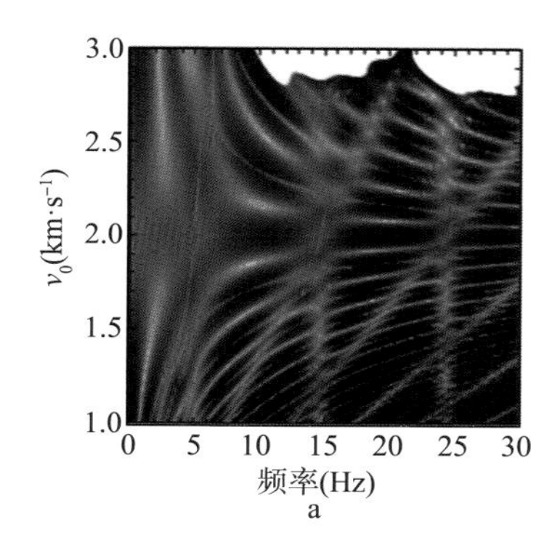

a

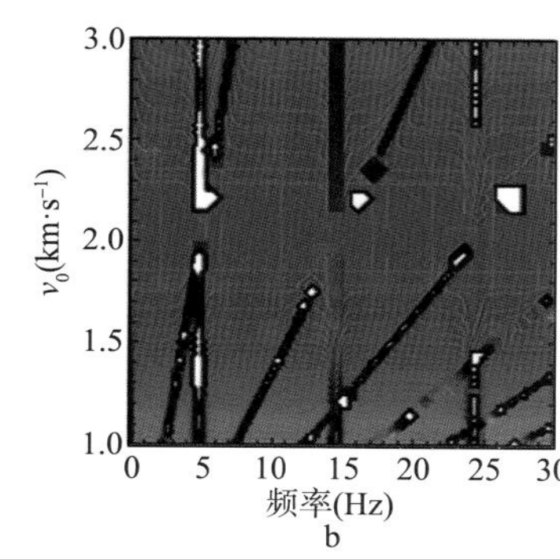

b

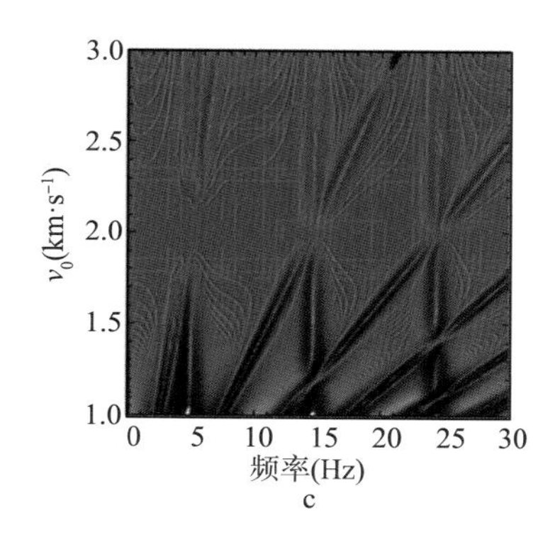

c

图 5.11　图5.10中包含两个同相轴模型的目标函数密度显示图

a—常规拟合差函数；b—不含稳定因子的瞬时走时；c—带有稳定因子的瞬时走时（Alkhalifah和Choi，2012）

以通过对公式（5.2）的分子和分母乘以波场 u 的复共轭并且在分母中加一个很小的正数 ε 来保证稳定性，即

$$\tau_{\mathrm{s}}(\omega)=\Im\frac{\dfrac{\mathrm{d}u(\omega)}{\mathrm{d}\omega}u^{*}(\omega)}{u(\omega)u^{*}(\omega)+\varepsilon} \tag{5.5}$$

式中，*代表复共轭。这种方式在处理复数除法时常常用到，所计算得到的目标函数如图5.11c所示。然而，由于往往需要在最优化的过程中计算目标函数的梯度，对于引入了稳定因子后的瞬时走时τ_{s}，求取其梯度的过程会非常复杂。

为了获得一个具有包含无周期跳跃现象瞬时走时特征并且不会使得梯度计算过于复杂的目标函数，使用下述属性函数，即

$$q(\omega)=\left|\frac{\mathrm{d}u(\omega)}{\mathrm{d}\omega}\right|=\left|\frac{\mathrm{d}A}{\mathrm{d}\omega}+\mathrm{i}A\frac{\mathrm{d}\phi}{\mathrm{d}\omega}\right| \tag{5.6}$$

注意如果设定 A 为不依赖频率的（正如在 δ 函数中一样），假定公式（5.2）用振幅加权以消除波场除法的影响，此时 q 只是与 τ 有关，它就具有非周期跳跃特性，而且就可以很容易地计算该目标函数的梯度。图 5.12 表示基于对震源间 3 个不同距离的波场测量新方法所得出的目标函数。该目标函数主要在频率轴方向上具有非线性，但它通常比其他目标函数更平滑。

多同相轴相互作用所导致目标函数中的周期特性接近正交于波场的非线性方向，因为它并不是来源于波场的正弦特性，而是源于模型，具体来说是反射率模型。对于带限信号，反射率模型有其自身的周期跳跃问题，因为超出波长具有周期性变化的同相轴相位之间会相互作用。即使震源是高斯函数，也会发生这种情况，因为它与反射率有关。接下来分析这种非线性。

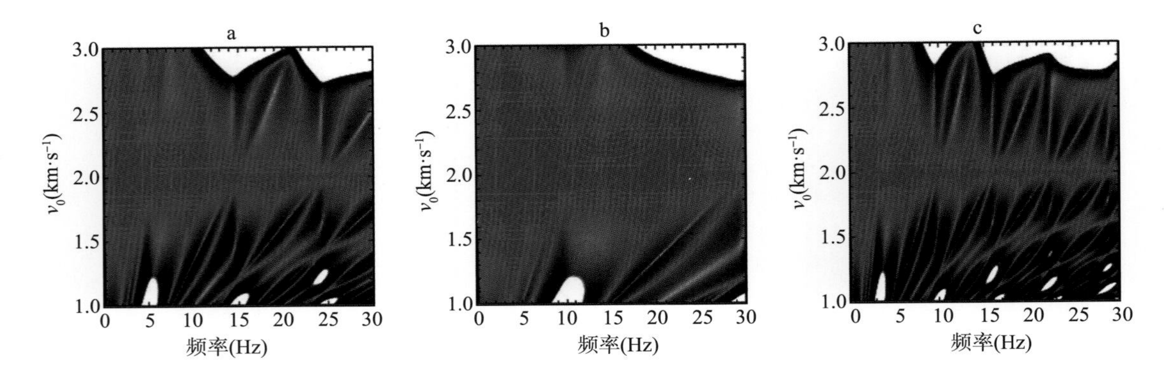

图 5.12　图5.10中描述模型的目标函数密度图

新目标函数是对于震源分隔距离为200 m（a）、100m（b）和300m（c）的情况由等式（5.6）拟合差给出的。真实模型由 v_0 = 2 km / s给出（Alkhalifah和Choi，2012）

5.4.2　模型引入的非线性

为了分析模型引起的非线性，我们继续研究一维问题，甚至将其简化为仅有两个水平反射层的简单情况，其波场响应为

$$u(\omega) = A_1 e^{i\phi_1} + A_2 e^{i\phi_2} \tag{5.7}$$

它包括来自两个反射层的一次反射波，不包含多次反射。此外，为了简化，假设振幅与频率无关，取高频极限，$\phi_1 = \omega t_1$ 和 $\phi_2 = \omega t_2$，从而得到

$$q^2 = \left|\frac{du}{d\omega}\right|^2 = t_1^2 + t_2^2 + 2t_1 t_2 \cos[\omega(t_1 - t_2)] \tag{5.8}$$

显然，在该波场属性中与周期跳跃现象相关的非线性源是在最后一项中，也就是余弦函数，尽管走时是趋于平滑的。对于依赖地下模型的固定 $\Delta t = t_1 - t_2$，该函数以正弦方式依赖于 ω。对于大的 Δt，由图 5.12c 可知非线性周期变短。通过考虑与频率依赖振幅和相位的实际情况，这种非线性更加复杂，但应该具有相同的一般特性。

如果从模型角度或通过反射率来表示该问题，则有

$$R(k_2) \approx A_1 e^{i\psi_1} + A_2 e^{i\psi_2} \tag{5.9}$$

如果计算 $\left|\frac{\partial R}{\partial k_z}\right| R$，可以得到一个类似的公式，其中 $\psi_1 = k_z z_1$，$\psi_2 = k_z z_2$，k_z 是深度波数，z_1 和 z_2 是反射体的深度。认可 $z_1 = vt_1$，$z_2 = vt_2$，此时可以在反演每个模型和数据的过程中把这两个属性关联起来，来去除导致非线性的根源。换言之，式（5.8）中的余弦函数在模型和数据中都是相干的，因为波数同产生一个更为平滑目标函数的频率呈线性比例关系（不考虑色散频散）。在模型的反射率表示中，相位包含了与速度和反射体深度相关的信息，通常需要在两者之间进行折中，而振幅主要依赖于速度的变化（差异）信息。这个实验同样表明，

非线性（余弦函数）的根源取决于反射体的深度差异（层的厚度）。如果保持层厚不变，将模型的描述集中在平均厚度上，那么便可以减轻非线性的来源，一种简洁的方式是对模型进行去周期跳跃处理（Alkhalifah 和 Choi，2012）。

5.4.3　超出运动学范围的题外话

许多人倾向于将使用地震波场信息的相位反演和使用走时信息的走时层析反演进行结合。同全波形反演类似，相位反演利用反射波信息来提取高分辨率速度模型，而走时反演不论基于高频近似解还是有限频带版本，都不会在层析实现的过程中（仅包括透射）使用反射波信息，因此只能提供平滑的速度模型。此外，相位反演利用其对频率的依赖性来提取速度变化信息，这是常规（甚至基于波动方程）层析方法所无法达到的。为了显示该特点，继续使用第 4 章中所引入的例子。

因此，同走时信息不同，即使是对于单次测量数据，地震波场都包含平滑的速度变化信息。该信息包含在地震波场的频率成分中。如果基于求取地震波场对角频率求导数的绝对值进行新地震波场的衡量，可把目标函数作为地表速度 v_0 和梯度 g 的函数来评估。图 5.13 展示了对于 3 个不同频率的在精确解（靶型符号）附近目标函数。尽管在梯度和每个频率速度之间存在折中 [见式（5.6）]，这在高频走时限制内是众所周知的，在低频率处可以看到每个频率目标函数的变化。这种变化在相同比例的常规目标函数（图 5.14）中同样可以看到。在这两幅图中，重点要关注的是目标函数在精确解附近的变化，因此在这些频率处非线性并不是严重的问题。其特点表明，尽管利用无周期跳跃现象求得的是平滑目标函数（这也是走时层析反演所具有的特征），但这些目标函数同样包含了波形反演信息。尽管对于常规和无周期跳跃这两种反演来说变化看起来很微弱，我们依然期望对于更为复杂的速度模型和更高的频率这样的差异能够更为明显。

在上文中，展示了瞬时走时可以提供一个消除两种非线性中较简单的一种非线性的目标函数，它针对的是波场和震源的正弦特点。在下文中，将展示如何减轻另外一个更复杂的由复杂反射率引起的非线性的来源。

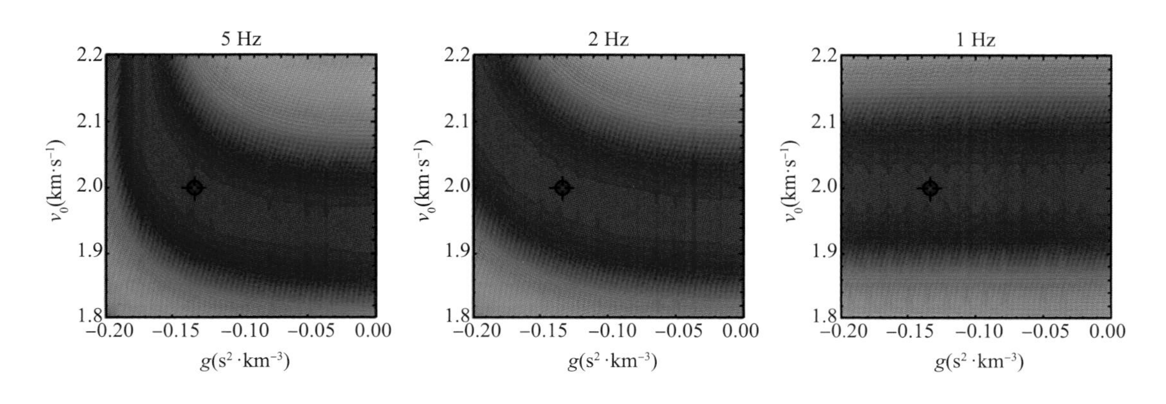

图 5.13　图5.10说明所描述的模型目标函数密度图

该目标函数是对3个不同频率由等式（5.6）给出的波场导数函数。真正的解由靶心符号标出（Alkhalifah和Choi，2012年）

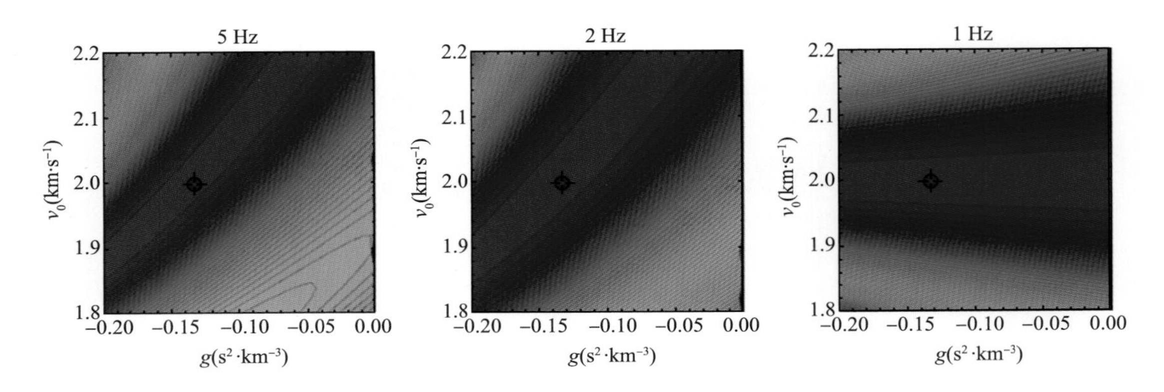

图 5.14 使用常规最小二乘拟合差函数计算的图5.10中描述模型目标函数的密度图

真实解由靶心符号标识（Alkhalifah和Choi，2012）

5.5 阻尼的影响

当进行 FWI 时，将反射信息切除（目标函数中非线性的主要来源）是一个有效的选择，特别是在没有一个准确的初始速度模型能够产生足够精度反射数据的情况下尤其如此。移除观测数据中反射波同相轴最常用的方法是通过数据切除来保证数据中只含有回折波和折射波。这种切除通常由处理人员人工方式实现。通过对回折波射线追踪来求出自动拾取或切除区域的方式也是可行的。然而，为了避免繁重的体力劳动，许多人转而通过应用简单的指数衰减阻尼函数对数据进行处理。其他的阻尼函数方式也可以起到同样的效果。

指数阻尼函数可以直接应用于时间域，但也自然地适合于频域的波场表示。这种频率域方式是通过拉普拉斯变换操作完成的。Shin 等（2002）在反演过程中引入拉普拉斯衰减，从而在 FWI 中增强以折射为主的浅层数据。假设阻尼因子是 a，u（t）是时间域波场，那么阻尼数据具有以下形式：u（t）$=u$（t）e^{-at}。虽然其他的阻尼函数可以起到相同的作用，但是拉普拉斯阻尼公式引入了同 Helmoltz 方程类似的拉普拉斯域波动方程，因此易于求解（Shin 等，2002）。

由方程（5.2）所定义的由 r 表示的波场属性以走时为单位，并且对于单个地震道中的单个同相轴来说，它提供了构成这个同相轴子波信号中每个频率成分的能量走时。然而对于多个同相轴来说，它提供了每个同相轴振幅所加权平均了的走时（Saragiotis 等，2011b）。因此对后续同相轴衰减突出的产生较小的瞬时走时值的浅层能量，使用足够强的阻尼因子，并且在数据中初至之前不存在噪声（合成数据）的情况下，它所提供的正是初至走时。

图 5.15 显示了来自 Yilmaz（2001）数据 8 的一个共炮点记录。箭头所指的是 1600m（实线）和 2800m 处（点线）的两个地震道，其对应的频谱如图 5.16b 所示，对应的瞬时走时（仅与相位分量有关）如图 5.16c 所示，近道和远道数据所对应的平均走时分别为 0.5s 和 1.0s，分别反映了两道数据中反射能量的平均位置。然而该走时函数随频率变化，其复杂的变化特

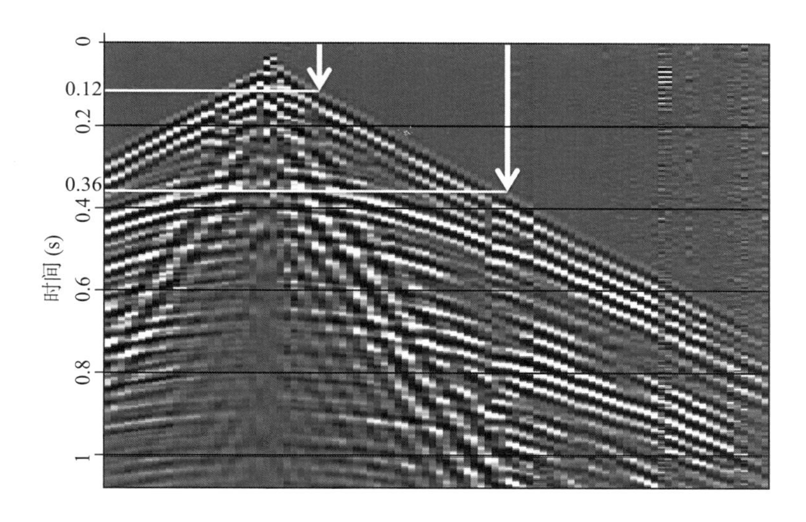

图 5.15 真实地震炮集

箭头指向分析瞬时走时使用的地震道。在垂直轴上，显示出了这两个道的初至到达旅行时间

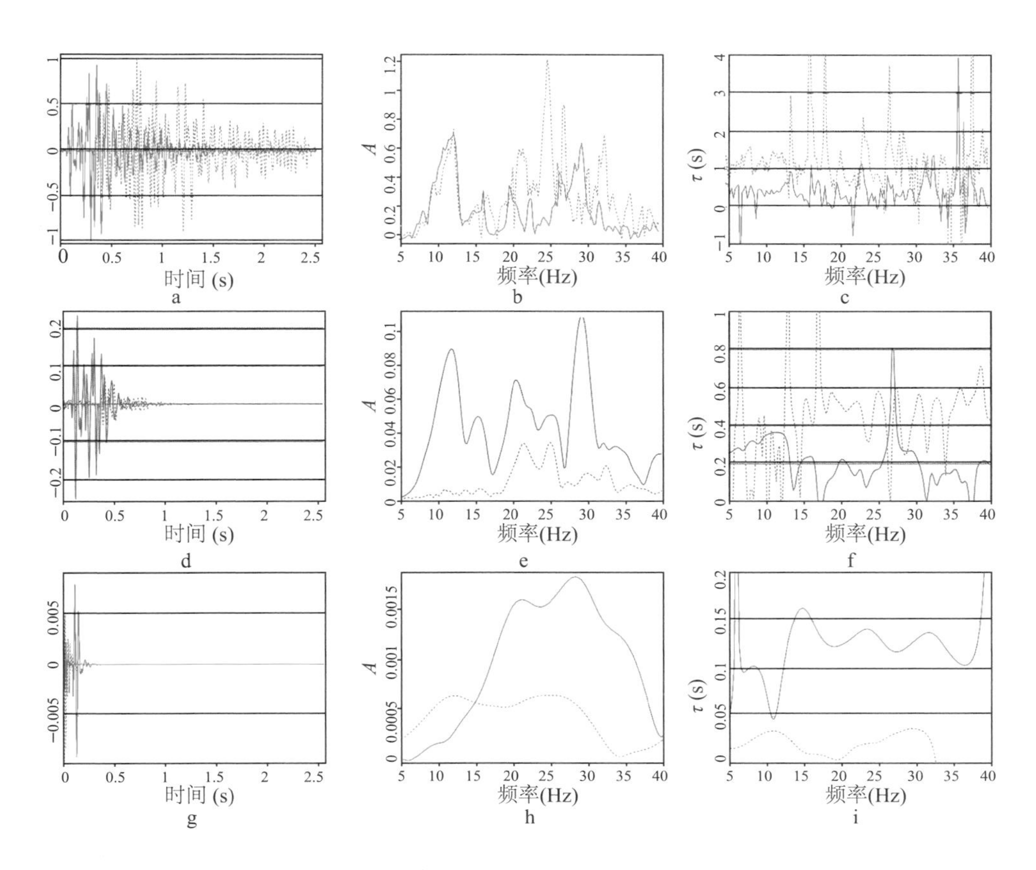

图 5.16 对应于图5.15中箭头位置的两条真实地震道（实线为1600m，虚线为2800m）无阻尼（a）、$\alpha = 5$（d）和$\alpha = 50$（g）时相应的振幅谱（b，e，h），以及瞬时走时（c，f，i）

征在FWI中（相位部分）包含了产生高分辨率地下图像的必要信息。对于FWI来说，求取一个模型并使之产生包含相似复杂相位函数的合成地震数据是不可达到的目标。应用阻尼因子5（α =5）后，数据中的后续波至得到衰减，其结果如图5.16d所示。由于降低了数据的复杂性，其振幅谱（图5.16e）也变得平滑的多，而这两道的平均瞬时走时信息（图5.16f）则区别很大，其反映的是检波器所接收到的能量到达时。虽然此时频率变化依然非常明显，但是却比不应用阻尼因子时平滑的多。直观地说，我们会更容易求得一个能够产生具有类似瞬时相位信息的合成数据模型。如图5.16g所示，更大的阻尼因子（$\alpha = 30$）进一步增强初始波至（有可能会作用于噪声），此时振幅谱会更加平滑（图5.16h）。对于图5.16i所示的近道数据来说，应用阻尼因子可以得到一个近似于初至走时的平均走时（大约0.12s）。而对于其他的道而言，强的阻尼因子会增强数据中接近零时间的噪声，从而产生对应于噪声能量的错误走时信息。如果使用常规的目标函时，情况会更加糟糕（图5.16g），此时噪声会在目标函数和反演过程中具有很大的权重。对于这两道实际数据，都需要按Shin等（2002）的建议对上述噪声进行切除。对于模拟的无噪声数据来说，就不是这种情况，瞬时走时可以提供同实际观测数据的波动方程走时层析（WET）拾取初至相比较的初至信息。因此瞬时走时表示（IT）无论是用于相位反演（具有无跳周特点）还是用于动方程走时层析（WET）（应用合适的阻尼因子）均具有其灵活性。

5.6 衰减运算的作用

Shin等（2002）所提出的波场拉普拉斯阻尼运算有助于降低FWI的目标函数的非线性，尤其是对于反射数据。足够大的阻尼因子会将一道数据转换成为一个对应于初至走时的等效δ函数。然而，这个理想的状况却面临许多障碍。如图5.16e所示，将其同图5.16b进行比较，由于阻尼因子的影响，近道和远道振幅变化很大，这无形中会导致近道数据在FWI具有更大的权重。Shin和Min（2006）提出在目标函数中使用对数波场来解决这种振幅变化问题。对于对数波场，通过拉普拉斯阻尼变换为线性函数，从而具有多得多的可耐受性。对于瞬时走时（IT）目标函数而言，由于对应的属性是走时，因此阻尼对目标函数的权重影响很小。在FWI进行波场阻尼的另一个常见问题是实际数据中通常存在的早于初至的噪声，阻尼函数会增强这样的噪声从而对FWI产生负面影响（图5.16g）。在FWI，很难通过引入一个条件使得在反演中去除这种增强了的噪声。如图5.16i所示，在基于瞬时走时（IT）的反演中，对应这种噪声的走时会很小，而且易于识别。

等式（5.2）所需的波场和波场导数的计算是在频率域实施的，这两个波场依赖于相同的Helmholtz算子，但是对应不同的震源函数，Choi和Alkhalifah（2011a）对该过程进行了证明。对于频域的实现方式，由式（5.2）所计算的属性是描述时域中能量平均位置的走时变量。因此阻尼运算通过降低观测数据和模拟数据的值对这种属性具有直接而有效的影响，如图5.16f和图5.16i所示。同时，它也平滑了以频率为变量的属性 。尽管强阻尼因子可以减轻反演的非线性，尤其是传统目标函数的波场周期跳跃现象，它实际上为瞬时走时反演产生了一个可以与观测数据相对比的模拟数据拾取初至旅行时的属性。

5.7 新目标函数

FWI是将观测数据和模拟数据（或其属性）之间的差异（基于希尔伯特空间中定义的范数的距离）最小化的过程。考虑等式（5.4）所给出的属性，对下式求最小化，即

$$\min_{\boldsymbol{m}}\left\|\tau[\boldsymbol{L}(\boldsymbol{m})]-\tau[\boldsymbol{d}]\right\| \tag{5.10}$$

式中，$\boldsymbol{m}$对应着模型；$\boldsymbol{L}$是对应许多波动方程中任意一种的正演模拟算子；对$\boldsymbol{m}$进行正演运算，从而得到与观测数据$\boldsymbol{d}$进行比较的合成地震数据；算子τ通过公式（5.4）进行计算（$\|\cdot\|$代表l_2范数）。应用到模拟数据（无噪声）的强阻尼可以得到准确的初至走时信息（通过替代$\tau[\boldsymbol{d}]$与拾取的初至旅行时进行比较）来同观测数据中拾取出的初至走时进行比较。因此，借助合适的拉普拉斯阻尼因子，这个单一目标函数可以获得准线性的特性并可用于波动方程走时层析算子（WET）。当放宽阻尼时，它提供了全波形反演分辨率控制的灵活性。不论是使用低阻尼还是高阻尼，该目标函数都具有优于经典WET和FWI的优良特性。与FWI（或相位反演）相比，瞬时走时反演消除了周期跳跃现象，从而消除了由震源产生的非线性。与传统的波动方程层析成像相比，它的敏感核没有阻碍正常收敛的空香蕉效应影响。

5.7.1 梯度

这个目标函数的梯度相比传统的拟合差目标函数略微复杂。对于这个梯度，无论使用强阻尼因子并将其同拾取的初至进行对比与否，总可以使用伴随状态法进行求解。除了反向传播的瞬时走时残差外，还必须计算导数波场对于模型参数的敏感度。然而由于使用相同的算子来求取所有的3个状态（和伴随状态）变量，并不会增加多少梯度计算成本。求解Helmholtz方程的成本主体是反演波动方程算子。

从等式（5.2）和式（5.10）可得，瞬时走时反演的目标函数具有如下形式，即

$$E=\sum_{j=1}^{n}\left\{\mathrm{Im}\left[\left(\frac{\partial\hat{u}_j}{\partial\omega}\right)/\hat{u}_j\right]-\mathrm{Im}\left[\left(\frac{\partial\hat{d}_j}{\partial\omega}\right)/\hat{d}_j\right]\right\}^2$$

式中，n是地震记录数；u_j和d_j分别是模拟和实际记录到的数据。梯度是通过计算该方程相对于第i个模型参数m_i的导数来求取，具有如下形式，即

$$\begin{aligned}\frac{\partial E}{\partial m_i}=&2\sum_{j=1}^{n}\mathrm{Im}\left\{\frac{\partial^2\hat{u}_j}{\partial m_i\partial\omega}\frac{1}{\hat{u}_j}\mathrm{Im}\left[\left(\frac{\partial\hat{u}_j}{\partial\omega}\right)/\hat{u}_j-\left(\frac{\partial\hat{d}_j}{\partial\omega}\right)/\hat{d}_j\right]\right\}+\\&2\sum_{j=1}^{n}\mathrm{Im}\left\{-\frac{\partial\hat{u}_j}{\partial m_i}\frac{\left(\partial\hat{u}_j/\partial\omega\right)}{\hat{u}_j^2}\mathrm{Im}\left[\left(\frac{\partial\hat{u}_j}{\partial\omega}\right)/\hat{u}_j-\left(\frac{\partial\hat{d}_j}{\partial\omega}\right)/\hat{d}_j\right]\right\}\end{aligned} \tag{5.11}$$

然后，可以借助伴随状态法，利用矩阵的形式来表示目标函数的梯度，即

$$\frac{\partial E}{\partial m_i}=2\,\mathrm{Im}\left\{\left(-\frac{\partial \boldsymbol{S}}{\partial m_i}\frac{\partial \hat{\boldsymbol{u}}}{\partial \omega}-\frac{\partial^2 \boldsymbol{S}}{\partial m_i \partial \omega}\hat{\boldsymbol{u}}\right)^{\mathrm{T}}\boldsymbol{S}^{-1}\boldsymbol{r}_1+\left(-\frac{\partial \boldsymbol{S}}{\partial m_i}\hat{\boldsymbol{u}}\right)^{\mathrm{T}}\boldsymbol{S}^{-1}\left[\left(-\frac{\partial \boldsymbol{S}}{\partial \omega}\right)^{\mathrm{T}}\boldsymbol{S}^{-1}\boldsymbol{r}_1\right]\right\}-$$

$$2\,\mathrm{Im}\left[\left(-\frac{\partial \boldsymbol{S}}{\partial m_i}\hat{\boldsymbol{u}}\right)^{\mathrm{T}}\boldsymbol{S}^{-1}\boldsymbol{r}_2\right] \tag{5.12}$$

式中，$\boldsymbol{r}_1$的元素由下式给出，即

$$r_{1i}=\frac{1}{u_j}\mathrm{Im}\left[\left(\frac{\partial \hat{u}_j}{\partial \omega}\right)/\hat{u}_j-\left(\frac{\partial \hat{d}_j}{\partial \omega}\right)/\hat{d}_j\right] \tag{5.13}$$

$\boldsymbol{r}_2$ 的各个元素如下，即

$$r_{2i}=\frac{\left(\partial \hat{u}_j/\partial \omega\right)}{\hat{u}_j^2}\mathrm{Im}\left[\left(\frac{\partial \hat{u}_j}{\partial \omega}\right)/\hat{u}_j-\left(\frac{\partial \hat{d}_j}{\partial \omega}\right)/\hat{d}_j\right] \tag{5.14}$$

为计算梯度，将 $\boldsymbol{r}_1$，$\boldsymbol{r}_2$ 和 $\left\{\left(-\partial \boldsymbol{S}/\partial \omega\right)^{\mathrm{T}}\boldsymbol{S}^{-1}\boldsymbol{r}_1\right\}$ 进行反向传播，然后将反传波场分别乘以虚拟波场 $\left(-\frac{\partial \boldsymbol{S}}{\partial m_i}\hat{\boldsymbol{u}}\right)^{\mathrm{T}}$ 和 $\left(-\frac{\partial \boldsymbol{S}}{\partial m_i}\frac{\partial \hat{\boldsymbol{u}}}{\partial \omega}-\frac{\partial^2 \boldsymbol{S}}{\partial m_i \partial \omega}\hat{\boldsymbol{u}}\right)^{\mathrm{T}}$。

更新沿最速下降方向进行，可以利用共轭梯度法进行计算（Daniels，1967）。为了获得适当的步长，可以使用线搜索方法，但是为了简单起见，我使用了类似于有限差分法的较小的步长值。对于低频端来说，这可能不是最佳的，但是在高频端，由于 Hessian 矩阵的影响和精度降低，这个较小的固定步长可以保证计算效率。

5.7.2 实施过程

现在测试这个单一目标函数与所示模型中的波长谱的耦合能力及它对数据的影响。从一个常速模型出发，对 Marmousi 模型（如图 5.17 所示）进行了反演。利用波动方程有限差分算法，模拟了频率范围在 2Hz 和 5Hz 之间的数据。图 5.18 中显示了其中的一个单炮记录。在正演过程中，接收点是沿着模型的整个表面分布的，将该数据集作为 FWI 的观测数据，反演的初始速度是图 5.19a 所示的速度为 3km/s 的常速模型。在使用强阻尼因子（$\alpha=40$）和 0.125 Hz 的频率数据时（只在模拟数据中），瞬时走时反演可以得到与人工拾取的初至走时类似的结果，因此可以得到与走时层析类似的速度模型（图 5.19b）。当将阻尼因子放宽到 10，并且允许频率成分达到 4Hz 时，在 200 次迭代之后得到图 5.19c 中的模型。进一步减小阻尼可以得到如图 5.19d 所示的模型。最后，如果用非常小的阻尼（$\alpha=0.5$），并且将频率成分涵盖全部的数据（2~5Hz），可得到图 5.20a 所示的模型。考虑到数据中最高频率为 5 Hz，因此可以说所求得的高分辨率速度模型是相当精确的。在从 WET 转化为 FWI 过程所有迭代中，所使用的都是由公式（5.10）给出的单一目标函数。

如果利用图 5.19d 所示的较为精细的速度模型进行常规 FWI，在 200 次迭代之后，可得

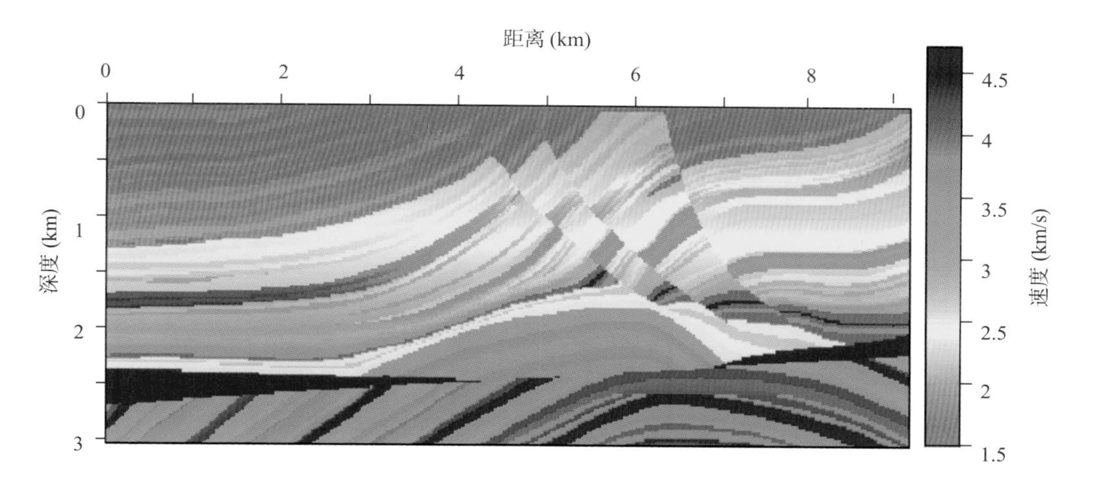

图 5.17 Marmousi速度模型

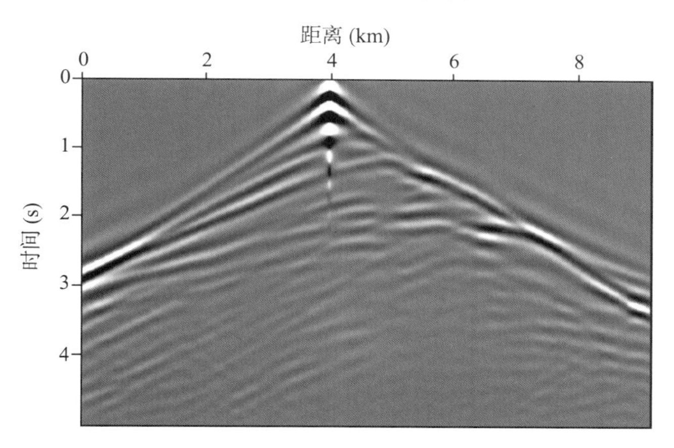

图5.18 图5.17所示Marmousi模型的模拟炮集

震源位于地面4km处

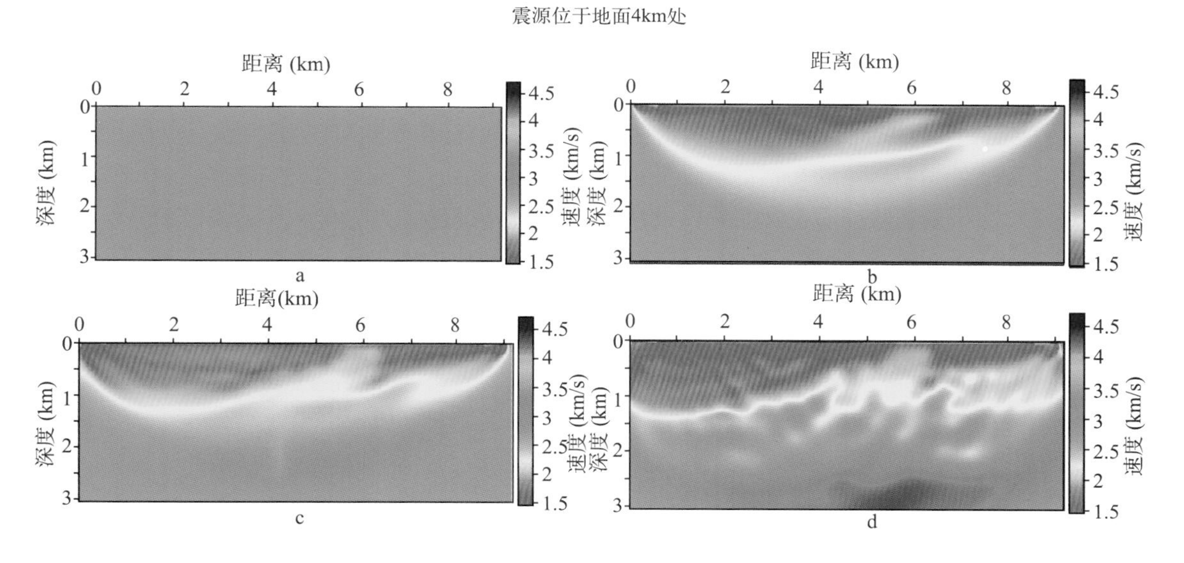

图 5.19 a为初始常速度模型；b为使用α 为 40和0.125 Hz的频率（相当于走时层析成像）；c为放宽阻尼因子α为 10和使用0.125~4Hz的频率范围；d为进一步放宽阻尼因子至2.5和使用0.125~ 4Hz的数据频率范围

到图 5.20b 中所示的速度模型。图 5.20a 和图 5.20b 之间的差异总体上很小。考虑到反演使用了振幅信息，常规 FWI 结果似乎具有更多的分辨率，然而图中所示地下的高分辨率构造信息看起来并不十分准确，尤其是在浅层。

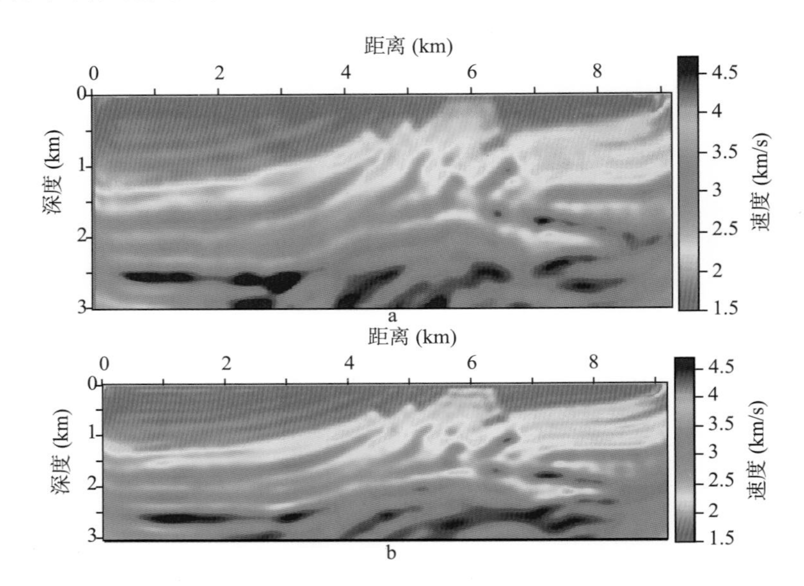

图 5.20　a为基于瞬时走时反演的最终结果；b为利用图5.19d中给出的模型进行的常规FWI的最终结果

5.8　小结

瞬时走时（IT）目标函数为我们从观测数据中用走时拾取进行波动方程走时层析成像及利用数据相位进行相位反演提供了一个平台。在这两种实现方式中，都可以灵活地使用数据中的任何频率。因此当逐步放宽对反射波的阻尼并且增加反演中的频率成分时，就可以使用单一的目标函数来实现从平滑速度模型到高分辨率速度模型的过渡。然而我们并不能保证目标函数和更新核的连续性会转换到收敛点或到全局最小。尽管相比于传统的目标函数具有许多特点，该目标函数仍难以填充在反演过程中遇到的初始更新长波长分量和后续更新短波长分量之间的缺失。该缺失的大小和性质取决于地震数据所包含的频率成分和可用的最大炮检距（Sirgue 和 Pratt，2004）。

此外，还有一个需要考虑的因素，阻尼会试图通过谱白化来增强低频成分。地震记录中初至之前噪声会对该过程造成不利影响。然而最近人们已经提出了许多方法来应对这种噪声，对低频成分的潜在性增强使得我们能够填充上述模型波长分量的缺失。

参考文献

Alkhalifah, T., & Choi, Y. (2012). Taming waveform inversion non-linearity through phase unwrapping of the model and objective functions. *Geophysical Journal International*, 191, 1171–1178.

Bunks, C., Saleck, F., Zaleski, S., & Chavent, G. (1995). Multiscale seismic waveform inversion. *Geophysics*, 60, 1457–1473.

Choi, Y., & Alkhalifah, T. (2011a). Frequency-domain waveform inversion using the unwrapped phase. *SEG Technical Program Expanded Abstracts*, 30, 2576–2580.

Choi, Y., & Alkhalifah, T. (2011b). Source-independent time-domain waveform inversion using convolved wavefields: Application to the encoded multisource waveform inversion. *Geophysics*, 76, R125–R134.

Daniels, J. (1967). The conjugate gradient method for linear and nonlinear operator equations. *SIAM Journal on Numerical Analysis*, 4, 10–26.

Djebbi, R., Alkhalifah, T., & Plessix, R. (2014). Analysis of the traveltime sensitivity kernels for the acoustic vertical transverse isotropic medium. *Geophysical Prospecting*, published online, DOI: 10.1111/1365-2478.12361.

Jang, U., Min, D., & Shin, C. (2009). Comparison of scaling methods for waveform inversion. *Geophysical Prospecting*, 57, 49–59.

Jin, S., Madariaga, R., Virieux, J., & Lambar, G. (1992). Two-dimensional asymptotic iterative elastic inversion. *Geophysical Journal International*, 108, 575–588.

Kim, W., & Shin, C. (2005). Phase inversion of seismic data with unknown source wavelet: Synthetic examples. *SEG Technical Program Expanded Abstracts*, 24, 1685–1688.

Miller, D., Oristaglio, M., & Beylkin, G. (1987). A new slant on seismic imaging: Migration and integral geometry. *Geophysics*, 52, 943–964.

Pratt, R. (1999). Seismic waveform inversion in the frequency domain, part 1: Theory, and verification in a physical scale model, *Geophysics*, 64, 888–901.

Saragiotis, C., Alkhalifah, T., & Fomel, S. (2011a). Automatic traveltime picking using local time-frequency maps. *SEG Technical Program Expanded Abstracts*, 30, 1648–1652.

Saragiotis, C., Alkhalifah, T., & Fomel, S. (2011b). Automatic traveltime picking using local time-frequency maps. *SEG Technical Program Expanded Abstracts*, 322, 1648–1652.

Shah, N., Warner, M., Washbourne, J., Guasch, L., & Umpleby, A. (2012). A phase-unwrapped solution for overcoming a poor starting model in full-wavefield inversion. 74th EAGE Conference & Exhibition incorporating SPE EUROPEC 2012, Copenhagen.

Shin, C., Min, D., Marfurt, K., Lim, H., Yang, D., Cha, Y., ⋯ Hong, S. (2002). Traveltime and amplitude calculations using the damped wave solution. *Geophysics*, 67, 1637–1647.

Shin, C., & Min, D.-J. (2006). Waveform inversion using a logarithmic wavefield. *Geophysics*, 71, R31–R42.

Sirgue, L., & Pratt, R. (2004). Efficient waveform inversion and imaging: A strategy for selecting temporal frequencies. *Geophysics*, 69, 231–248.

Thierry, P., Operto, S., & Lambare, G. (1999). Fast 2-d ray + born migration/inversion in complex media. *Geophysics*, 64, 162–181.

Yilmaz, O. (2001). 3. Velocity analysis and statics corrections. *Seismic Data Analysis*, 6, 271–462.

6 各向异性模型的建立

想要建立一个能够很好满足成像要求或能满足 FWI 对模拟数据与观测数据匹配的各向异性速度模型一直是一个挑战。对于多参数各向异性 FWI，需要获得一个好的初始各向异性速度模型。本章中将讨论如何实现上述目标。

各向异性表征通过在速度场中以多种形式引入相应的方向偏好来近似地下的各种波动现象。无论是分析沉积和重力的自然过程（特别是在页岩中）还是分析局部化的垂直裂缝（有些也是非垂直裂缝），都可以找到一种各向异性的表征方式，从而近似描述这些过程的影响，并产生能准确表示波在这种介质传播的波场。

在目标区域选定代表地下的各向异性方法时，真正的挑战来源于在成像或开始 FWI 时如何评估这种描述的长波长特性。要完成上述任务，目前广泛应用的选项是使用包含各向异性的偏移速度分析(MVA)(不是很成功，通常缺乏高分辨率信息)。也可以使用包含尽可能多假设和先验信息选项使其发挥作用的层析方法(常用方法)。最终从对地下的假设到拟合速度模型中一般结构来建立整体模型的各向异性部分。当然也可以对这些方法进行混合和匹配使用。可以先从一个精确的各向同性速度模型开始来建立模型的各向异性部分，采用这种办法的目的是设法降低速度或各向异性之间众所周知的耦合性(模棱两可性)。在本章的例子中，将从各向异性的原理出发去获取模型中的各向异性部分，并借此理解各向异性参数的作用。

6.1 模型

利用 SEG/EAGE 的 3D 盐丘模型去构建一个 TI 模型。这个 TI 模型根据成层的情况会有不同的对称轴方向，而模型中的各向异性强度和位置都是根据实际数据中各向异性的表现去设置的。例如，各向异性是广泛存在于地壳浅层的沉积层中的。本文建立各向异性模型的步骤也可被用于建立各向异性偏移成像所使用的各向异性速度模型，也可以作为 FWI 的初始模型。

6.1.1 SEG/EAGE 盐丘速度模型

SEG/EAGE 模型是 SEG 和 EAGE 共同赞助设计的，旨在检测 3D 偏移算法。利用这个模型的正演数据进行偏移试算，可以找到 3D 偏移算法中存在的问题。叠前偏移的终极目标是要对模型所表示的地下构造准确成像，在本例子中，确切地说是要对盐丘及下覆地层进行成像。成像的准确度直接依赖于速度及旅行时或者波场的计算精度。在许多实际案例中，已经建立了看起来能够反映地下实际的各向同性速度模型。在墨西哥湾，通常要首先清楚地构建盐体的边界，然后用盐丘速度（大约4500m/s）对盐体进行充填。在此过程中，忽略各向异性可能会导致错误的结果，但考虑到各向异性对波的传播影响往往只是二阶的（尤其是对于VTI介质中垂向传播的地震波），因此可以认为这个速度模型是满足一阶精度的。

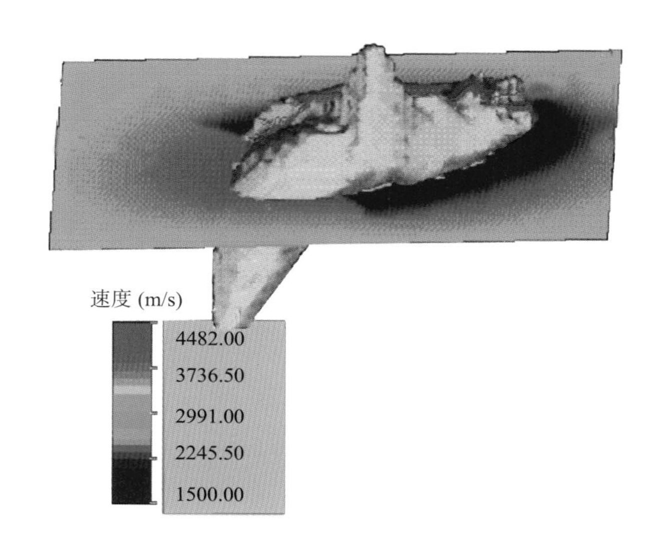

图 6.1　SEG/EAGE 盐体速度模型

其中盐体面显示在模型正中，也同时显示了模型的水平和垂直切片

图6.1展示的是SEG/EAGE速度模型，模型中间有个清楚的盐丘体构造。将这个模型作为偏移模型输入，即使应用精确得多的波至各向同性走时正演算子或波场外推算子进行成像，得到的也是有一定瑕疵的盐丘数据成像结果。其中无法准确成像的原因之一便是在计算各向同性旅行和波场时没有考虑到各向异性的存在。在这种情况下，就需要对盐体求取正确成像所必须各向异性参数。

图6.1中的速度通常是从叠加速度分析（NMO）或层析速度反演得到的，也可以从近到中偏移距各向同性FWI反演结果中获得。在第3章讨论过，在VTI介质中，对近偏移距地震数据来说，数据的运动学特征和反射同相轴的曲率主要依赖于NMO速度，既然各向异性介质中的垂向速度无法通过地面地震数据获得，就用图6.1所示的NMO速度来近似代替它。垂向速度对成像影响比较小，它的主要作用是使反射层在成像时有一个准确的深度，而这个深度信息可以从测井资料中获得。

接下来需要估算和建立 η 场，它是对成像效果影响最大的各向异性参数，也是正确获得FWI初始模型运动学特征的最重要参数。如果 $\eta=0$，表示介质不是各向同性就是椭圆各向异性的，此时各向同性偏移足以得到满意的成像结果。

6.1.2　各向异性参数 η

在TI介质中，相对于NMO速度来说，各向异性参数 η 是控制波在远偏移距和近水平方向传播速度的关键各向异性参数，也是对成像影响最大的一个参数。η 的大小通常取决于地下地层的页岩数量，页岩是地震波产生各向异性的典型原因，其各向异性强度主要取决于

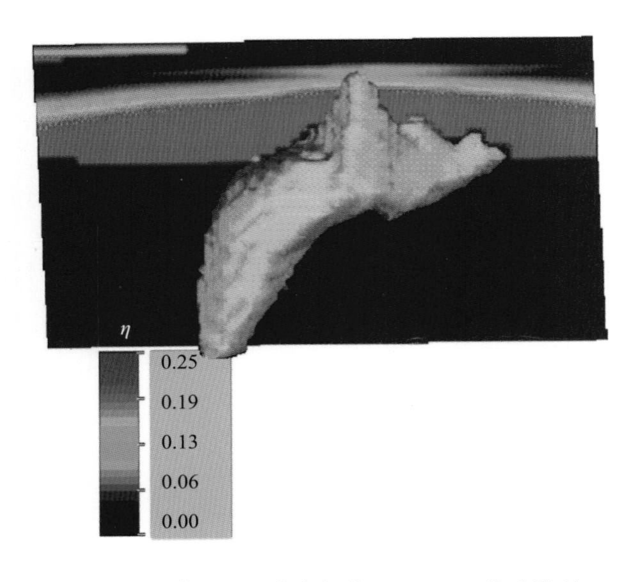

图 6.2 盐体面显示在中间的SEG/EAGE盐丘模型同时显示的是一个η场的垂直剖面

页岩的埋深及形成时的地层压力。超过90% 的地下沉积岩都是页岩，但并不是所有的页岩都可以产生可测量的各向异性。通过这些认识，建立盐丘模型中的 η 场就是因为我们确信实际数据中页岩地层的广泛存在。图 6.2 展示的是一个可能的 η 场模型，它的值向上增加直到盐丘顶部，然后减小至零。

垂向及 NMO 速度加上 η 场就定义了 P 波 TI 模型的各向异性（至少可以达到叠前成像和可能的 FWI 所需的精度）。如果其对称轴是垂直的，那么并不需要其他额外的参数去表征这个模型。但是由于地层的分层并不总是水平的，因此可以预知对称轴会偏离垂直方向，特别是在盐丘的侧面。

6.1.3 对称轴方向

然而，由于地下介质的分层并不总是水平的，像盐体侧翼这样的情况其对称轴相对于垂直方向就会有些偏离。对具有倾斜对称轴的 TI 介质，要完全刻画声波传播还需要另外两个参数。这两个参数经常是通过假设倾斜方向垂直于介质结构或与前面看到的速度梯度方向一致（Alkhalifah 和 Bednar，2000；Audebert 等，2006）。将倾斜轴设置为垂直于地层的倾向被认为是方便和实际的。Audebert 等（2006）通过数值计算得出结论，把倾斜对称轴与地层构造关联起来 [称之为构造偏好 TI 介质（STI）] 就可以导致参数依赖性的简化。这里短排列聚焦变成了与长排列特性的解耦。事实上，设置倾斜轴垂直于倾角方向导致了数据分析的简化方程，后续将会对此进行验证。在 3D 中需要两个参数去表征对称轴方向：一个是方位角，另一个是偏离垂直方向的倾角。方位角是沿着 x 轴在 $-\dfrac{\pi}{2}$ 和 $\dfrac{\pi}{2}$ 的范围中测量，用以描述包含对称轴在内的垂向平面的方向。而在该垂向面内，用角度 θ 表示对称轴的方向，θ 的值也是分布在 $-\dfrac{\pi}{2}$ 和 $\dfrac{\pi}{2}$ 之间代表偏离 z 轴的角度，有了这两个角度就可以唯一地表征三维中的对称轴。

既然大多数的各向异性都是源自地下介质的分层和沉积，所以可以预知各向异性介质的对称轴就是垂直于分层的。如用 SEG/EAGE 盐丘模型，可以利用速度的梯度方向来定义对称轴的方向（图 6.1）。图 6.3 和图 6.4 分别展示的是对称轴的方位角 ϕ 和倾角场 θ，这些场提供了速度场梯度方向的直接信息，所有角度都用弧度表示。图 6.4 说明了对称轴偏离 z 轴的范围是 −0.27 到 0.18（−16° 和 10° 之间），值虽然不大但是已经可以代表地层分层中的绝大多数情况了。从图 6.3 中可知，在盐丘的两个不同侧翼地层的沉积方向也是相反的，这个相反的

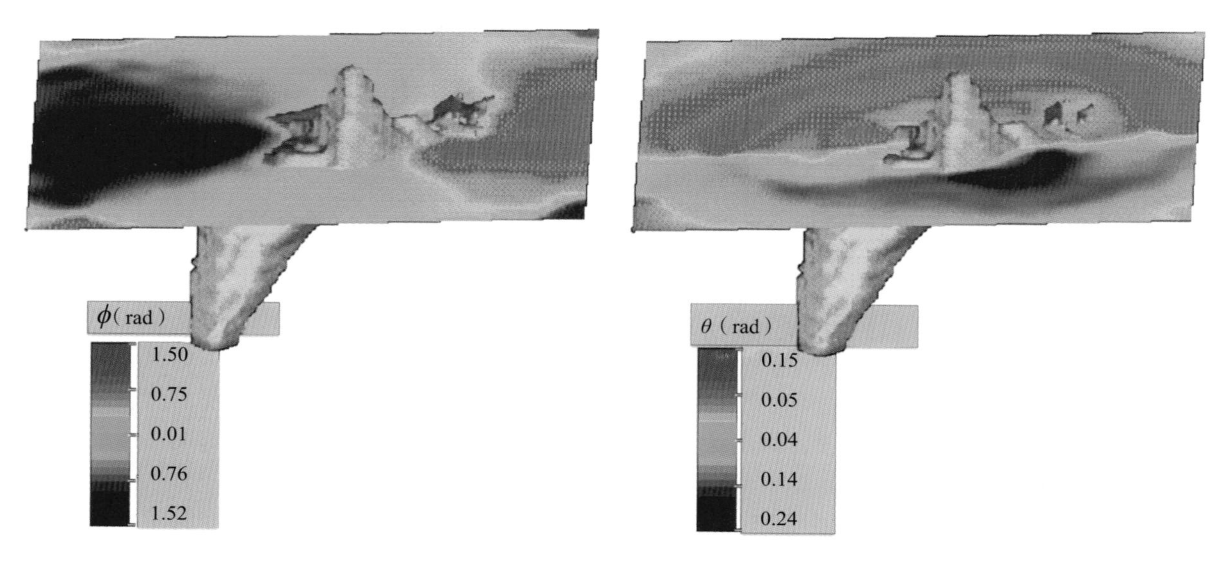

图 6.3　盐体显示在中间的ϕ方位角场的水平切片

图 6.4　盐体面显示在中间的θ角场的水平切片

角度可以直观地从图 6.1 的等高线上观察到。

在本例中，我们结合直觉和对地层假设来设法建立一个各向异性模型。常用的假设就是：对称轴沿着地层倾向的法向方向。这个假设的精确性许多人都讨论过，然而考虑到各向异性表述的多参数性质，在缺少估算倾斜轴有效方法的情况下，把对称轴设置为垂直于倾斜地层的假设就是理所当然和所有选项中的最佳选择了。接下来将展示在 TI 模型的公式里。利用这个假设可以得到更简单的公式，并且相关的参数也更少。

6.2　一个 DTI 模型

既然字面上已经把倾斜轴固定在倾斜反射面的法线上，那么就可以用这个事实对方程进行简化，特别是简化称为倾角导向 TI（DTI）模型的速度估计。这里的概念并不是要建立一个垂直于反射层倾角的对称轴场，而是把这些参数应用到实施成像的方程中，并且可能用于估算 FWI 梯度。本节明确地说明当将倾斜对称轴限制为垂直于反射层倾角时，在散射点附近的平面波特性可以应用解析解关系清楚地表示出来。实际上，对炮点和接收点射线来说反射角总是相等的，因此关键就是如何在偏移或者角度道集中如何引入这个假设。之所以把该介质称之为倾角约束 TI（DTI），就是强调使用该约束作为处理过程的一部分而不是只将其与模型的构造联系起来。后面会说明通过这个约束后其核心方程会得到简化。这将有助于提高这类处理的效率。事实上，DTI 模型使诸如散射点附近角道集分解之类的处理比 VTI 模型更为简单。

6.2.1 倾角约束的 TTI 模型

要想理解这种约束带来的简化过程，要先从均匀介质开始讨论。这种情况下，零偏移距等时线（它是等旅行时间面的典型表示方式）在形状上就是球形的，等同于各向同性介质中的等时线，它的半径取决于倾斜方向 v_T 上的速度大小，即

$$r(\boldsymbol{x}) = v_{\mathrm{T}} t(\boldsymbol{x}) \tag{6.1}$$

式中，t代表沿着波前旅行时；$\boldsymbol{x} = \{x, y, z\}$代表空间坐标。这种简单的表达只有在倾斜对称轴垂直于倾斜反射面的情况下才成立，并且此时的群速度等于相速度等于沿着倾斜同向轴的速度。图6.5a是一个零偏移距等时线的示意图，图中展示了倾斜同向轴被限制在垂直于零偏移距等时面的两个代表性例子。虽然这种介质在物理上并不存在，这只是为了说明在反射层上局部范围的等时线起什么重要作用，这和各向同性中的例子相似。

在非零偏移距的例子中，旅行时等时线受双平方根方程（Claerbout，1995）约束，这样总旅行时 t 是从位于（s_x，s_y）的炮点 $\boldsymbol{s}$ 和位于（r_x，r_y）的检波点 $\boldsymbol{r}$ 到达位置 $\boldsymbol{x}$ 的地下成像点的旅行时之和，即

$$t = \sqrt{\frac{(s_x - x)^2 + (s_y - y)^2 + z^2}{v_g^2(\phi)}} + \sqrt{\frac{(r_x - x)^2 + (r_y - y)^2 + z^2}{v_g^2(\phi)}} \tag{6.2}$$

式中，$v_g(\phi)$是群速度，它是群倾角ϕ的函数。在图6.5b中，为简化起见，入射和反射射线都被限定在垂直平面内。根据几何原理，ϕ可以通过下式求取，即

$$\phi = \frac{1}{2}\cos^{-1}\frac{z}{\sqrt{(s_x - x)^2 + (s_y - y)^2 + z^2}} + \frac{1}{2}\cos^{-1}\frac{z}{\sqrt{(r_x - x)^2 + (r_y - y)^2 + z^2}} \tag{6.3}$$

如果不在一个平面内，就要把角度投影到约束入射和反射射线的平面内。但此时在复杂介质中 $v_g(\phi)$ 的求解由于不存在解析解表示就会变得非常复杂。变通的做法是利用平面波和傅里叶分解来求取相角。如果我们用时间的变化来重新定义 DSR 方程，此时根据平面波关系，可以得到下述 DSR 方程，即

$$\frac{\partial t}{\partial z} = \sqrt{\frac{1}{v^2(\theta)} - \left(\frac{\partial t}{\partial r}\right)^2} + \sqrt{\frac{1}{v^2(\theta)} - \left(\frac{\partial t}{\partial s}\right)^2} \tag{6.4}$$

式中，v代表相速度，在声波近似下（Alkhalifah，1998）根据相角θ具有解析解，表示为

$$v^2(\theta) = \frac{1}{2}\left(v^2(2\eta + 1)\sin^2\theta + v_T^2\cos^2\theta\right) + \frac{1}{4}\sqrt{a\sin^4\theta + b\sin^2(2\theta) + c\cos^4\theta} \tag{6.5}$$

式中，$a = 4v^2(2\eta + 1)^2; b = 2v^2 v_T^2(1 - 2\eta); c = 4v_T^4$；$v$是相对于倾斜对称轴的NMO速度；$\eta$是把NMO速度与垂直于对称轴的速度联系起来的各向异性参数。公式（6.4）中角度θ由倾斜轴方向测量出来，同样也可以从向下延拓中得到的角度道集里给出，正如后面看到的一样。

因此，在非零偏移距的情况下，等时线依赖于角度。在 VTI 和 TTI 介质中，这个角度对于炮点射线和检波点射线是一致的，并不需要对炮点和检波点射线单独考虑。这就提供了在反射点位置处平面波解析关系。在这种情况下，炮点和检波点波场具有同样的波场群速度，但该群速度沿着非零等时线方向是变化的。实际上，在等时线的零度位置，对于垂直反射层的反射角从最大减少到零，如图 6.5b 所示。

接下来，对 DTI 模型构建求取角度道集所必需的扩展成像条件。如本节所阐述，角道集对于 DTI 模型中波场下延公式的显式构建是非常有必要的。

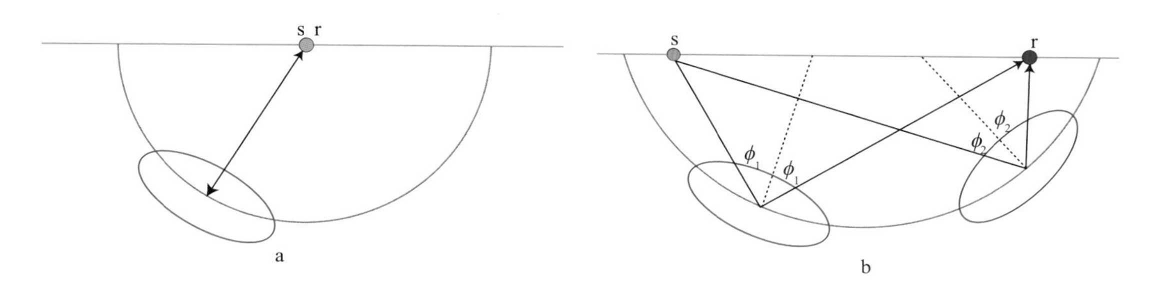

图 6.5　在a图中，倾斜轴被限制在等值线法线方向的零偏移距倾斜各向同性示意图（等值线是圆）。图b显示了对非零偏移距类似的情况。ϕ 是群倾角，它对入射和反射射线是相等的，但沿等值线是变化的

6.2.2　扩展成像条件

传统的地震成像方法是基于地下介质不连续点的单点散射假设。在这个假设下，地震波传播是从震源出发经过地下不连续点然后散射并返回地表检波点的过程（正如反射波一样）。在此所说的“源”场来源于地震震源，在与地下不连续点相互作用之前在地下介质中传播，“检波点”波场起源于地下不连续点，并且从这些不连续点传播至检波点，这两个波场从运动学角度上讲会在不连续散射点处相遇（Berkhout，1982；Claerbout，1985）。这两个场的任何差异都预示着无法进行准确的波场重建，通常被认为是由于速度不准确造成的。在这种概念下，不需要在几何上定义上行和下行波场，因为只要波发生一次散射就会向各个方向传播。也不需要对这两个波场的重建进行任何假设，只要波动方程能够准确地描述波在介质中的传播过程即可。

可以把成像公式分解成两个步骤：波场重建和成像条件。成像过程中关键因素是震源点和检波点的波场 u_s、u_r，它们依赖于位置 $\boldsymbol{x}$ 和时间 t。基于波场重建的常规互相关成像条件可以表示为炮检点波场的零延迟互相关（Claerbout，1985），即

$$r(\boldsymbol{x})=\sum_{shots}\sum_{\omega}\overline{u_s(\boldsymbol{x},\omega)}u_r(\boldsymbol{x},\omega) \tag{6.6}$$

式中，r代表成像值；上划线代表复共轭运算。这个公式表明了一个事实：从运动学上来说，震源和检波点波场的一部分在地下产生散射的位置会是一致的。

扩展成像条件在成像结果中保留了特定的观测（炮点或检波点坐标）或者照明（反射角）参数（Clayton 和 Stolt，1981；Claerbout，1985；Stolt 和 Weglein，1985；Weglein 和 Stolt，1999）。在炮记录偏移成像过程中，炮点和检波点波场在相同的空间计算网格中进行时间域或者频率域的波场重建，因此没有一个可以转换到输出成像中的先验性分离过程。在这种情况下，该分离过程可以利用炮检点波场在时间域、空间域或在时间—空间域局部转换来求取。这种分离本质上表示的是炮检点波场的局部互相关延迟。所以，扩展的互相关成像条件可以将成像结果表示为作为空间 $\boldsymbol{x}$ 与局部炮检距 $\boldsymbol{h}$ 和时间 τ 互相关延迟的函数的成像结果。

$$r(\boldsymbol{x},\boldsymbol{h},\tau)=\sum_{shots}\sum_{\omega}\mathrm{e}^{2\mathrm{i}\omega\tau}\overline{u_{\mathrm{s}}(\boldsymbol{x}-\boldsymbol{h},\omega)}u_{\mathrm{r}}(\boldsymbol{x}+\boldsymbol{h},\omega) \tag{6.7}$$

公式（6.6）代表了公式（6.7）在 $\boldsymbol{h}=0$ 和 $\tau=0$ 时的特殊形式。公式（6.7）所表示的扩展互相关成像条件可以用来解析波场重建的精度。

6.2.3 时差分析

如果把观测位置限制到反射点的临近区域，那就意味着只有很小范围延迟的时差面，那么即使在非均匀介质中波前的形状是任意的，也可以把在复杂介质中典型的不规则波前面用一个平面代替。根据 Yang 和 Sava（2009）的推导，同时利用图 6.6 所示的几何路径说明，可以把炮点和检波点平面表示为

$$\boldsymbol{n}_{\mathrm{s}}\cdot\boldsymbol{x}=v(\theta)t \tag{6.8}$$

$$\boldsymbol{n}_{\mathrm{r}}\cdot(\boldsymbol{x}-2d\boldsymbol{n})=v(\theta)t \tag{6.9}$$

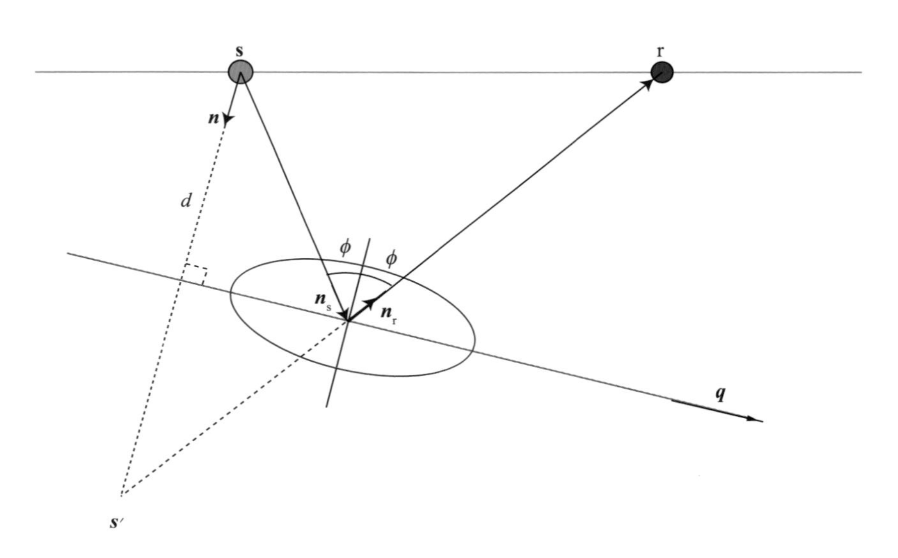

图 6.6 在地层倾角方向上具有倾斜对称轴的倾斜横向各向同性介质的反射几何关系

入射和反射角相同，均为群倾角 ϕ。s，r分别代表震源和接收点位置，d是震源和反射体在反射层法向$\boldsymbol{n}$的距离，反射层的方向用单位矢量$\boldsymbol{q}$来表示，$\boldsymbol{n}_{\mathrm{s}}$和$\boldsymbol{n}_{\mathrm{r}}$分别代表震源和接收点射线方向单位矢量（Alkhalifah和Sava，2010）

式中，$\boldsymbol{n}_{\mathrm{s}}$和$\boldsymbol{n}_{\mathrm{r}}$分别为炮点和检波点平面波的单位方向向量；$\boldsymbol{n}$是在成像点处垂直于反射面的单位向量；向量$\boldsymbol{x}$代表成像点位置；$v$是反射点临近区域内局部均匀介质中的相速度，该定义对炮检点波场是同样适用的；θ是半散射（反射）角。

同样可以通过引入空间和时间的延迟来得到移动的震源和检波点平面波波场。

$$\boldsymbol{n}_{\mathrm{s}} \cdot (\boldsymbol{x}+\boldsymbol{h}) = v(\theta)(t+\tau) \tag{6.10}$$

$$\boldsymbol{n}_{\mathrm{r}} \cdot (\boldsymbol{x}-2d\boldsymbol{n}-\boldsymbol{h}) = v(\theta)(t-\tau) \tag{6.11}$$

通过对公式（6.10）和（6.11）的求解可以得到如下公式，即

$$(\boldsymbol{n}_{\mathrm{s}}-\boldsymbol{n}_{\mathrm{r}}) \cdot \boldsymbol{x} = 2v(\theta)\tau - (\boldsymbol{n}_{\mathrm{s}}+\boldsymbol{n}_{\mathrm{r}}) \cdot \boldsymbol{h} - 2d\boldsymbol{n}_{\mathrm{r}} \cdot \boldsymbol{n} \tag{6.12}$$

这个公式描述的是在共成像点位置空间和时间移动的时差函数。在此基础上，可以得到关于反射几何路径的关系，即

$$\boldsymbol{n}_{\mathrm{s}}-\boldsymbol{n}_{\mathrm{r}} = 2\boldsymbol{n}\cos\theta \tag{6.13}$$

$$\boldsymbol{n}_{\mathrm{s}}+\boldsymbol{n}_{\mathrm{r}} = 2\boldsymbol{q}\sin\theta \tag{6.14}$$

式中，$\boldsymbol{n}$和$\boldsymbol{q}$为垂直和平行于反射面的单位向量；θ为反射角；向量$\boldsymbol{q}$代表的是反射和反射体平面的交线。通过公式（6.12）到（6.14），可以得到平面波的时差函数为

$$z(\boldsymbol{h},\tau) = d_0 - \frac{\tan\theta(\boldsymbol{q}\cdot\boldsymbol{h})}{\boldsymbol{n}_z} + \frac{v(\theta)\tau}{\boldsymbol{n}_z\cos\theta} \tag{6.15}$$

式中，d_0可以表示为

$$d_0 = \frac{d-(\boldsymbol{c}\cdot\boldsymbol{n})}{\boldsymbol{n}_z} \tag{6.16}$$

它表示对应着所选择的共成像点道集（CIG）位置处的反射深度。这个量对于不同的平面波是不变的，因此在公式里设定为常量。向量 $\boldsymbol{c}$ 是沿着由（x，y，0）所定义地表的向量当利用不准确的速度去成像时，对应的反射角也会存在偏差。基于之前章节的分析，可以得到时差函数为

$$z(\boldsymbol{h},\tau) = d_{0f} - \frac{\tan\theta_m(\boldsymbol{q}_m\cdot\boldsymbol{h})}{n_{mz}} + \frac{v_m(\theta_m)(\tau-t_d)}{n_{mz}\cos\theta_m} \tag{6.17}$$

式中，d_{0f}是相应反射点的聚焦深度；v_m为偏移速度；t_d为聚焦误差；$\boldsymbol{n}_m$，$\boldsymbol{q}_m$分别是垂直和平行于偏移向量的向量。公式（6.17）描述的是对于单次成像试验的扩展成像时差公式，其在本质上与Yang和Sava（2009）得到的各向同性介质下的公式类似，但是速度用的是相速度而不是各向同性速度。

6.2.4 角度分解

在向下延拓的方法中，对于角度道集的理论分析可以简化为在局部均匀介质中倾斜反射层这个简单条件假设下的反射路径分析（Sava 和 Fomel，2005）。反射点附近的平面波的特性足以推导出局部反射旅行时导数间关系（Goldin，1986），图 6.6 显示了反射路径的几何关系。

利用对炮检点坐标的标准表示方式：$\boldsymbol{s}=\boldsymbol{x}+\boldsymbol{h}$ 和 $\boldsymbol{r}=\boldsymbol{x}-\boldsymbol{h}$，炮检点的旅行时就可以认为是地震走时 $t=t(\boldsymbol{x},\boldsymbol{h})$ 关于所有空间坐标的函数。对 t 求取沿向量 $\boldsymbol{x}$ 和 $\boldsymbol{h}$ 的微分，同时利用对慢度的标准表达方式 $\boldsymbol{p}_\alpha=\nabla_\alpha t$，其中 $\alpha=(\boldsymbol{x},\boldsymbol{h},\boldsymbol{s},\boldsymbol{r})$，可以得到

$$\boldsymbol{p}_x=\boldsymbol{p}_\mathrm{r}+\boldsymbol{p}_\mathrm{s} \tag{6.18}$$

$$\boldsymbol{p}_h=\boldsymbol{p}_\mathrm{r}-\boldsymbol{p}_\mathrm{s} \tag{6.19}$$

通过分析成像点位置处（图 6.7）不同向量的几何关系，可以得到如下的三角关系式，即

$$|\boldsymbol{p}_\lambda|^2=|\boldsymbol{p}_\mathrm{s}|^2+|\boldsymbol{p}_\mathrm{r}|^2-2|\boldsymbol{p}_\mathrm{s}||\boldsymbol{p}_\mathrm{r}|\cos(2\theta) \tag{6.20}$$

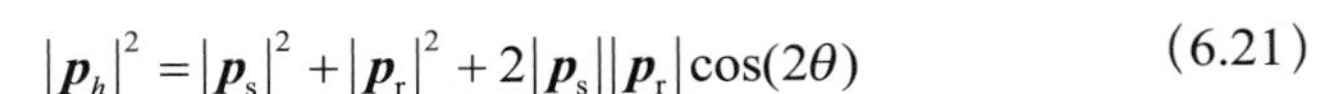

$$|\boldsymbol{p}_h|^2=|\boldsymbol{p}_\mathrm{s}|^2+|\boldsymbol{p}_\mathrm{r}|^2+2|\boldsymbol{p}_\mathrm{s}||\boldsymbol{p}_\mathrm{r}|\cos(2\theta) \tag{6.21}$$

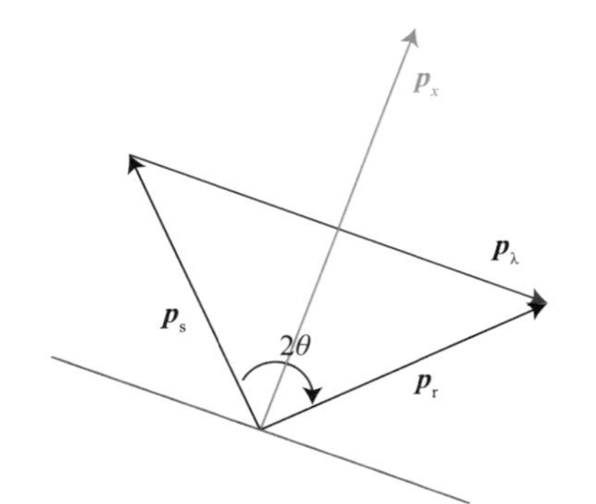

图 6.7　描述成像点处震源和接收点射线参数向量（$\boldsymbol{p}_\mathrm{s}$和$\boldsymbol{p}_\mathrm{r}$）与延迟和位置射线参数向量（$\boldsymbol{p}_\lambda$和$\boldsymbol{p}_x$）之间几何关系的原理图

θ为平面波反射角（Alkhalifah 和Sava，2010）

式中，$\boldsymbol{k}_x$和$\boldsymbol{k}_h$定义为空间和延迟（或炮检距）波数向量，可以利用$\boldsymbol{p}=\boldsymbol{k}/\omega$，同时利用三角恒等式，得到

$$1-\cos(2\theta)=2\sin^2(\theta) \tag{6.22}$$

$$1+\cos(2\theta)=2\cos^2(\theta) \tag{6.23}$$

同时假设 $|\boldsymbol{p}_\mathrm{s}|=|\boldsymbol{p}_\mathrm{r}|=s(\theta)$，$s(\theta)=1/v_\mathrm{P}(\theta)$ 代表相慢度，它是在成像位置处相角的函数，可以得到如下关系，即

$$|\boldsymbol{k}_h|^2=\left(2\omega s(\theta)\sin(\theta)\right)^2 \tag{6.24}$$

$$|\boldsymbol{k}_x|^2=\left(2\omega s(\theta)\cos(\theta)\right)^2 \tag{6.25}$$

$$\boldsymbol{k}_h\cdot\boldsymbol{k}_x=0 \tag{6.26}$$

通过公式（6.24）和（6.25），可以消除对于深度轴的依赖性，同时得到成像前成像点位置处的角度分解公式，因此，如果消掉 $\boldsymbol{k}_z$ 和 $\boldsymbol{k}_{\lambda_z}$，可以得到

$$\begin{aligned}&(k_x^2+k_y^2)(2\omega s(\theta)\sin\theta)^2+(k_{h_x}^2+k_{h_y}^2)(2\omega s(\theta)\cos\theta)^2=\\&(k_xk_{h_y}-k_yk_{h_x})^2+(2\omega s(\theta)\sin\theta)^2(2\omega s(\theta)\cos\theta)^2\end{aligned} \tag{6.27}$$

二次方程（6.27）可以在成像前将波场数据由空间时移道集（$\boldsymbol{k}_{h_x},\boldsymbol{k}_{h_y}$）映射为角度坐标 θ。对于 2D 情况下，公式（6.27）可以简化为

$$k_x^2(2\omega s(\theta)\sin\theta)^2+k_{h_x}^2\left[2\omega s(\theta)\cos\theta\right]^2=\left[2\omega s(\theta)\sin\theta\right]^2\left[2\omega s(\theta)\cos\theta\right]^2 \tag{6.28}$$

方程可以通过 $\boldsymbol{k}_{h_x}$ 到 θ 的显性映射关系来求解。要注意到公式（6.28）的角度分解具有相对于 Alkhalifah 和 Fomel（2009）所关于 VTI 介质公式更简单的形式。这个角度分解公式在向下延拓的成像过程中会非常有用，在下节将对其进行讨论。

6.2.5　向下延拓

利用上一节给出的角度分解公式，可以在 DTI 介质进行波场向下延拓后得到一个角度道集。基于 Claerbout（1985）所提出的观测系统下延的单程波多炮检距偏移波场重建方程可以表示为叠前波场的递归相移，相应的公式为

$$u_{z+\Delta z}(\boldsymbol{m},\boldsymbol{h})=\mathrm{e}^{-\mathrm{i}k_z\Delta z}u_z(\boldsymbol{m},\boldsymbol{h}) \tag{6.29}$$

随后在 $t=0$ 时刻提取成像值。在此，$\boldsymbol{m}$ 和 $\boldsymbol{h}$ 代表了共中心点和半炮检距坐标，它等价于之前讨论过的空间位置和空间延迟变量，但是被限定在水平面内。在公式（6.29）中，u_z（$\boldsymbol{m}$，$\boldsymbol{h}$）代表在深度 z 点所有中心点位置为 $\boldsymbol{m}$ 和半偏移距为 $\boldsymbol{h}$ 处给定频率为 ω 声波波场，$\boldsymbol{u}_{z+\Delta z}$（$\boldsymbol{m}$，$\boldsymbol{h}$）代表延拓到 $z+\Delta z$ 处时的同样波场。相移运算使用深度波数 k_z，在二维情况下，它可以由公式（6.4）中的 DSR 方程来表示，即

$$k_z=\sqrt{\omega^2 s^2(\theta)-(k_m-k_h)^2}+\sqrt{\omega^2 s^2(\theta)-(k_m+k_h)^2} \tag{6.30}$$

式中，$\boldsymbol{k}_h$等于k_{h_x}。

图 6.8a 显示了由 $\eta=0.3$ 所刻画 DTI 模型中作为中心点波数和反射角函数的 k_z 分布图。正如期望的那样，角度的范围是随着倾角的增大而减小的。每个深度的相移量在水平反射层（$k_m=0$）和零炮检距（等价于 $\theta=0$）时为最大值。图 6.8b 展示了 k_z 在 DTI 介质和速度为 $v=1.8$ km/s 的各向同性介质中的差异。可以看到，对于零反射角，DTI 介质的相移可以用各向同性算子得到。对于非零炮检距情况下，两者的差别随着反射角的增大而增大。

为了在上述表达式中利用 k_z，需要在向下延拓过程中计算反射角 θ，因为角度道集定义了方程（6.30）所需要的相角，公式（6.28）提供了角度道集和偏移距波数的一一对应关系。然而，为了确保计算清楚，将该问题用一个映射过程来表示，从而求取对应特定反射角的给定炮检距波数 k_h 的波场。因此在特定的深度 z 处对震源和接收点的波场进行向下延拓的算法为

（1）对于给定的反射角，利用公式（6.28）去计算对应的 k_h（$=k_{h_x}$）；

（2）利用 k_h（θ），将 u（k_m，k_h，ω，z）映射为 u（k_m，θ，ω，z）（角度分解）；

（3）应用成像条件在频率 ω 上进行求和，从而得到成像后的角度域道集；

（4）利用公式（6.30）给出的深度波数，通过公式（6.29）对波场 u（k_m，k_h，ω，z）进

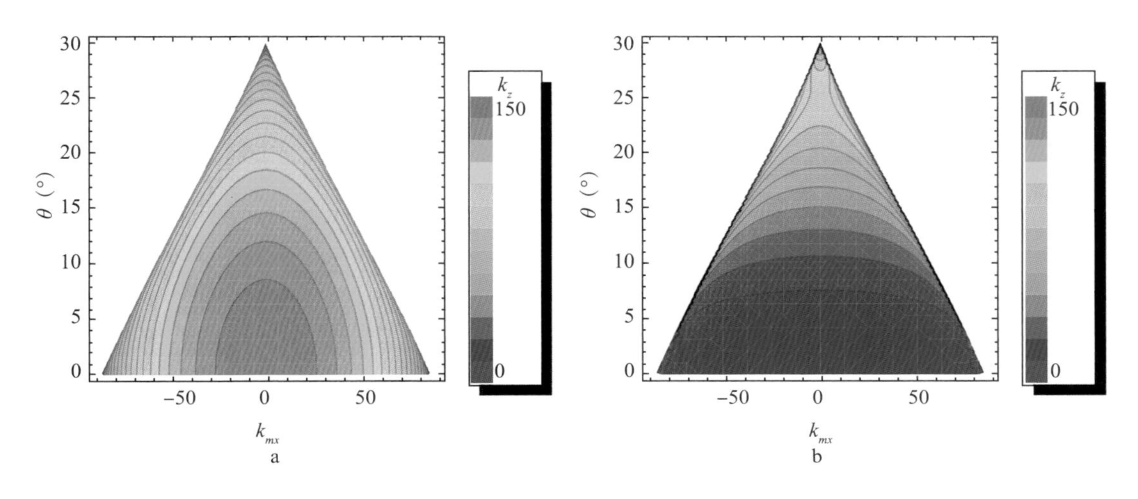

图 6.8　倾角约束的各向同性介质模型（DTI）中作为中心点波数和角度的函数垂直波数k_z分布图对应DTI模型NMO速度为2.0km/s，倾斜方向的速度为$v_T=1.8$km/s，$\eta=0.3$（a图），b图为计算DTI模型结果同$v=1.8$km/s的各向同性模型结果之间的差异。波数的单位为km^{-1}（Alkhalifah和Sava，2010）

行相移而得到 u（k_m，k_h，ω，$z+\Delta z$）；

（5）对于深度 $z = z+\Delta z$ 重复上述过程。

这个流程提供了 DTI 介质的角度域成像道集。本方法在连续向下延拓时可以更好地处理照明，同时保持对反射角度的均匀采样。

6.2.6 适用范围

前面介绍的 DTI 介质假设并不适用于所有的情况。事实上，这样的假设本身就意味着有一个平滑的界面，因为不可能对某个绕射点做这种约束，而光滑的界面也是角道集计算所基于的平面波假设所需要的条件。在此建议用 DTI 作为建模的开发工具，利用这种工具通常可以在像墨西哥湾这样的地区进行速度建模。DTI 模型必须从符合这个假设的反射数据中提取，但是其不包含盐丘侧翼。这种方法在盐丘周围和盐下构造构建模时是很方便的，虽然盐顶和盐侧翼的反射层并不符合这个假设，但盐底反射符合这个假设，因为各向同性介质是一个各向异性参数 $\eta=\delta=0$ 的 DTI 模型的特例。此外，盐下反射也满足这一约束条件，无论这些反射是否在各向同性介质中或假定的 DTI 模型中。射线是否已经旅行过 VTI 介质或者 TTI 介质并不重要，重要的是在应用 DTI 成像或角度域道集分析时反射点处的特征，这里最重要的是 FWI 梯度变化。DTI 模型使我们避免了需要计算和开发背景对称轴模型，所以它是一个方便用于 FWI 梯度计算的模型。

6.3 速度分析

估算叠前偏移或 FWI 初始模型所必需的各向异性参数是地震资料处理中最具挑战性的问题之一。虽然最近的发展已经简化了垂向速度变化介质的相关问题，但各向异性复杂介质的速度估算对大多数人来说仍然是个难题。我们已经具备了在各向异性介质中根据给定的实验速度模型获取旅行时的能力，同样也可以基于所测量的旅行时来获取旅行时剩余时差或者动校剩余时差。各向异性介质中的关键问题在于如何根据给定残差来更新速度模型（或者更确切地说，它的多参数性质）。残差是由哪一个参数控制的？它肯定不止一个参数，那么在这种情况下我们如何解决这个多参数问题？

这里来看一个基于先验信息的方法，该方法考虑到了各向异性介质中参数估计的限制。由于油页岩层会造成各向异性，大量页岩层的位置通常都能提前预知（通过地质调查），可以根据这些岩层很简单地通过设定 η 大于 0 来构建模型中的各向异性层。图 6.2 显示一个表示页岩地层区的例子。如何给这个层选择某个 η 值就是基于个人经验和实际判断了，一个可行的方式是试验不同的 η 值然后评估其成像成果。

用图 6.2 中的模型，把这个 VTI 模型的旅行时与对应 $\eta=0$（各向同性）模型进行对比（图 6.9），盐下区域放大图（图 6.10）展示了该 η 对旅行时的影响。假如把图 6.2 中的 η 值减半得到一个新 η 模型，其构造相同但新 η 值是图 6.2 中的一半，图 6.11 显示的是对应旅行时及它同各向同性旅行时的差异。由于在新模型中使用了较低的 η 值，因此在图 6.11 中各向异

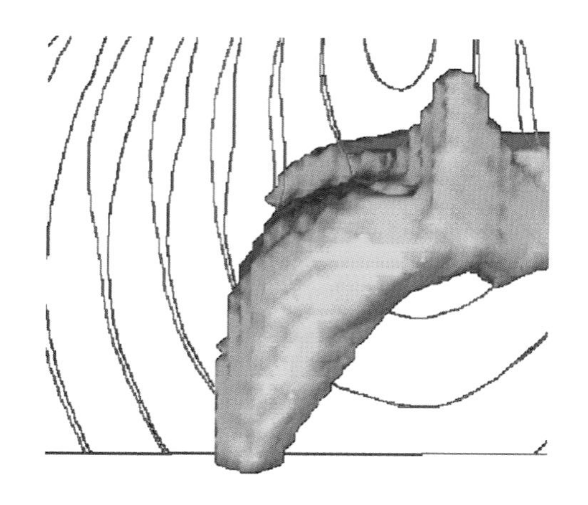

图 6.9　旅行时等值线的垂直切片图

其中蓝线为新各向异性模型旅行时等值线，紫色为各向同性模型旅行时等值线。$\eta=0$时各向同性模型与各向异性模型速度相同

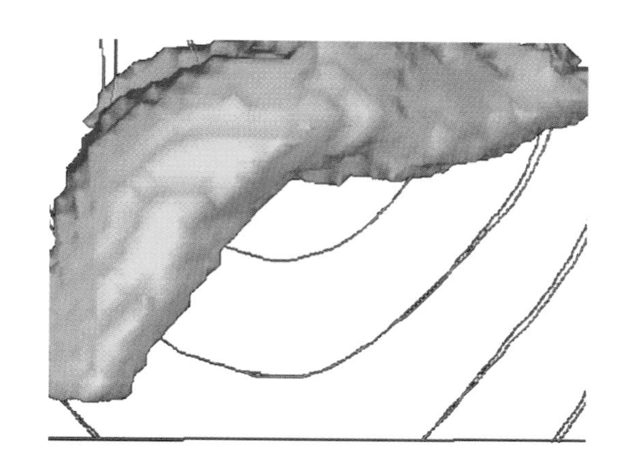

图 6.10　图6.9盐下旅行时场放大图

从图中可以看到更多细节

性与各向同性的旅行时差异要比图 6.9 更小。图 6.11 所显示的新的各向异性旅行时场将导致与图 6.9 不同的成像结果和不同于的速度模型。可以用这种方式构建更多的试验模型，然后应该保留其中成像结果最好的模型。

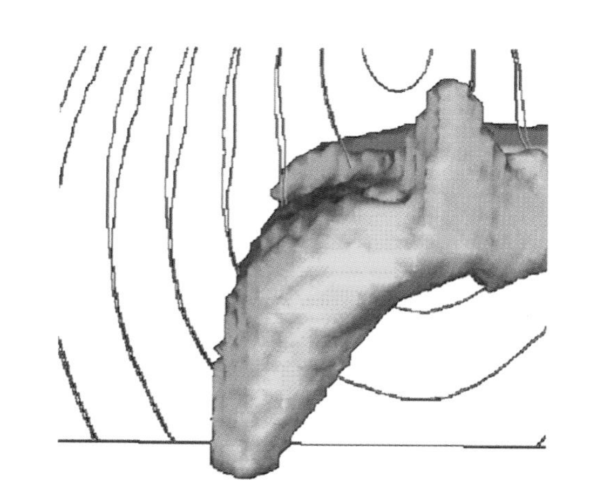

图 6.11　旅行时等值线的垂直切片图

其中蓝线为各向异性模型旅行时等值线，紫色为各向同性模型旅行时等值线$\eta=0$时各向同性模型与各向异性模型速度相同

6.3.1　非均质性背景下的速度模型

要想使各向异性参数估算能够有效发挥作用，需要以某种方式来减弱反演问题中的多参数特点。其中一个很好的选择是假设速度已知，具体来说就是假设各向同性速度已知。在很多时候这个由近偏移距信息求取的速度代表了各向异性情况下的 NMO 速度。现今的偏移速度分析方法（MVA）都聚焦近偏移距信息，为了提高效率，微分近似度算子（DSO）也是通过近偏信息来实现的。由于在估算中忽略了各向异性，这个速度模型可能包含误差，但在后续处理中可以进行改进。

6.3.2　各向异性介质中的程函方程

描述各向同性介质中旅行时的程函方程，具有如下形式，即

$$v^2(x,y,z)(\nabla\tau)^2=1 \tag{6.31}$$

式中，τ（x，y，z）是从震源到坐标为（x，y，z）地下点的观测旅行时（程函）；v是这一

点的速度。这一章的余下部分都会用v来代表动校正速度，它在各向同性介质中等同于介质速度。要把公式（6.31）表达为一个适定的初值问题，在一些封闭曲面给定τ并选择两个解中的一个解（即从激发点出发或者到达激发点）就足够了。

对于椭圆各向异性介质（Dellinger和Muir，1988），程函方程是以下形式，即

$$v^2(x,y,z)\left(\left(\frac{\partial\tau}{\partial x}\right)^2+\left(\frac{\partial\tau}{\partial y}\right)^2\right)+v_{\mathrm{v}}^2(x,y,z)\left(\frac{\partial\tau}{\partial z}\right)^2=1 \tag{6.32}$$

式中，$v = v_h$，v_h是水平速度。该方程式与公式（6.31）类似，但是对于垂向和横向旅行时导数前具有不同的系数，并且分别由垂向和横向速度给定。在均匀介质内不同的系数会导致椭圆形波前面，同样在程函方程有限差分计算的每一步都是椭圆旅行时关系。

对于 VTI 介质，声波近似的程函方程（Alkhalifah，2000）其与各向同性介质或椭圆各向异性有很大差异，它有如下形式，即

$$v^2(1+2\eta)\left(\left(\frac{\partial\tau}{\partial x}\right)^2+\left(\frac{\partial\tau}{\partial y}\right)^2\right)+v_{\mathrm{v}}^2\left(\frac{\partial\tau}{\partial z}\right)^2\left\{1-2\eta v^2\left[\left(\frac{\partial\tau}{\partial x}\right)^2+\left(\frac{\partial\tau}{\partial y}\right)^2\right]\right\}=1 \tag{6.33}$$

这个四次方程（用τ来表示）的非线性程度比各向同性或椭圆各向异性介质的程函方程要高。这致使 VTI 程函方程的有限差分近似解更加复杂。程函方程的非线性使得其解存在多个分支。多值程函方程解包含了不同种类的波（直达波、反射波、折射波、首波等）及焦散所导致的多个走时分支。

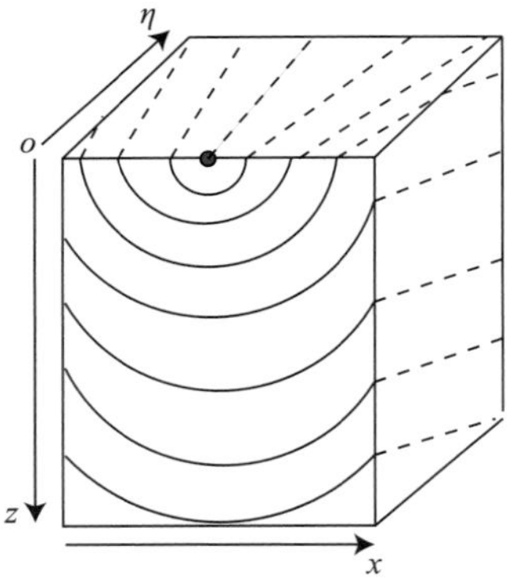

图 6.12　表明$\eta = 0$时和η大于0时背景走时场间关系的示意图

其中在$\eta = 0$顶部的黑圆点代表震源（Alkhalifah，2011）。随着η增加，根据泰勒级数所表示的近似展开关系，所计算的走时尤其是水平方向会逐步增加（即对简单一阶泰勒展开）

公式（6.33）可以通过解四阶方程解出来（而各向同性和椭圆各向异性只需要求解二阶方程）或者可以使用扰动理论通过求解一系列简单线性方程来近似计算（Buchanan和Turner，1978）。考虑到η值为常数且很小，可以将旅行时解表达为一系列η值的展开形式。这将得到一个在空间域内全局性的解，尽管该近似是基于较小η值推导的，但在后面会看到，其对于较大的η值的也具有较高的精度。常数η值假设一个对η的因子化介质（这种假设对η模型的开发和应用是有用的），然而，其他类型的速度包括v_{v}和v（或δ）都是可以自由变化的。图 6.12 阐明了全局展开的概念，根据全旅行时场在$\eta = 0$时特点来预测对应任意η值的旅行时。特别地，将其替代为如下的试验解，即

$$\tau(x,y,z)\approx\tau_0(x,y,z)+\tau_1(x,y,z)\eta+\tau_2(x,y,z)\eta^2+\tau_3(x,y,z)\eta^3 \tag{6.34}$$

式中，τ_0，τ_1，τ_2，和τ_3都是程函方程（6.33）的展开系数，单位为旅行时。为了实际应用的目的，在此只考虑了展开式的四项。结果，τ_0满足易于求解的椭圆各向异性的程函方程，而τ_1，τ_2，τ_3满足线性一阶偏微分方程，有以下通用表达式，即

$$v_{\mathrm{v}}^{2}\frac{\partial\tau_0}{\partial z}\frac{\partial\tau_i}{\partial z}+v^{2}\frac{\partial\tau_0}{\partial y}\frac{\partial\tau_i}{\partial y}+v^{2}\frac{\partial\tau_0}{\partial x}\frac{\partial\tau_i}{\partial x}=f_i(x,y,z) \tag{6.35}$$

式中，$i=1$，2，3；函数f_i（x，y，z）为震源项，其随着i的增大变得更加复杂，并且只能顺序求解。因此，这些线性偏微分方程只能由$i=1$开始顺序求解。一旦在利用下文中所探讨的快速推进算法求解τ_1和 τ_2后，可以以其为基础利用一阶Shanks变换来预测旅行时，最终的公式具有如下形式，即

$$\tau(x,y,z)\approx\tau_0(x,y,z)+\frac{\eta\tau_1^2(x,y,z)}{\tau_1(x,y,z)-\eta\tau_2(x,y,z)} \tag{6.36}$$

为了得到更高阶的精度，需要对 τ_3 求解一个额外的线性偏微分方程，并且利用二阶 Shanks 变换（Buchanan 和 Turner，1978）得到如下的走时表达式，即

$$\tau(x,y,z)\approx\tau_0(x,y,z)+\eta\left(\tau_1(x,y,z)+\frac{\eta\tau_2^2(x,y,z)}{\tau_2(x,y,z)-\eta\tau_3(x,y,z)}\right) \tag{6.37}$$

选择公式（6.36）还是式（6.37）进行走时计算取决于更看重计算精度还是计算效率。如果只是进行 η 扫描的话，上述的走时系数（τ_0，τ_1，τ_2，τ_3）只需要计算一次，并且可以结合公式（6.36）或者式（6.37）来搜索最佳的匹配旅行时。

由于是对旅行时沿着 η 进行展开，因此同均匀介质中的非双曲近似类似，可以高效地计算一个以常数 η 为变量的旅行时函数，而对于通常的非均匀介质则是不可行的。在此引入计算 VTI 介质旅行时的线性化程函方程使我们具备在复杂介质中估算各向异性参数的潜力。简单来说，就是通过预先计算 η 展开式的各个系数项，可以直接解析地得到对于一定范围 η 值的许多走时解。这个特点可以得到水平轴参数为 η 而不是速度的相似度谱。

在此，利用 Marmousi 模型来验证对于非均匀介质的上述论断。为进行成像道集分析（或者是爆炸反射假设），在 Marmousi 模型的成像点处设定了一个震源，该震源位于深度为 2400m 的假定的勘探目标区。图 6.13 展示了各向同性假设下的走时等值线图（长虚线）

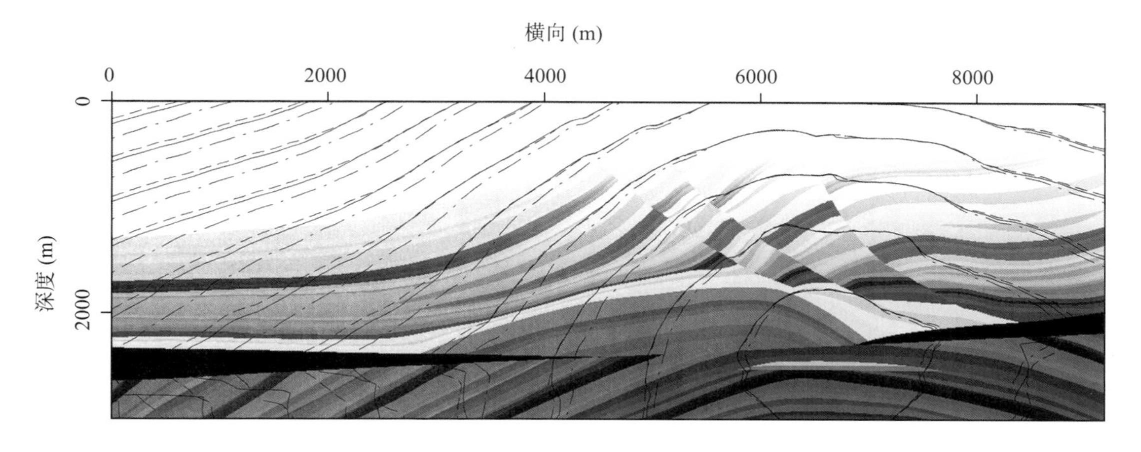

图 6.13 Marmousi模型的走时轮廓图

其中长虚线为各向同性模型结果，实线为利用程函方程计算的$\eta=0.1$的VTI模型结果，虚线为Shanks变换的计算结果。震源位于x轴6700m和垂直轴2400m处

及 η = 0.1 时利用 VTI 介质程函方程有限差分解求得的走时轮廓图（实线），以及利用基于 Shanks 变换的线性微分方程求得的走时等值线图（虚线）。各向同性结果和各向异性曲线的差别在对应着水平传播的波前面垂直部分是明显的。线性化近似对于非垂直波前的精度是合理的，尤其是对于传播到地表的部分。

如图 6.13 所示的是图 6.14 震源对于利用公式（6.36）所表示的 Shanks 变换解析公式所计算出的一定范围 η 值求得的在地表的走时响应。展开式的各个系数项是基于 Marmousi 速度模型利用公式（6.35）计算出来的。这里从 0 到 0.5 的 η 值范围对走时场具有合理较大的影响，其中靠近边界最快到达的初至对应于 η = 0.5。注意由于模型速度的复杂性，最小的走时并不在震源的正上方 6700m 处。同样有意思的是，走时扰动沿着波前的水平方向是明显均匀的。

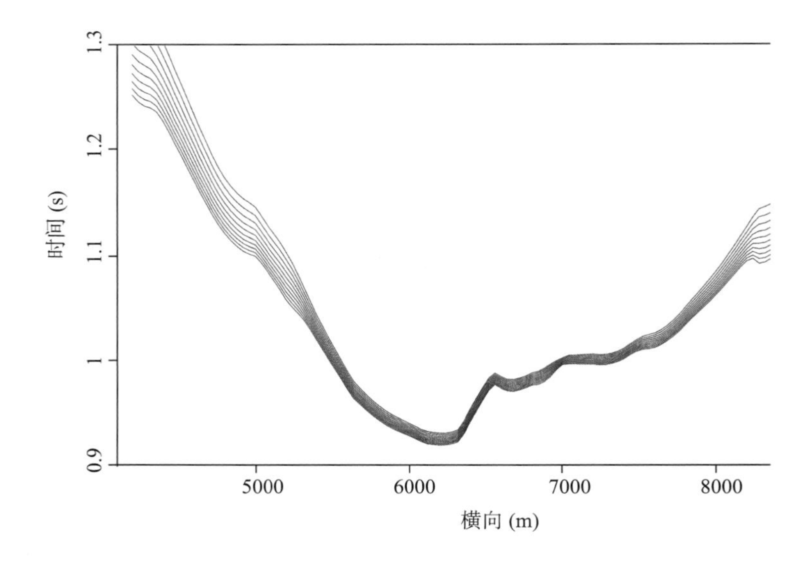

图 6.14　对应由0到0.5，间隔为0.05的一系列的η场所计算的以地表横向位置（深度为零）为变量表示的走时函数（Alkhalifah，2011），对应的震源与图8.15相同

6.3.3　波场扰动

对于较小的 Δt，波场延拓算子可以表示为（Wards 等，2008）

$$P(t+\Delta t,\boldsymbol{x}) \approx \int P(t,\boldsymbol{k})\mathrm{e}^{\mathrm{i}\phi(\boldsymbol{x},\boldsymbol{k})\Delta t+\mathrm{i}\boldsymbol{k}\cdot\boldsymbol{x}}\mathrm{d}\boldsymbol{k} \tag{6.38}$$

式中，P（t，$\boldsymbol{k}$）为t时刻由$\boldsymbol{k}$ =（k_x，k_y，k_z）给出的波数域地震波场；$\boldsymbol{x}$ =（x，y，z）是代表三维空间坐标的向量；$\mathrm{i}=\sqrt{-1}$。利用地震波场的几何近似关系（高频近似），公式（6.38）中的函数ϕ（$\boldsymbol{x}$，$\boldsymbol{k}$）应当满足Alkhalifah（2000）所提出的声波VTI介质程函数方程，即

$$\phi^4-\phi^2\left(v^2(2\eta+1)\left(k_x^2+k_y^2\right)+v_\mathrm{v}^2k_z^2\right)+2v^2v_\mathrm{v}^2\eta k_z^2\left(k_x^2+k_y^2\right)=0 \tag{6.39}$$

其对应的上行 P 波解为

$$\phi_{\mathrm{VTI}}^2=\frac{v_{\mathrm{v}}^2}{2}\left((1+2\delta)(1+2\eta)\left(k_x^2+k_y^2\right)+k_z^2+\right.$$

$$\left.\sqrt{(1+2\delta)^2(1+2\eta)^2\left(k_x^2+k_y^2\right)^2+2(1+2\delta)(1-2\eta)k_z^2\left(k_x^2+k_y^2\right)+k_z^4}\right) \tag{6.40}$$

注意到，在公式（6.40）中，垂直速度 v_{v} 是可以分解出来的（或可能是 NMO 速度，v），这样会在以后起到加速实施速度的作用。

对公式（6.40）求取沿着 η 的泰勒展开或等效地假设 η 很小，这样替代如下的试验解，即

$$\phi\approx\phi_0+\phi_1\eta+\phi_2\eta^2 \tag{6.41}$$

代入到公式（6.39）中，从而得到一个 η 的多项式。对非零 η 将多项式的系数设为 0 以使其满足方程（6.39）得到$\phi_0=v_{\mathrm{v}}\sqrt{(1+2\delta)\left(k_x^2+k_y^2\right)+k_z^2}$，它为垂向椭圆各向异性介质的相位算子，以及

$$\phi_1=v_{\mathrm{v}}\frac{(1+2\delta)^2\left(k_x^2+k_y^2\right)^2}{\left((1+2\delta)\left(k_x^2+k_y^2\right)+k_z^2\right)^{3/2}} \tag{6.42}$$

和

$$\phi_2=v_{\mathrm{v}}\frac{(2\delta+1)^3\left(k_x^2+k_y^2\right)^3\left[4k_z^2-(2\delta+1)\left(k_x^2+k_y^2\right)\right]}{2\left[(2\delta+1)\left(k_x^2+k_y^2\right)+k_z^2\right]^{7/2}} \tag{6.43}$$

注意到，正如所希望的那样，对于所有的系数（ϕ_0，ϕ_1，ϕ_2），垂向速度是可以分解出来的，并且此时系数公式中只有 δ 项（该参数对地震成像的影响是最小的）（Alkhalifah 和 Tsvankin，1995）。

公式（6.41）的近似精度可以利用 Shanks 变换来提高（Buchanan 和 Turner，1968），对应的表达式为

$$\phi\approx\phi_0+\frac{\eta\phi_1^2}{\phi_1-\eta\phi_2}=v_{\mathrm{v}}\left(\hat{\phi}_0+\frac{\eta\hat{\phi}_1^2}{\hat{\phi}_1-\eta\hat{\phi}_2}\right) \tag{6.44}$$

式中，$\hat{\phi}_i=\dfrac{\phi_i}{v_{\mathrm{v}}}$。Shanks变换是一个非线性的级数加速方法，作用是用来提高序列的收敛速度。公式（6.41）和（6.44）近似表达式的关键特点是它们可以由速度中将η的贡献分离到波场延拓中。进一步的近似可以将相位算子完全分离出来。特别地，可以利用泰勒级数来计算下述公式，即

$$\begin{aligned}\mathrm{e}^{\mathrm{i}\phi\Delta t}&=\mathrm{e}^{\mathrm{i}\phi_0\Delta t}\mathrm{e}^{\mathrm{i}\frac{\eta\phi_1^2}{\phi_1-\eta\phi_2}\Delta t}\\&\approx\mathrm{e}^{\mathrm{i}\phi_0\Delta t}\left(1+\mathrm{i}\frac{\eta\phi_1^2}{\phi_1-\eta\phi_2}\Delta t\right)\\&\approx\mathrm{e}^{\mathrm{i}\phi_0\Delta t}+\mathrm{i}\mathrm{e}^{\mathrm{i}\phi_0\Delta t}\frac{\eta\phi_1^2}{\phi_1-\eta\phi_2}\Delta t\end{aligned} \tag{6.45}$$

式中，最后一项为各向异性参数η对波场延拓的贡献。此时，相位函数ϕ是依赖时间步长Δt的。在此测试这些近似公式的精度。考虑一个VTI模型，对应的速度$v_{\mathrm{v}}=2\mathrm{km/s}$，$v=2.1\mathrm{km/s}$。图6.15展示了$\eta=0.1$（a）及$\eta=0.3$（强各向异性）（b）时新近似公式的精度，尤其是应用Shank变换后公式（6.44）的精度（虚线）。$\eta=0.3$（强各向异性）时，误差小于1%，并且随着传播角度（同垂向的夹角）的增大而增大。考虑到所有地方$k_z=1\mathrm{km}^{-1}$，在误差分析图中所考虑到的水平波数范围代表了达到87°的传播角度。

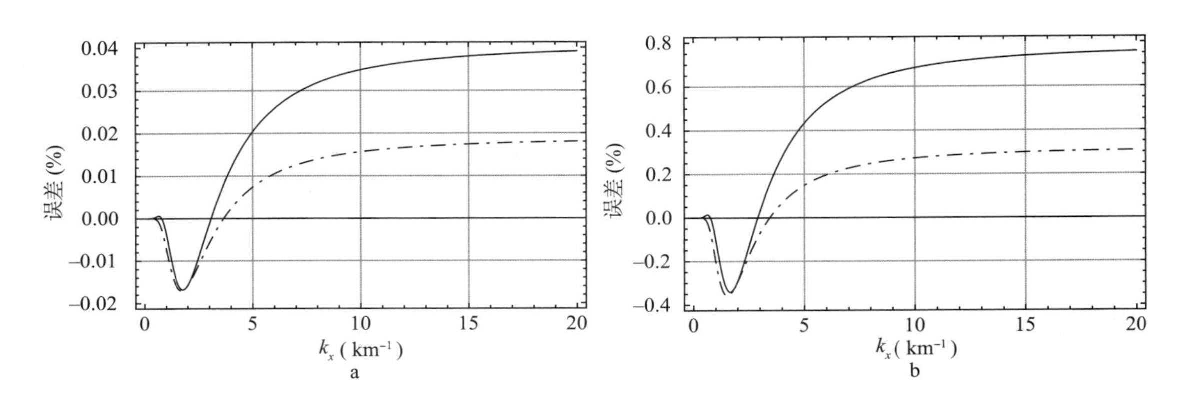

图 6.15　分别利用公式（6.41）二阶展开（实线）和公式（6.44）Shanks变换（虚线）所求取的VTI延拓算子相位百分比误差图

图a对应的$\eta=0.1$，图b对应的$\eta=0.3$。两个模型对应的$v_{\mathrm{v}}=2\mathrm{km/s}$，$v=2.1\mathrm{km/s}$。垂向波数$k_z=1\mathrm{km}^{-1}$，以此计算的$k_x=20\mathrm{km}^{-1}$，对应的波传播方向同垂向轴的夹角为87°

利用公式（6.45）中的线性近似，并分别应用扰动项，可以将椭圆各向异性的计算同受η影响的各向异性项的计算完全分离开来。图 6.16 对比了对应 3 个不同的时间采样间隔时，Shanks 变换结果（实线）和公式（6.45）表示的引入额外扩展项后的结果（虚线）。所有 3 个采样间隔均取得了实际的结果，特别是小水平波数的误差是可以忽略不计的。当然，当$k_x=0$时，对于所有的展开式误差为 0，因为其对应着垂向传播，因此不受η的影响。

公式（6.45）所示的波场延拓算子的线性化近似，同样可以在延拓的波场中引入振幅分量。对于直接应用相位算子的泰勒级数展开，该分量会导致延拓过程的不稳定，尤其是对于大的时间步长。该展开式仅仅同波场延拓算子的各向异性分量相关，在这种情况下，该近似所引入的振幅分量应该是相对小的。图 6.17 展示了对应 3 个不同的时间步长（范围由 0.004s 到 0.02s）的线性化 Shanks 变换的振幅分量。可以看到，在所有情况下，由虚线和期望值之间差异所得到的误差都会很小。而如果选择一个实际中常用的时间采样率$\Delta t=0.004\mathrm{~s}$时，误差是完全可以忽略不计的。

这个基于η的扩展式可以通过简单地旋转波数来用于倾斜对称轴，接下来我们将研究对称轴的扩展式。

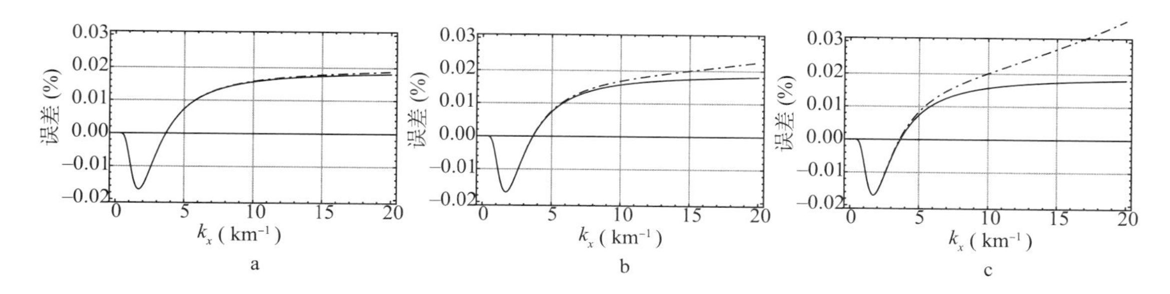

图 6.16 分别利用公式（6.44）Shanks变换（实线，对应着图6.15a中的实线）和公式（6.45）表示的指数项附加线性近似解求取的VTI延拓算子的相位百分比误差图

图a对应的时间步长为0.004s，图b为0.01s，图c为0.02s。VTI模型对应的参数为$\eta = 0.1$，$v_v = 2$km/s，$v = 2.1$km/s，垂向波数为$k_z = 1$km^{-1}

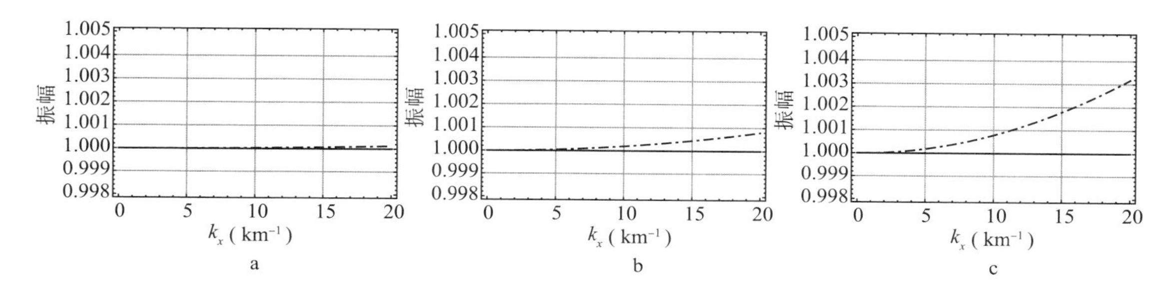

图 6.17 精确VTI外推算子（实线，等于1的振幅分量）和线性化Shanks变换展开公式（6.45）（虚线）的振幅分量

对于$\Delta t =$ 0.004 s（a），$\Delta t =$ 0.01 s（b），以及$\Delta t =$ 0.02 s（c），VTI模型对应的参数为$\eta = 0.1$，$v_v = 2$km/s，$v = 2.1$km/s，垂向波数为$k_z = 1$km^{-1}

6.3.4 实施过程

实际的实施过程依赖于如何从公式（6.38）所示的积分公式之外的相移算子中提取可任意分解的介质参数，并计算能处理相位函数的混合空间—波数域特征的谱方法所剩余的因子项。一种兼顾效率和精度的谱方法是 Fomel 等（2013）所提出的处理混合域算子的低秩算法。通过将复杂性因式分解到积分之外，可以降低波场延拓算子的秩表达式。举例来说，在对称轴倾斜时，如果 η 和 δ 是常数，那么公式（6.38）中的谱分量简化为 VTI 背景介质。相对于 TTI 介质，VTI 介质可以允许更低的秩（Fomel 等，2013）。

因此，在因式分解后的各向异性介质中，δ 和 η 可以作为常量。此时，公式（6.45）表示的各向异性项具有同各向同性（或者椭圆各向异性）算子相同的秩。当对称轴倾斜时，也可以得到相似的特性，并且可以将对称轴角度以二阶的形式由积分公式中分解出来。同时，若假定常规的地震采集方式，也就是地表采集，假定难以求取准确的 δ，并且对成像的影响也会很有限。此时考虑 δ 为常数就是一个合理的近似。在这种情况下，我们就可以利用 η 对于线性化公式（6.45）中的二阶近似将其从积分公式中分解出来。

在 VTI 介质中，可以设定 δ 为常数，此时基于公式（6.44）的二阶展开，公式（6.38）可以表示为

$$P(t+\Delta t,\boldsymbol{x}) \approx \int P(t,\boldsymbol{k})\mathrm{e}^{\mathrm{i}\phi_0(\boldsymbol{x},\boldsymbol{k})\Delta t+\mathrm{i}\boldsymbol{k}\cdot\boldsymbol{x}}\mathrm{d}\boldsymbol{k} + \eta(\boldsymbol{x})v_\mathrm{v}(\boldsymbol{x})\int P(t,\boldsymbol{k})\hat{\phi}_1\mathrm{e}^{\mathrm{i}\phi_0(\boldsymbol{x},\boldsymbol{k})\Delta t+\mathrm{i}\boldsymbol{k}\cdot\boldsymbol{x}}\mathrm{d}\boldsymbol{k} + \eta^2(\boldsymbol{x})v_\mathrm{v}(\boldsymbol{x})\int P(t,\boldsymbol{k})\hat{\phi}_2\mathrm{e}^{\mathrm{i}\phi_0(\boldsymbol{x},\boldsymbol{k})\Delta t+\mathrm{i}\boldsymbol{k}\cdot\boldsymbol{x}}\mathrm{d}\boldsymbol{k} \tag{6.46}$$

注意到，这个被积函数是独立于参数 η 的。尽管此时面临的是 3 个被积函数，但是其中的两个由 η 扰动引起，因此，对于一个剩余残差，只需要其中的两项即可，而对于较小的 η，只需要其中的一项（线性近似）。

为了用扰动的方式来表达公式（6.46），将扰动波场表示为

$$\Delta P(t,\boldsymbol{x}) = P(t,\boldsymbol{x}) - P_0(t,\boldsymbol{x}) \tag{6.47}$$

式中，P_0是背景波场，其对应着背景速度模型，在此是椭圆各向异性模型。下一个时间步长的扰动波场可以表示为

$$\Delta P(t+\Delta t,\boldsymbol{x}) \approx \int \Delta P(t,\boldsymbol{k})\mathrm{e}^{\mathrm{i}\phi_0(\boldsymbol{x},\boldsymbol{k})\Delta t+\mathrm{i}\boldsymbol{k}\cdot\boldsymbol{x}}\mathrm{d}\boldsymbol{k} + \eta(\boldsymbol{x})v_\mathrm{v}(\boldsymbol{x})\int P(t,\boldsymbol{k})\hat{\phi}_1\mathrm{e}^{\mathrm{i}\phi_0(\boldsymbol{x},\boldsymbol{k})\Delta t+\mathrm{i}\boldsymbol{k}\cdot\boldsymbol{x}}\mathrm{d}\boldsymbol{k} + \eta^2(\boldsymbol{x})v_\mathrm{v}(\boldsymbol{x})\int P(t,\boldsymbol{k})\hat{\phi}_2\mathrm{e}^{\mathrm{i}\phi_0(\boldsymbol{x},\boldsymbol{k})\Delta t+\mathrm{i}\boldsymbol{k}\cdot\boldsymbol{x}}\mathrm{d}\boldsymbol{k} \tag{6.48}$$

在使用针对相移动算子的相关近似时，该公式提供了精确的波场扰动解，对于较小的 η，扰动波场可以近似表示为

$$\Delta P(t+\Delta t,\boldsymbol{x}) \approx \int \Delta P(t,\boldsymbol{k})\mathrm{e}^{\mathrm{i}\phi_0(\boldsymbol{x},\boldsymbol{k})\Delta t+\mathrm{i}\boldsymbol{k}\cdot\boldsymbol{x}}\mathrm{d}\boldsymbol{k} + \eta(\boldsymbol{x})v_\mathrm{v}(\boldsymbol{x})\int P_0(t,\boldsymbol{k})\hat{\phi}_1\mathrm{e}^{\mathrm{i}\phi_0(\boldsymbol{x},\boldsymbol{k})\Delta t+\mathrm{i}\boldsymbol{k}\cdot\boldsymbol{x}}\mathrm{d}\boldsymbol{k} \tag{6.49}$$

特别地，舍弃正比于 $\eta\Delta P$（t，k）和 η^2 的项，此时公式中的第二项依赖于背景波场。其等价于常规的各向同性波场延拓所使用的线性化 Born 近似。当扰动不超过半个主波长的尺度范围时，该方法可以得到合理的结果。该公式使得我们可以在波场延拓前计算公式（6.49）中的第二项积分。即使是对于倾斜的对称轴，也可以通过旋转波数的方式来实现并且聚焦把合适的 η 场匹配到同扰动波场残差上。

图 6.18d 显示了该模型部分的参数场。使用的最高频率是 50Hz。空间网格间距是 12.5m，时间步长是 1ms。首先测试更精确的 η 展开方式，对于倾斜的对称轴，对公式（6.45）中的波数进行旋转。图 6.19a 为使用了精确相位算子的声波波场快照，而图 6.19b 所显示的是对公式（6.45）应用了线性化 Shanks 变换后计算求得的波场。图 6.19c 展示了两者之差（在此使用了相同的显示尺度），可以看到两者之间的差别很小。图 6.19d 显示了应用了 η 校正后的扰动波场。在对称轴方向，η 的影响较小，因此扰动波场在该方向上存在空缺。

用公式（6.49）所表示的波场扰动公式所计算得到的声波波场的快照如图 6.20 所示，可以看到其同图 6.19d 所示的精确解的差异是明显的，其差异在图 6.20b 中得到展示。然而，在 η 影响比较小的区域，两者的差异是很小的。这也就意味着近似的扰动波场算子可以用来预测 η 敏感的区域。因此，近似算子和精确算子当 η 趋于 0 时具有相同的特性。

这种扰动波场的实现方式直观地展示了波场对 η 的敏感性，因此可以从观测数据中获取对地下 η 扰动的照明。很明显，η 主要影响了正交于对称轴方向的波场传播。对于具有复杂的对称轴场的复杂介质，利用常规的地震波传播方法，该信息是不容易获取的。然而，

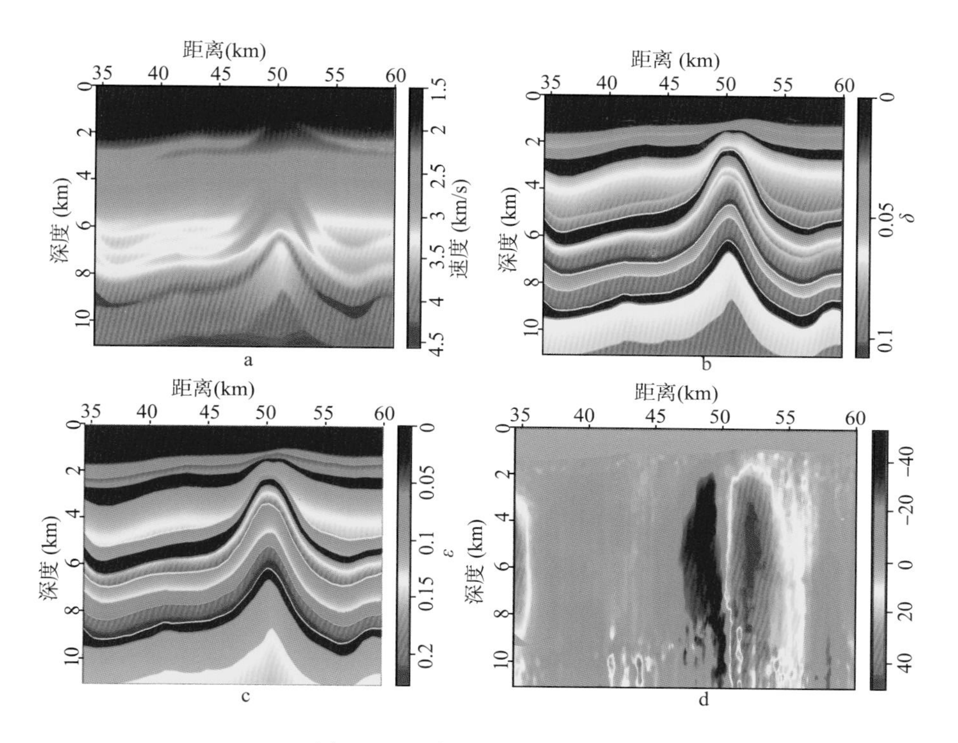

图 6.18 局部的2D BP TTI模型

图a为对称轴方向的速度v，图b为δ，图c为ε；图d为对称轴倾角方向

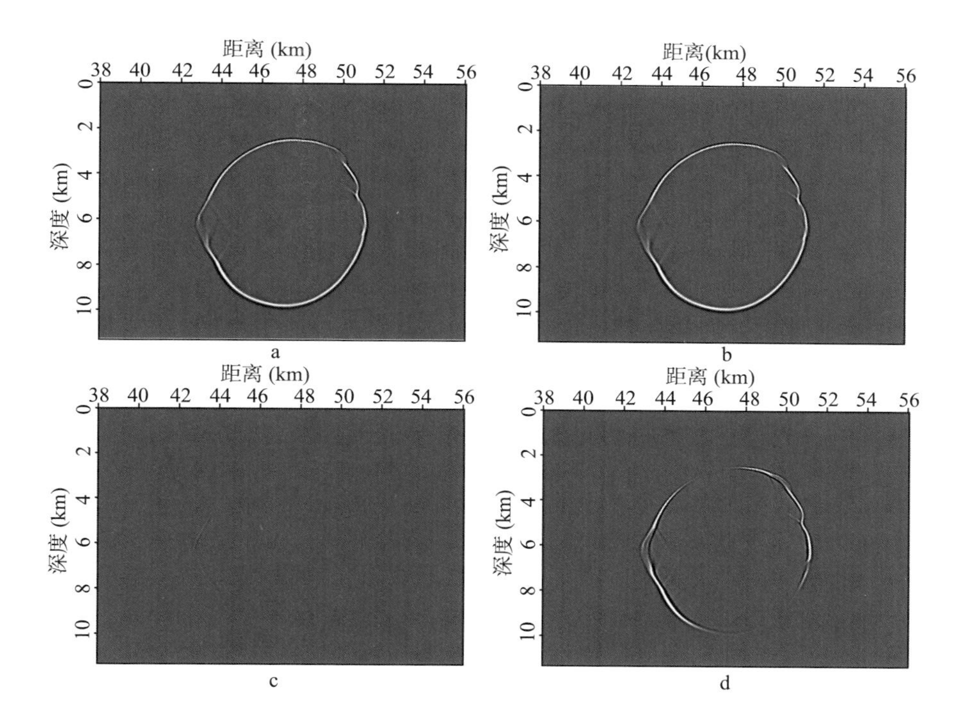

图 6.19 图6.18所展示的2D BP TTI模型的标量波场快照

图a对应精确算子，图b对应线性Shanks变换，对c为两者之差，图d为各向异性（η）剩余波场，所有的图均以相同的比例显示

η 扰动波场可以直接提供这样的敏感性信息，正如图 6.19d 中部分展示的那样。使用公式（6.49）表示的近似扰动延拓算子就可保证其有效地实施。

将图 6.18a 所示模型中的震源布置在地表，可以得到图 6.21 所示的敏感性场在 3.4s 时的快照。当然，敏感性场随着由主波长所控制厚度的波前变化，而主波长依赖于地下速度。在水平的波传播方向，其具有较大的值，但是由于对称轴向右侧倾斜，敏感性场和分辨 η 的能力向左边更强。因此对于该震源，在 η 场的分辨度上存在明显的空缺，也就是说需要其他震源的波场覆盖来提高 η 场的分辨率。

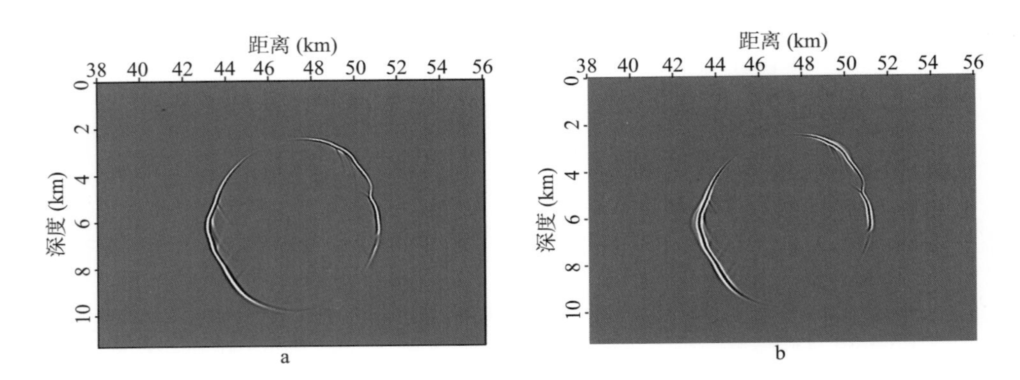

图 6.20　图a为以公式（6.49）所表示的近似公式计算的2D BP TTI模型的扰动波场快照（类似于Born），图b为近似扰动解同精确解的差异。以相同的绘图比例显示

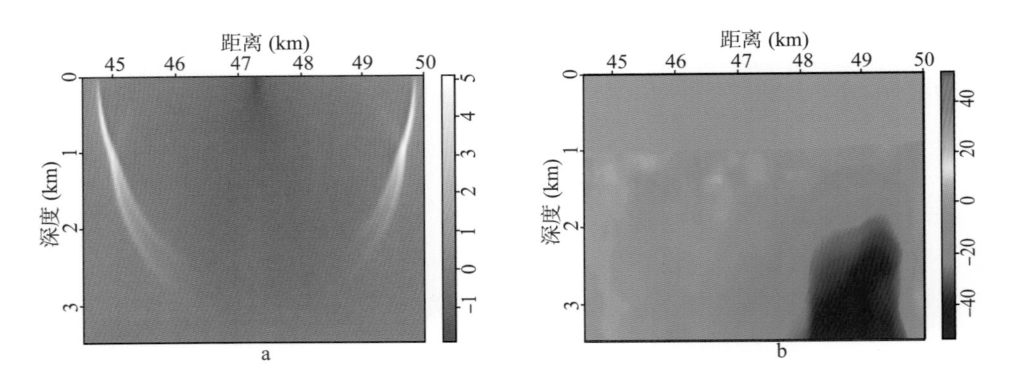

图 6.21　图a为BP TTI模型中震源位于47.25km处的敏感度核函数在3.4s的波场快照，右图b为相同剖面的倾角场

6.4　小结

考虑到各向异性很弱，因此可以将波场相对于小的各向异性扰动线性化，这也就提供了一个将波场扰动和各向异性联系起来的方法。由于波动方程的线性本质，震源与其产生的波场之间的关系是线性的。然而对于实际介质参数并不是线性的，使用波恩近似可将其进行线

性化，因为扰动对于入射波场的反应，如同独立的第二震源一样。如果有一个精确的背景模型，这个过程对于成像是可以接受的，但是如果背景模型并不精确，那么线性化就不够了。这个表述对于 FWI 也同等重要，因为更新过程也是基于模型和数据之间的线性关系。所以根据本章内容，当给一个很精确的速度模型加入扰动时，就会产生这样的问题：各向异性效应的线性部分是否足够？这个问题将会在下一章中重点解决。在本章中给出的是线性各向异性对应的波场公式。

参考文献

Alkhalifah, T. (1998). Acoustic approximations for processing in transversely isotropic media. *Geophys-ics*, 63, 623–631.

Alkhalifah, T. (2000). An acoustic wave equation for anisotropic media. *Geophysics*, 65, 1239–1250.

Alkhalifah, T. (2011). Scanning anisotropy parameters in complex media. *Geophysics*, 76, U13–U22.

Alkhalifah, T., & Bednar, J. (2000). Building a 3-D anisotropic model: Its implications to traveltime cal-culation and velocity analysis. *70th Annual International Meeting Calgary, Society of Explora-tory Geophysics*. 965–968.

Alkhalifah, T., & Fomel, S. (2009). Angle gathers in wave-equation imaging for VTI media. *SEG Technical Program Expanded Abstracts*, 28, 2899–2903.

Alkhalifah, T., & Sava, P. (2010). A transversely isotropic medium with a tilted symmetry axis normal to the reflector. *Geophysics*, 75, A19–A24.

Alkhalifah, T., & Tsvankin, I. (1995). Velocity analysis for transversely isotropic media. *Geophysics*, 60, 1550–1566.

Audebert, F. S., Pettenati, A., & Dirks V. (2006). TTI anisotropic depth migration—Which tilt estimate should we use? *EAGE, Expanded Abstracts*, P185.

Berkhout, A. J., (1982). Imaging of acoustic energy by wave field extrapolation. Elsevier.

Buchanan, J. L., & Turner, P. R. (1978). Numerical methods and analysis. McGraw-Hill, Inc.

Claerbout, J. F. (1985) Imaging the earth's interior. Blackwell Scientific Publications.

Clayton, R. W., & Stolt, R. H. (1981). A Born-WKBJ inversion method for acoustic reflection data. *Geophysics*, 46, 1559–1567.

Dellinger, J., & Muir, F. (1988). Imaging reflections in elliptically anisotropic media (short note). *Geophysics*, 53, 1616–1618.

Fomel, S., Ying, L., & Song, X. (2013). Seismic wave extrapolation using lowrank symbol approximation. *Geophysical Prospecting*, 61, 526–536. doi: 10.1111/j.1365–2478.2012.01064.x.

Goldin, S. V. (1986). Seismic traveltime inversion. Society of Exploration Geophysicists.

Rickett, J., & Sava, P. (2002). Offset and angle-domain common image-point gathers for shot-profile migration. *Geophysics*, 67, 883–889.

Sava, P., & Fomel, S. (2005). Coordinate-independent angle-gathers for wave equation migration. *75th Annual International Meeting, SEG, Expanded Abstracts*, 2052–2055.

Sava, P., & Fomel, S. (2006). Time-shift imaging condition in seismic migration. *Geophysics*, 71, S209–S217.

Sethian, J. A., & Popovici, A. M. (1999). Three-dimensional traveltime computation using the fast marching method. *Geophysics*, 64, 516–523.

Stolt, R. H., & Weglein, A. B. (1985). Migration and inversion of seismic data. *Geophysics*, 50, 2458–2472.

Wards, B. D., Margrave, G. F., & Lamoureux, M. P. (2008). Phaseshift timestepping for reversetime migration. *SEG, Expanded Abstracts*, 27, 2262–2266.

Weglein, A. B., & Stolt, R. H. (1999). Migration-inversion revisited (1999). *The Leading Edge*, 18, 950–952.

Yang, T., & Sava, P. (2010). Moveout analysis of wave-equation extended images. *Geophysics*, 75, S151-S161.

7　各向异性介质全波形反演的实用化

各向异性介质反演可归为人们常说的多参数反演类方法。虽然目标函数及更新过程与前面描述的声波各向同性介质（常密度）单一参数的情况相似，但是构成模型空间的模型（控制）点是由具有不同单位和对数据产生不同影响度的多个参数定义的。在这种情况下，当在某一点上用这些参数来描述模型时，除了在这些参数之间存在的固有耦合问题之外，最大的挑战就是这些参数的多尺度（单位）性质及地震数据对这些参数的敏感性问题。就这点而论，Hessian 近似应该包含尺度差异。通常情况下，Hessian 矩阵的对角元素就包含了尺度信息。虽然耦合问题需要利用 Hessian 矩阵的非对角元素，但基于效率的考虑，经常忽略这个问题。因此为了解决耦合这个关键问题，需要找到一个能够减轻该问题的最佳各向异性模型参数 ，这样通过 FWI 才能获得所期待的分辨率。换句话说，就是要找到一种可以帮助我们减少 Hessian 矩阵非对角位置上元素的参数化方法。在接下来的 3 个章节里面，将讨论如何解决这个问题。

7.1　参数选择

在多参数反演中（Plessix 和 Cao，2011 ；Burridge 等，1998；Prieux 等，2011），选择恰当的多参数来表示模型对于反演成功至关重要。在几乎相同的反演成本下，如果参数选择不合适，就会得到次优解，而不是最优解。引入如正则化这样的无物理意义的约束条件可以消除由错误的各向异性参数组合所引起的过大零空间，但是这样得到的就是平滑（与数据匹配不好）了的速度模型，而得不到期望的高分辨率速度模型。地表测量方式和垂直对称轴（VTI）的结合，可以很好地解决对数据有各向异性影响的经典弹性系数表征中的耦合问题。这种参数间的耦合问题在速度垂向变化介质中是系统性的，但是在更加复杂介质中也是存在的。地震波传播的主要参数是旅行时和相应的几何振幅，其两者均依赖于波前。波前与地表相互作用时就获得了地震数据，我们前期已建立的地震波前传播理论（Plessix 和 Cao，2011 ；Alkhalifah，2013）就可以用来解释这些现象。

可以认为沿着地震观测面的波前的一阶变化是由速度控制的。相应地在各向异性介质中，沿着地震观测面的波前的一阶变化在近偏移距是由 NMO 速度控制的，在远偏移距是由水平方向速度控制的。在地面记录地震数据的近排列部分，NMO 速度 v 是各向同性速度向各向异性介质的有效扩展。特别要指出的是，其与各向同性速度对记录波场（由水平波数和频率来描述）具有同样的影响。同样，水平方向速度也是各向同性速度在大偏移距的自然扩展。

具体地说，就是把有限的偏移距扩展到无限大。如在第 3 章所述，除了 NMO 速度外，VTI 声波方程（正如在第 3 章所看到的）要么依赖于垂向速度，或者等价于依赖参数$\delta\left(v=v_{\mathrm{v}}\sqrt{1+2\delta}\right)$。对于多参数全波形反演，Prieux 等（2013）提出的方法是最好避免直接反演部分依赖于速度的参数，以便辐射模式会有合理的角度依赖性（这与我们不直接反演速度和密度而直接反演速度和波阻抗的思路相似）。因此，我们用 δ 而不是垂向速度来描述横向各向同性模型；在参数化过程中，该结论同样也适合于与水平速度相对应的非椭圆参数 η，水平速度 $v_h\left(v_h=v\sqrt{1+2\eta}\right)$。这样，在我们的研究中对于声波 VTI 介质，将 v、δ、η 这 3 个参数作为初始的组合，也可以在 3 个参数的基础上再考虑密度。

常密度 VTI 介质的频散关系式如下面的公式所示（Alkhalifah 等，2001），即

$$v^2\tilde{k}_z^2\left[2v^2\eta\left(k_x^2+k_y^2\right)-\omega^2\right]-v^2\left(2\eta+1\right)\omega^2\left(k_x^2+k_y^2\right)+\omega^4=0 \tag{7.1}$$

式中，$\tilde{k}_z=\dfrac{k_z}{1+2\delta}$。在数据中，由于$k_z$不是观测所得，所以这个替代是自然的，主要用于 v（z）介质。我们稍后可以将深度轴拉伸以校正得到合适的δ。Alkhalifah等（2001）提出，在复杂介质中，假定δ在横向上是不变的，地面地震P波数据完全不依赖于δ。从方程（7.1）中也可得出该结论。在此情况下，垂向波数的尺度在横向一致。

在声波全波形反演中，因为密度参数主要用来弥补由于忽略介质弹性特性所引起的与振幅不匹配问题，除此之外的地下其他特性可以通过 δ 参数来实现。因为 δ 不会影响测量数据的运动学特性，因此它可以作为一个自由度参数来匹配振幅。由于我们通过 NMO 速度来描述介质，δ 是作为入射角的函数（Roger，1997；Plessi 和 Bork，2000）出现在反射系数展开式的一阶项中的。当然，在这种情况下（在弹性介质条件下），δ 也不能将反射层归位到正确的深度。该问题还需要其他的参数信息来解决，如声波测井。如果实际介质模型与声波介质非常相似，那么反演得到的 δ 参数才可能有这个潜力将反射层归到正确的位置上。

7.2 波恩近似

通过将经典的 FWI 梯度更新简单地分解成平面波分量，我们就能对全波形反演有更深刻的理解。这个过程揭示了数据变化对模型变化的线性关系而且特别定义了模型更新量的分辨率和角频率的相互关系（辐射模式）。由于从某一炮点发出的波到达某一接收点单一频率地震数据中存在残差，在模型点 $\boldsymbol{x}=\{x, y, z\}$ 上的模型梯度更新量Δv 可以表示为其平面波分量 $A(\boldsymbol{x},\boldsymbol{k}_{\mathrm{m}})\mathrm{e}^{\mathrm{i}\boldsymbol{k}_{\mathrm{m}}\cdot\boldsymbol{x}}$的总和，振幅 A 是角度的函数，代表着模型更新的辐射模式，$\boldsymbol{k}_{\mathrm{m}}$ 是代表着具有 $\boldsymbol{k}_x$，$\boldsymbol{k}_y$，$\boldsymbol{k}_z$ 3 个分量模型更新波数的矢量。为了使这种分解有效，我们认为该模型点附近的背景介质是均匀的，特别是相对于所用的波长来说。如果在方程（7.1）频散关系式乘以格林函数，并在空间—时间域增加由狄拉克脉冲函数给出的源，得到如下波数—频率域的波动方程，即

$$G\left\{w\tilde{k}_z^2\left[2\omega\eta\left(k_x^2+k_y^2\right)-\omega^2\right]-w(2\eta+1)\omega^2\left(k_x^2+k_y^2\right)+\omega^4\right\}=1 \tag{7.2}$$

式中，$w = v^2$。考虑各向异性参数（包括速度）扰动，$w = w_0+\mathrm{d}w$，$\delta = \delta_0+\mathrm{d}\delta$，$\eta =\eta_0+\mathrm{d}\eta$，会引起格林函数的扰动，可表示为$G = G_0+\mathrm{d}G$，这里的$\mathrm{d}G$是在格林函数所产生的扰动（散射波场），$G_0$是满足方程（7.2）的背景介质的格林函数。

在波数域推导中，在该介质域中增加常量值，就假设在整个域中也增加了扰动项。但是在扩展到一个区域的一个扰动点内，关注的重点是局部的，辐射模式与频散关系是一致的。将扰动项代入到波动方程中，并舍弃扰动中所有非线性项得到

$$\begin{aligned}&\mathrm{d}G\left\{-w_0\omega^2\left[2k_x^2(\delta_0(2\eta_0+1)+\eta_0\right]+k_x^2+k_z^2)+2w_0^2\eta_0k_x^2k_z^2+(2\delta_0+1)\omega^4\right\}=\\&G_0\left\{2k_x^2\left[w_0\left[2\eta_0(\mathrm{d}\delta\omega^2-\mathrm{d}wk_z^2)+\omega^2(\mathrm{d}\delta+2\mathrm{d}\eta\delta_0+\mathrm{d}\eta)\right]+\mathrm{d}w\omega^2(\delta_0(2\eta_0+1)+\eta_0)\right.\right.\\&\left.\left.-\mathrm{d}\eta w_0^2k_z^2\right]+\mathrm{d}w\omega^2(k_x^2+k_z^2)-2\mathrm{d}\delta\omega^4\right\}\end{aligned} \tag{7.3}$$

在各向同性背景介质下，$\delta_0=0$ 和 $\eta_0=0$，方程（7.3）简化为

$$\mathrm{d}G\left[\omega^2-w_0(k_x^2+k_z^2)\right]=G_0\left(\frac{\mathrm{d}w\omega^2}{w_0}-2\mathrm{d}\delta w_0k_z^2+\frac{2\mathrm{d}\eta w_0^2k_x^4}{\omega^2}\right) \tag{7.4}$$

根据互异定理在求解方程（7.4）的过程中，炮检互换可以得到相同的结果，（Wapenaar 和 Fokkema，2006），炮点和检波点波数具有相同的表达式，这样就有

$$\mathrm{d}G=\int G_0^r\left[\boldsymbol{x}\right]G_0^s\left[\boldsymbol{x}\right]\mathrm{d}\boldsymbol{x}\left(\frac{\mathrm{d}w\omega^2}{w_0}-2\mathrm{d}\delta\, w_0\boldsymbol{k}_{rz}\boldsymbol{k}_{sz}+\frac{2\mathrm{d}\eta\,\mathrm{w}_0^2\boldsymbol{k}_{rx}^2\boldsymbol{k}_{sx}^2}{\omega^2}\right) \tag{7.5}$$

式中，G_0^S和G_0^r分别代表炮点和检波点背景格林函数。在边界处格林函数或其导数被设置为零时，这个结果也可以通过空间域的部分积分来得到。如果在成像点处的格林函数用它的平面波分量来近似表示：$G_0^s[\boldsymbol{x}]\approx A_s\mathrm{e}^{\mathrm{i}\boldsymbol{k}_s\cdot\boldsymbol{x}}$ 和 $G_0^r[\boldsymbol{x}]\approx A_r\mathrm{e}^{\mathrm{i}\boldsymbol{k}_r\cdot\boldsymbol{x}}$，则方程（7.5）可表示为

$$\mathrm{d}G=\int A_sA_r\mathrm{e}^{\mathrm{i}(\boldsymbol{k}_s+\boldsymbol{k}_r)\cdot\boldsymbol{x}}\mathrm{d}\boldsymbol{x}\left(\frac{\mathrm{d}w\omega^2}{w_0}-2\mathrm{d}\delta\, w_0\boldsymbol{k}_{rz}\boldsymbol{k}_{sz}+\frac{2\mathrm{d}\eta\, w_0^2\boldsymbol{k}_{rx}^2\boldsymbol{k}_{sx}^2}{\omega^2}\right) \tag{7.6}$$

7.2.1 辐射模式

为了重点突出每个扰动参数的辐射模式，将方程（7.6）写成矢量形式，并用射线参数 $\boldsymbol{k}=\omega\boldsymbol{p}$ 代替波数，得到如下公式，即

$$\mathrm{d}G=\int A(\boldsymbol{x})\left(\frac{1}{w_0},\ -2w_0p_{rz}p_{sz},\ 2w_0^2p_{rx}^2p_{sx}^2\right)\cdot\begin{pmatrix}\mathrm{d}w\\\mathrm{d}\delta\\\mathrm{d}\eta\end{pmatrix}\mathrm{d}\boldsymbol{x} \tag{7.7}$$

式中，$A=A_sA_r\omega^2$。

显然，对于炮点和检波点波场，扰动项 δ 是由波数的垂直分量控制的。正如所预想的那样，NMO 速度具有角度不变的辐射模式。这和各向同性的情况很相似，然而 η 主要与波数

的水平分量相关。由上面的简单分析可以直接得出如下结论：在背景介质中，利用波场的几何特性是无法计算出 δ 的，必须用反射信号来研究 δ 的影响。另一方面，扰动 η 的辐射模式清楚地表明了大散射角度和大偏移距（换句话说，大的水平波数）的重要性，这二者对求解 η 是非常重要的。然而在多参数反演中，一直存在耦合的问题，这个问题将在下一节进行更详细的分析。

7.2.2 耦合

参数间的耦合问题是由波场对模型参数的二阶依赖性所揭示的。换句话说，也就是 Hessian 矩阵。具体而言，它是由测量参数间交叉导数的 Hessian 矩阵中的元素得到的。在我们的例子中，更希望计算出一个模型点的 Hessian 矩阵。该矩阵是由波恩级数的第二项得到的。为了计算出波恩级数的第二项，散射波场方程（7.4）右边项应该包含由玻恩级数（序列）第一项而得到的散射波形的解，即 dG，因此从方程（7.4）得到

$$\mathrm{d}G_2\left[\omega^2 - w_0(k_x^2 + k_z^2)\right] = \mathrm{d}G\ \left(\frac{\mathrm{d}w\omega^2}{w_0} - 2\mathrm{d}\delta\, w_0 k_z^2 + \frac{2\mathrm{d}\eta\, w_0^2 k_x^4}{\omega^2}\right) \tag{7.8}$$

再次应用互异原理，得到如下解，即

$$\begin{aligned}\mathrm{d}G_2 = \iint G_0^s[\boldsymbol{x}]G_0[\boldsymbol{x},\boldsymbol{y}]G_0^r[\boldsymbol{y}]\Bigg(&\frac{\mathrm{d}w(\boldsymbol{x})\mathrm{d}w(\boldsymbol{y})\omega^4}{w_0(\boldsymbol{x})w_0(\boldsymbol{y})} - 2\frac{\mathrm{d}w(\boldsymbol{x})}{w_0(\boldsymbol{x})}\mathrm{d}\delta(\boldsymbol{y})w_0(\boldsymbol{y})k_{rz}(\boldsymbol{y})k_{sz}(\boldsymbol{y})\omega^2 - \\ &2\frac{\mathrm{d}w(\boldsymbol{y})}{w_0(\boldsymbol{y})}\mathrm{d}\delta(\boldsymbol{x})w_0(\boldsymbol{x})k_{rz}(\boldsymbol{x})k_{sz}(\boldsymbol{x})\omega^2 + 2\frac{\mathrm{d}w(\boldsymbol{x})}{w_0(\boldsymbol{x})}\mathrm{d}\eta(\boldsymbol{y})w_0^2(\boldsymbol{y})k_{rx}^2(\boldsymbol{y})k_{sx}^2(\boldsymbol{y}) + \\ &2\frac{\mathrm{d}w(\boldsymbol{y})}{w_0(\boldsymbol{y})}\mathrm{d}\eta(\boldsymbol{x})w_0^2(\boldsymbol{x})k_{rx}^2(\boldsymbol{x})k_{sx}^2(\boldsymbol{x}) + 4\mathrm{d}\delta(\boldsymbol{x})\mathrm{d}\delta(\boldsymbol{y})w_0(\boldsymbol{x})w_0(\boldsymbol{y})k_{rz}(\boldsymbol{x})k_{sz}(\boldsymbol{x})k_{rz}(\boldsymbol{y})k_{sz}(\boldsymbol{y}) - \\ &\frac{4\mathrm{d}\delta(\boldsymbol{x})\mathrm{d}\eta(\boldsymbol{y})w_0(\boldsymbol{x})w_0^2(\boldsymbol{y})k_{rx}^2(\boldsymbol{y})k_{rz}(\boldsymbol{x})k_{sx}^2(\boldsymbol{y})k_{sz}(\boldsymbol{x})}{\omega^2} + \\ &\frac{4\mathrm{d}\delta(\boldsymbol{y})\mathrm{d}\eta(\boldsymbol{x})w_0(\boldsymbol{y})w_0^2(\boldsymbol{x})k_{rx}^2(\boldsymbol{x})k_{rz}(\boldsymbol{y})k_{sx}^2(\boldsymbol{x})k_{sz}(\boldsymbol{y})}{\omega^2} + \\ &\frac{4\mathrm{d}\eta(\boldsymbol{x})\mathrm{d}\eta(\boldsymbol{y})w_0^2(\boldsymbol{x})w_0^2(\boldsymbol{y})k_{rx}^2(\boldsymbol{x})k_{sx}^2(\boldsymbol{x})k_{rx}^2(\boldsymbol{y})k_{sx}^2(\boldsymbol{y})}{\omega^4}\Bigg)\end{aligned} \tag{7.9}$$

式中，$G_0[\boldsymbol{x},\ \boldsymbol{y}]$是$\boldsymbol{x}$和$\boldsymbol{y}$之间的背景格林函数。

将方程（7.9）改写成矩阵形式，令 $\boldsymbol{x}=\boldsymbol{y}$，利用射线参数代替波数得到

$$\mathrm{d}G_2 = \iint A_2(\boldsymbol{x})(\mathrm{d}w,\ \ \mathrm{d}\delta,\ \ \mathrm{d}\eta)\cdot\begin{pmatrix}\dfrac{1}{w_0^2} & -2p_{rz}p_{sz} & 2w_0^2p_{rz}^2p_{sz}^2 \\ -2p_{rz}p_{sz} & 4w_0^2p_{rz}^2p_{sz}^2 & -4w_0^3p_{rx}^2p_{rz}p_{sx}^2p_{sz} \\ 2w_0^2p_{rz}^2p_{sz}^2 & -4w_0^3p_{rx}^2p_{rz}p_{sx}^2p_{sz} & 4w_0^4p_{rz}^4p_{sz}^4\end{pmatrix}\cdot\begin{pmatrix}\mathrm{d}w\\ \mathrm{d}\delta\\ \mathrm{d}\eta\end{pmatrix}\mathrm{d}\boldsymbol{x}^2 \tag{7.10}$$

方程（7.10）中的矩阵非对角元素对应着两个参数的扰动项，这为我们对单一模型点的参数耦合关系提供了更深的认识。另外 δ 的扰动项包括垂向波数分量，在数据的实际观测系统中无法观测到。换言之，为了获取准确的垂向波数，需要精确的速度。速度和 η 的耦合关系在远偏移距更为明显，特别是沿水平方向传播的波（回折波），而在近偏移距垂直方向几乎不存在任何耦合，这里的 η 几乎没有影响。很明显，求解各向异性的策略必须包括近偏移距的速度求解，然后重点关注远偏移距中的 η。换句话说，从反射波开始，然后是回折波或者反射和回折波两个同时开展。仅仅通过回折波同时求解两个参数是一个挑战（Plessix 和 Cao，2011），这需要一种新的参数化方法。

7.2.3 水平方向速度的应用

为了满足 FWI 要从回折波和早期到达的同相轴开始反演的要求，由于这些波趋于水平方向传播，必须要设计一个能够包含水平方向速度 v_n 的模型表征方法。在这种情况下，为了表征 VTI 模型，除了 v_h 还要使用 δ 和 η（或 ε）或者 η 和 ε 参数。利用后者的主要原因是这两个参数与水平方向速度都直接相关，下面我们会发现这种特征的优势。

基于上述推导，我们得到了根据炮点和检波点射线参数和用向量形式表示参数集 v_h、η 和 ε 的散射波场平面波分解式，即

$$\mathrm{d}G=\int A(\boldsymbol{x})(-\frac{1}{w_0},\quad 2w_0p_{\mathrm{rz}}p_{\mathrm{sz}},\quad 2w_0^2p_{\mathrm{rx}}p_{\mathrm{sx}}p_{\mathrm{rz}}p_{\mathrm{sz}})\cdot\begin{pmatrix}\mathrm{d}w_h\\ \mathrm{d}\varepsilon\\ \mathrm{d}\eta\end{pmatrix}\mathrm{d}\boldsymbol{x} \tag{7.11}$$

式中，$w_h=v_h^2$；如果用ε而不是δ的话，扰动辐射模式大体上与方程（7.7）相似。

同样，我们就得到与该参数集相应的第二项依赖性如下，即

$$\mathrm{d}G_2=\iint A_2(\boldsymbol{x})(\mathrm{d}w,\quad \mathrm{d}\varepsilon,\quad \mathrm{d}\eta)\cdot\begin{pmatrix}\frac{1}{w_0^2} & -2p_{rz}p_{sz} & 2w_0^2p_{\mathrm{rx}}p_{\mathrm{sx}}p_{\mathrm{rz}}p_{\mathrm{sz}}\\ -2p_{rz}p_{sz} & 4w_0^2p_{rz}^2p_{sz}^2 & -4w_0^3p_{rx}p_{rz}^2p_{sx}p_{sz}^2\\ 2w_0^2p_{\mathrm{rx}}p_{\mathrm{sx}}p_{\mathrm{rz}}p_{\mathrm{sz}} & -4w_0^3p_{rx}p_{rz}^2p_{sx}p_{sz}^2 & 4w_0^4p_{rx}^2p_{sx}^2p_{rz}^2p_{sz}^2\end{pmatrix}\cdot\begin{pmatrix}\mathrm{d}w\\ \mathrm{d}\varepsilon\\ \mathrm{d}\eta\end{pmatrix}\mathrm{d}\boldsymbol{x}^2 \tag{7.12}$$

现在，v_h 和 η 之间的耦合在 45° 时达到最大值，并且对于水平方向传播的波没有耦合关系，这种条件下横向水平速度是波传播的单一控制因素。在垂向上 η 和 ε 的耦合关系是最大的。该方法对从回折波开始的反演方案来说是最佳的。在这种情况下，首先反演水平方向速度，然后再逐渐地包含能够求解 η，特别是反射波动力学参数（相位）的数据。最后，利用合理的 v_h 和 η 参数，可以通过反射波振幅信息来求解 ε（密度作用）。对于能够以这样的顺序得到多种丰富数据的地方，这就是一个有效的方法。

用 δ 而不是 ε 来表征的模型时，将 v_h 和 η 的耦合关系转向垂直方向，这是在 v_h 和 δ 之间耦合的相同区域，从而导致了求解 η 时的固有不确定性。

7.3 模型更新波数

在 VTI 介质中的一个模型点上的模型更新由 $\boldsymbol{k}_{\mathrm{m}} = \boldsymbol{k}_{\mathrm{s}} + \boldsymbol{k}_{\mathrm{r}}$ 来表征，它与第 4 章所看到的控制各向同性介质公式一样。这是一个基于炮点和检波点波场平面波表示的近似值，其中模型相对于研究点附近的主波长是均匀的。然而在各向异性介质中，$\boldsymbol{k}_{\mathrm{m}}$ 和散射角之间的关系与各向同性介质是不同的。只有水平反射层时，用相速度替代速度时，这样各向同性介质和各向异性介质的散射角与波数的关系才是相同的。具体而言，$k_{mz} = \dfrac{\omega}{v_{\mathrm{P}}\left(\dfrac{\theta}{2}\right)}\cos\dfrac{\theta}{2}$，这里的 v_{P} 是相速度，θ 是散射角。

对于倾斜横向各向同性介质（Alkhalifah 和 Sava，2010）的特殊情况，此时对称轴是垂直于反射层倾角，两者之间的关系也很简单，即

$$k_{mz} = \frac{\omega}{v_{\mathrm{P}}\left(\dfrac{\theta}{2}\right)}\cos\frac{\theta}{2}\boldsymbol{n} \tag{7.13}$$

式中，$\boldsymbol{n}$是反射层的法线。

对于一般的二维 TI 介质，二者的关系更为复杂的多，不能明确地写出关于散射角的关系公式。但是在反射层倾角法线方向，模型更新波数矢量点可写成如下形式，即

$$\boldsymbol{k}_{\mathrm{m}}=\boldsymbol{k}_{\mathrm{s}}+\boldsymbol{k}_{\mathrm{r}}=\kappa\ (\theta)\ \boldsymbol{n} \tag{7.14}$$

式中，κ是散射角、速度和频率的函数。该函数关系比较复杂（可能不明确）。由于其与各向同性的主要特点很相似，所以公式也不会有很大的差异。

7.4 各向异性敏感核函数

敏感核函数（由模型空间对数据扰动的响应得到，换句话说，模型中数据拟合差原本就来源于敏感核函数）是一项非常有用的分析工具，更不用说它对于研究梯度的作用了。对于各向异性介质，敏感核函数取决于扰动参数，并有角度依赖性。

对速度扰动来说，其辐射模式是与角度无关的，在图 7.1 的 3 种不同炮检点观测系统的 NMO 速度扰动敏感核函数中可发现该现象。对炮检点位置经过合适的旋转，3 个核函数非常相似。δ 扰动的敏感核函数如图 7.2 所示，它是依赖角度的。在垂直方向，核函数的能量在射线路径附近很强，远离射线路径而较弱。而对水平方向，炮检排列则有相反的现象。很

明显，对于直达波绝对没有 δ 信息，但 δ 信息隐藏在反射波里。根据成像的经验，δ 信息被 NMO 速度所掩盖了，因此通常情况下是不可求解的。对于 η，如图 7.3 所示，与我们所看到的 δ 的结果截然相反。从辐射模式可以发现其角度依赖性是不同的，δ 的辐射模式正比于 $\cos^2(\theta)$，而 η 的辐射模式是正比于 $\sin^4(\theta)$，这里的 θ 是射线与垂直方向的夹角。

重点关注图 7.3c 炮检点水平方向排列（常规采集方式）η 扰动的敏感核，我们发现 45° 以内反射波是很弱的。因此，通常从数据的反射部分提取的高分辨率信息，但在深层将没有 η 散射信息。所以只能在深层求解平滑的 η 值，通常可以从波场的几何特征得到 η 值。

对于炮检点在一个位置（零偏移距）情况，15Hz 单频波场数据扰动的模型响应如图 7.5 所示。背景速度模型是梯度为 0.5s^{-1} 线性增加的各向同性速度场（如图 7.4 所示）。对于线性速度背景模型，敏感核函数与零偏移距的偏移核函数是完全一样，但其具有反应这里所考虑 η 扰动的辐射模式。核函数的水平方向传播能量占优势的多。对于 2km 的偏移距（图 7.6），敏感核函数覆盖了炮检点间浅层大部分区域，4km 偏移距也显示了相似的结果，如图 7.7 所示。因此在深层应用经典的 FWI 技术求解 η 的能力是有限的。不论任何数据类型，这是 FWI

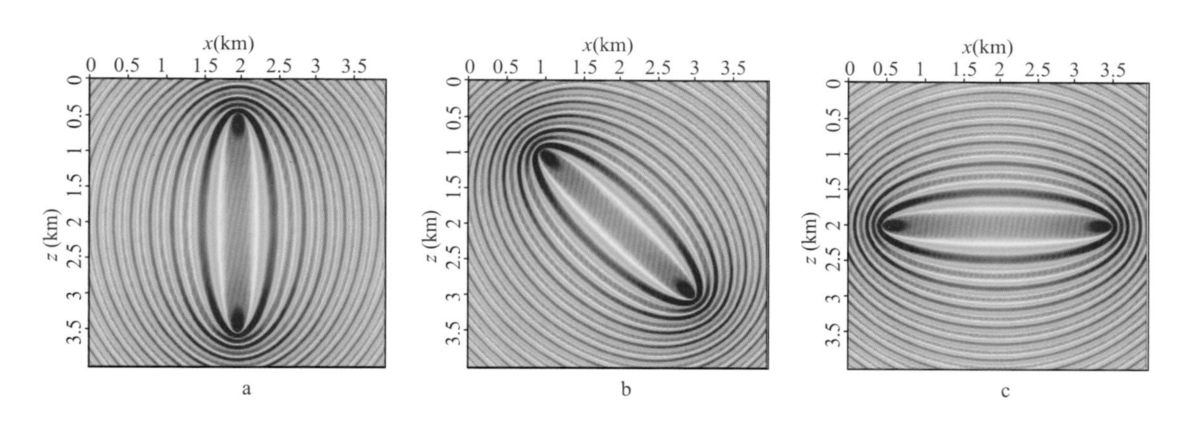

图 7.1 一对炮检点排列速度扰动的敏感核函数

a—垂直方向；b—45° 角度；c—水平方向

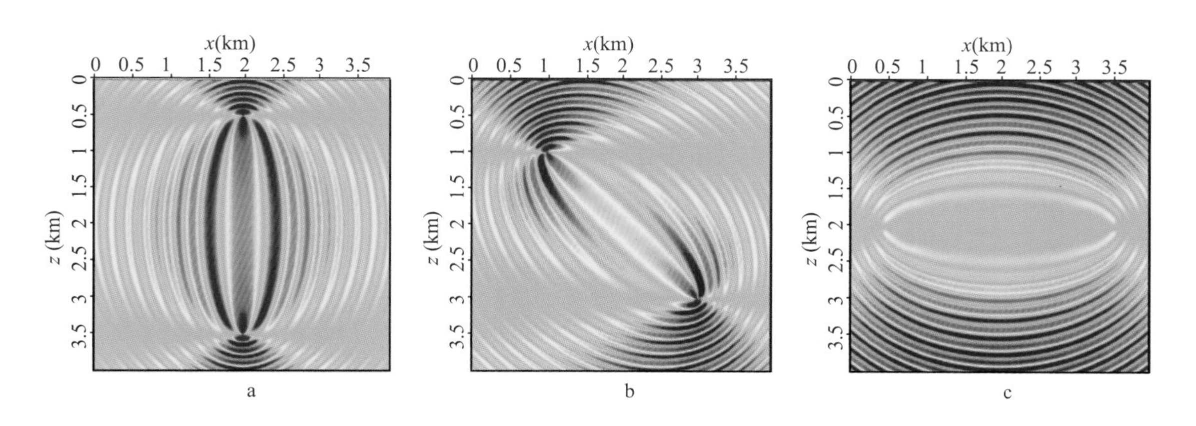

图 7.2 一对炮检点排列 δ 扰动的敏感核函数

a—垂直方向；b—45° 角度；c—水平方向

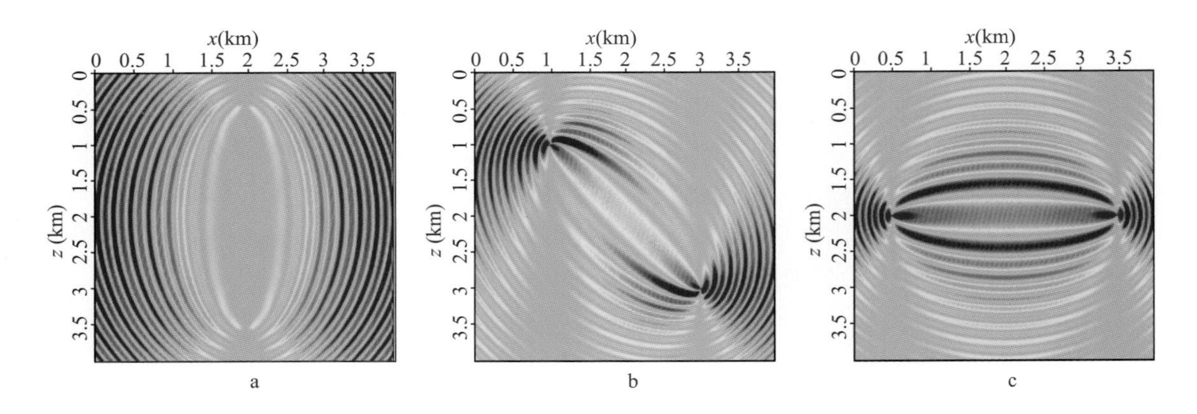

图 7.3 一对炮检点排列η扰动的敏感核函数

a—垂直方向；b—45° 角度；c—水平方向

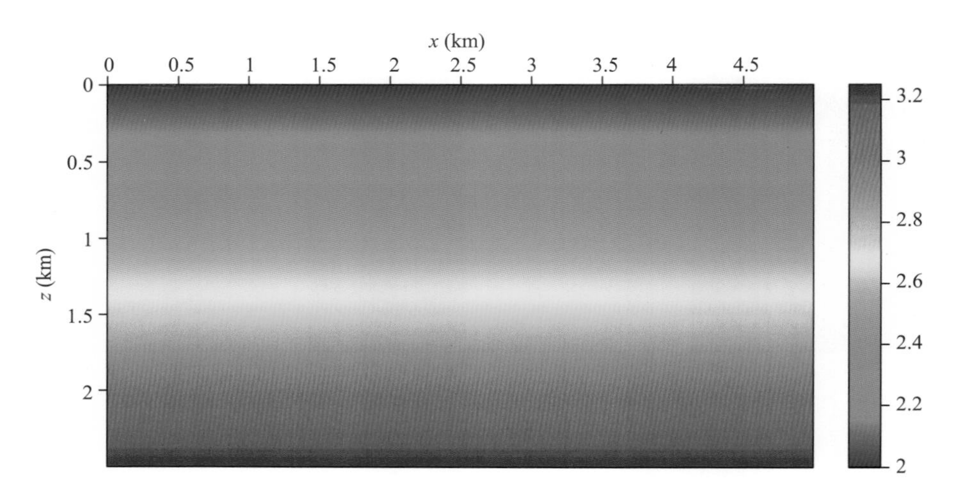

图 7.4 用来产生敏感核函数的背景速度模型

垂向是线性增加的

的固有局限性，很明显甚至反射也被削弱了。该局限性源于 η 扰动的辐射模式。即使应用水平方向速度公式，同样也存在 η 扰动的深度限制。如果想降低这种限制，需要利用倾斜反射层信息。一种实际的补救方法是进行偏移速度分析，通过偏移来修正深度（至少一次迭代），然而这只能提供一个平滑的 η 模型，在下一章将详细论述。

从地面地震数据获取深层 η 的局限性也反映在辐射模式中，因为来自上面的振幅很弱。在其他几个参数中，求解 η 的能力也是很弱的。NMO 速度的敏感核函数与我们在各向同性介质中所观察到的是相似的。

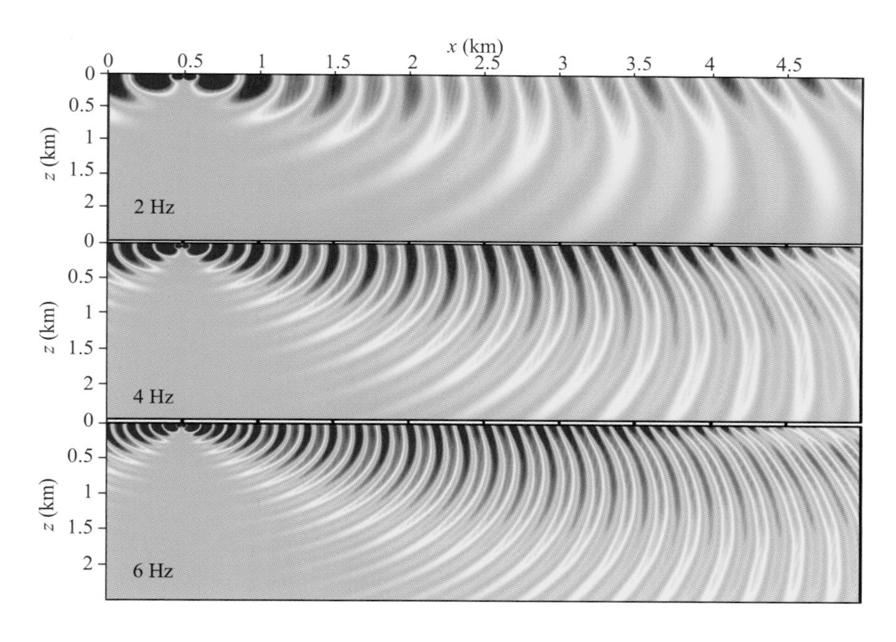

图 7.5 利用图7.4速度为深度线性增加的背景介质炮检点在同一位置的敏感核函数

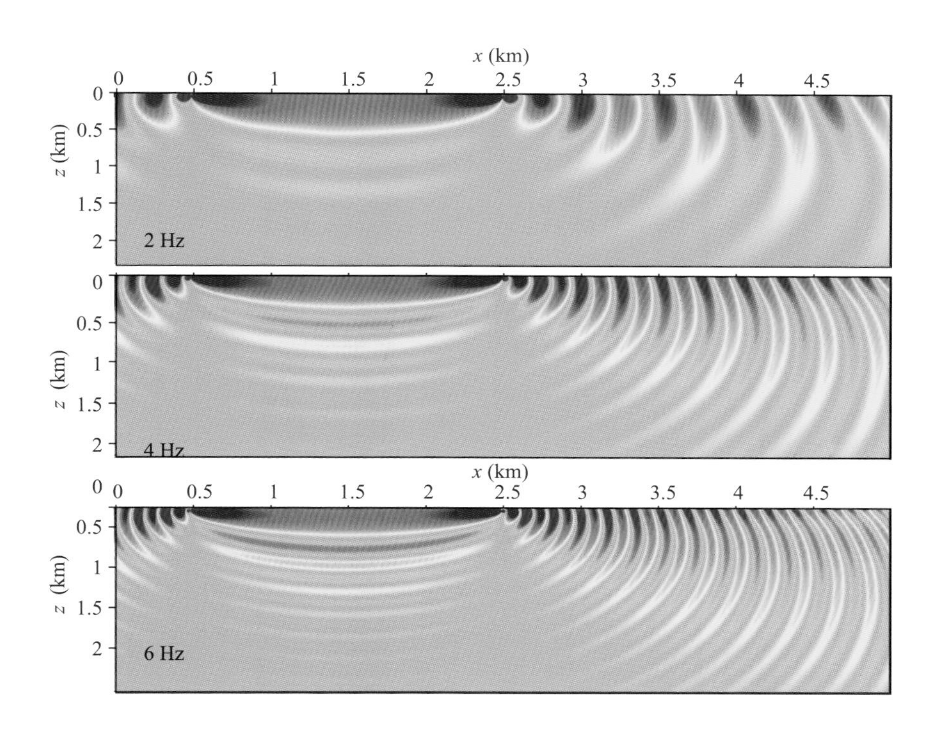

图 7.6 利用图7.4速度为深度线性增加的背景介质偏移距2km的敏感核函数

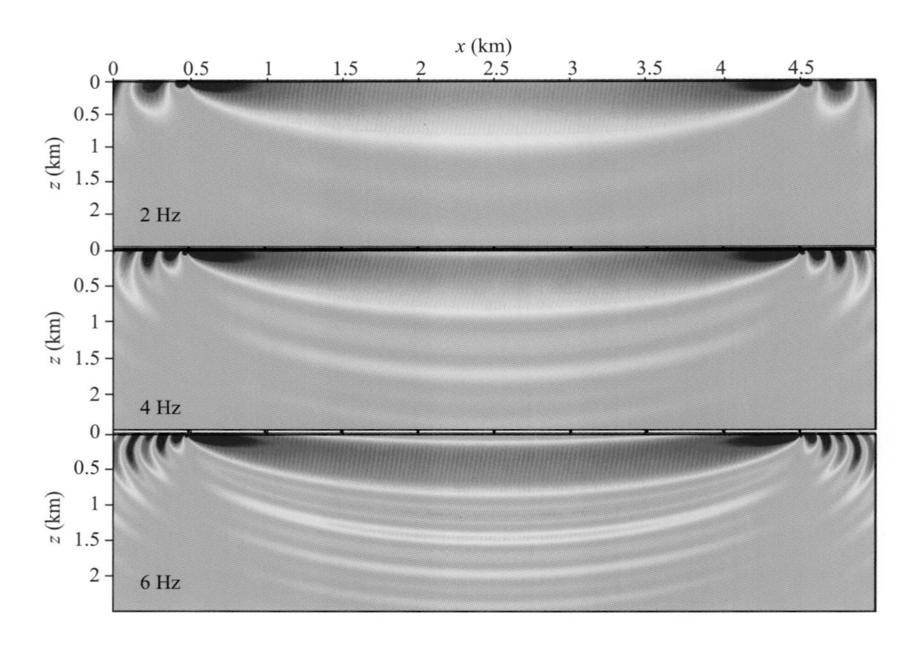

图 7.7　利用图7.4速度为深度线性增加的背景介质
偏移距4km的敏感核函数

7.5　小结

从对 η 扰动分析中，我们注意到只有在地球浅层部分才可能通过传统 FWI 获得 η 模型，这里偏移距的长度超过了反演深度的很多倍（4~5 倍）。这个局限性是由 η 扰动的辐射模式所引起的。看起来我们不能简单地从低频信号开始来获得高分辨率模型，η 梯度的深度穿透能力依赖频率。令人吃惊的是，频率越高，穿透越深。然而，这种振幅增加特性将被衰减现象抵消。

为了在深层求解 η，需要把另一种方法用到经典的 FWI 上，特别是偏移速度分析（MVA）。在 MVA 中自然地要修正深度，并且就像之前看到的那样，当成像点作为固定源时，敏感核函数具有回折波特性。这种情况下，我们需要大偏移距来求解 η，但是这还是比 FWI 需要的偏移距小得多。然而考虑到平滑的敏感核函数与 MVA 有关联，η 模型预期也是平滑的。尽管共享固有的辐射模式，MVA 与 FWI 求解 η 存在差异的部分原因在于对水平反射层来说，FWI 的辐射模式正比于 $\sin^4\left(\dfrac{\theta}{2}\right)$，而 MVA 正比于 $\sin^2\left(\dfrac{\theta}{2}\right)$。

求解各向异性参数时，选择正确的反演方法会产生很大差异的不同结果。要么是可解释的高分辨率结果，要么这个结果不会产生很多的意义（太平滑或误差太大）。通过分析波恩级数的二阶项的耦合特征，可以得到实现反演过程中的合理各向异性参数组合。对一个反射波和回折波的反演项目来说，通过 NMO 速度、δ 和 η 表征 VTI 模型提供了合适的扰动辐射模式。由于 δ 不是主要影响记录波场的几何特性，所以它可以作为一个辅助参数来匹配振幅，以弥补用声波模型代表真实地下介质的不足（密度在各向同性介质中的作用）。对于分级实现的反演，在反演中首先使用的是回折波，通过 v_h、η 和 ε 表征 VTI 模型提供了一种减少耦合所必需的实用参数方案并提供了合理的解。在这种情况下，由于 ε 不影响所记录波场的运动学特征，只起到拟合振幅的作用。模型波数分辨率与我们在各向同性介质中所经历的是大体相似，但对于一般的 VTI 介质，散射角度与模型更新波数之间的关系是不同的。

参考文献

Alkhalifah, T. (2013). Residual extrapolation operators for efficient wavefield construction. *Geophysical Journal International*, 193, 1027–1034.

Alkhalifah, T., Fomel, S., & Biondi, B. (2001). The space–time domain: Theory and modelling for anisotropic media. *Geophysical Journal International*, 144, 105–113.

Alkhalifah, T., & Sava, P. (2010). A transversely isotropic medium with a tilted symmetry axis normal to the reflector. *Geophysics*, 75, A19–A24.

Burridge, R., de Hoop, M. V., Miller, D., & Spencer, C. (1998). Multiparameter inversion in anisotropic elastic media. *Geophysical Journal International*, 134, 757–777.

Plessix, R.-E., & Bork, J. (2000). Quantitative estimate of VTI parameters from ava responses. *Geophysi-cal Prospecting*, 48, 87–108.

Plessix R.-É., & Cao, Q. (2011). A parametrization study for surface seismic full waveform inversion in an acoustic vertical transversely isotropic medium. *Geophysical Journal International*, 185, 539–556.

Prieux, V., Brossier, R., Gholami, Y., Operto, S., Virieux, J., Barkved, O. I., & Kommedal, J. H. (2011). On the footprint of anisotropy on isotropic full waveform inversion: The Valhall case study. *Geophysical Journal International*, 187, 1495–1515.

Prieux, V., Brossier, R., Operto, S., & Virieux, J. (2013). Multiparameter full waveform inversion of multicomponent ocean-bottom-cable data from the valhall field. Part 1: Imaging compressional wave speed, density and attenuation. *Geophysical Journal International*, 194, 1640–1664.

Roger, A. (1997). P-wave reflection coefficients for transversely isotropic models with vertical and horizontal axis of symmetry. *Geophysics*, 62, 713–722.

Wapenaar, K., & Fokkema, J. (2006). Greens function representations for seismic interferometry. *Geophysics*, 71, SI33–SI46.

8 各向异性介质全波形反演梯度调节

全波形反演（FWI）需要采用逐级反演的方法来解决与速度反演问题相关的复杂非线性问题。在各向异性介质中，由于描述模型多参数间存在潜在的耦合问题，非线性问题变得复杂得多。对梯度进行滤波处理有助于解决适合于消除潜在非线性和参数耦合的梯度部分。近些年，学者们设计了很多的梯度滤波器。在这一章节里面，我们会讲解一个新的考虑正传和反传波场相互作用的梯度滤波器，这个滤波器考虑了两个波场传播的方向及相互直接的夹角。总体而言（之后我们会详细解释），该滤波器包含了时滞归一化域中表示的梯度。这个操作让我们可以获得散射角的信息（角度域道集），在角度域道集里面低散射角（短波长）的梯度信息在一开始就被切除了，这样就可以获得由透射波控制的长波长的梯度信息。在这种情况下，即使是 10Hz 的数据也可以产生适合模型背景校正的垂直的近似零波长的更新，从而允许较小的散射角度在后续阶段为模型提供较高的分辨率信息。

本章重点介绍一种通过将散射角滤波器应用于梯度上的新方法来解决 FWI 复杂非线性问题。该方法的优点将会在各向异性情况下得到更进一步体现，比如一款适用于所有各向异性参数的滤波器。在反演的不同阶段，可以选择不同阈值使滤波器作用到各向异性的参数上。

8.1 概述

全波形反演（FWI）的逐级反演策略最初从数据的低频和初至波开始，逐渐过渡到更侧重于梯度的滤波和调节（Tang 等，2013；Almomin 和 Biondi，2013；Albertin 等，2013）。当我们试图联合应用偏移速度分析（MVA）和 FWI 时，这种情况尤其如此（Xu 等，2012；Ma 等，2012；Almomin 和 Biondi，2012；Fleury 和 Perrone，2012；Wang 等，2013）。在这个自然进展过程中，成像分析已实现从专注地表偏移距到关注地下偏移距的转变。虽然对数据进行剔除和优选具有一定价值，但在模型域中这个过程的实际目标更加明显，尤其是在梯度层面（Sirgue 和 Pratt，2004）。随着把 MVA 集成到 FWI 中，几乎没有衰减后续的 MVA 所需要的反射波，但是在模型域可以选择或修正梯度来获得合适的模型迭代。对于各向异性介质，模型域调整变得更加重要，因为一般只有一套数据却有多个模型参数。然而，对梯度进行滤波的可行处理手段要么很昂贵，要么不合适。一个简单的波数滤波器可能将有用的背景更新信息（比如来自回折波的信息）切除掉。适合于回折波的定向波数滤波完全正交于 MVA 梯度所要求的波数。事实上，回折波定向滤波器与可能产生反射波（扰动）的梯度是一致的，这是在早期阶段的FWI中尽量避免的。Mora（1989）在他的论文中对更新模型高、低波数过程中反射和透射的作用分别清楚地进行了说明。然而，在用于推导梯度的玻恩近似中，这种差别就不那么明显了。这里展示的真正差别仅仅是散射角度，尤其是（仅）沿着射线路径的回折波，它实际上可以用于背景模型的零波数更新。

Wu和Toksz（1987）及Mora（1989）在他们的两篇经典论文中，通过在模型更新过程的核心部分分析绕射层析的特征（Cohen和Bleistein，1977；Panning等，2009）来描述波数域的梯度（模型更新）特点。这项工作为Sirgue和Pratt（2004）等的研究铺平了道路。还有其他一些成果，如他们应用这些观点确定了FWI逐级反演策略来处理数据。只是最近对梯度进行滤波的概念才被认可为一种有效的替代工具。如果梯度涉及多个参数更新时，在模型域中的梯度调节和滤波将更有用。

多参数反演（Burridge等，1998；Plessix和Cao，2011；Prieux等，2011）需要能够表征模型的合适参数选择。只有当我们减少反演参数个数时才会降低反演的零空间。如找到可以表征数据的最少一组参数组合，才可获得更好的反演结果。Alkhalifah和Plessix（2004）解析性地分析了声波横向各向同性（VTI）介质中各向异性参数扰动的径向依赖性（辐射模式）。对于各种FWI策略，如从MVA获得模型开始的方法和最初依赖于回折波的方法，他们主张应用各种参数的某些组合。选择正确的各向异性反演策略可以区分高分辨率的可以解释的结果和不符合实际的没有意义的结果（太平滑或偏差大）。通过用NMO速度、δ和η来表征VTI模型提供了包含反射波和回折波反演的恰当的扰动辐射模式。由于δ对记录波场几何特性影响较弱，所以它可以作为一个辅助参数来匹配振幅，以弥补声波模型表征真实地下介质的缺陷（密度在各向同性介质中所起的作用）。对于反演中首先使用回折波的递进式反演，通过、η和ε表征VTI模型提供了一种既弱化耦合又提供合理分辨率的实用参数组合。在这种情况下，由于ε对记录波场的运动学特征有轻微影响，所以ε只起着匹配振幅的作用。模型波数分辨率与我们在各向同性介质中所讨论的是大体相似的，但对于散射角度与模型更新的关系来说，波数不同于一般的VTI介质。

在本章中，我们研究一个模型更新的扩展。它具有一种能够有效地解决散射角问题的归一化时滞分量。附加轴可用于对梯度进行滤波以允许为来自反射波和回折波的FWI和反射全波形反演（RWI）提供了可用的背景更新。这利用了一个事实：即一个合适的背景更新并不一定是由低频率或低波数得出的，而是通过大散射角度来获得更准确的信息。这里的更新实际上遵循射线理论。

8.2 模型更新特征

如上一章讨论的那样，模型更新是全波形反演的核心。首先，为了解更新的作用及其分辨率，我们回顾一下模型更新波数，这有助于深刻理解透射波和反射波两者的关系。

8.2.1 模型的波数更新

玻恩近似为我们提供了数据对参数的一阶灵敏度，这样就为我们提供了模型更新的梯度和更新的相应波长。在各向同性介质中，正如我们前面论述的绕射层析那样，模型点的更新波长是由潜在反射层的倾角和散射角度控制的。具体而言，模型波数矢量表示为

$$\boldsymbol{k}_{\mathrm{m}}=\boldsymbol{k}_{\mathrm{s}}+\boldsymbol{k}_{\mathrm{r}}=\boldsymbol{k}\cos\frac{\theta}{2} \tag{8.1}$$

式中，波数$|\boldsymbol{k}|=\dfrac{\omega}{v}$；$\boldsymbol{k}_{\mathrm{s}}$和$\boldsymbol{k}_{\mathrm{r}}$分别代表模型点上炮点和检波点波场的波数；$\theta$为炮点和检波点波场间（或产生梯度的过程中任何两个相关的波场）的散射角；v是速度。

对于合理FWI的正确做法是，首先更新把我们带到全局最小区域范围（吸引域）所必要的低波数分量，再更新高波数分量。当然，除了其他参数，模型更新波数$\boldsymbol{k}_{\mathrm{m}}$也依赖于角频率$\omega$，$\boldsymbol{k}=\dfrac{\omega}{v}\boldsymbol{n}$，这里的$\boldsymbol{n}$是潜在反射层的单位矢量法线。这样，较低频率成分引起较大的波长更新量，但它们不是长波长信息的唯一来源。很明显，含有大散射角信息的大偏移距数据减少了模型更新的波数。因此我们反演的首选方案就是应用较低频率成分和大偏移距数据（Pratt等，1996；Virieux和Operto，2009）。因为对于直达波、回折波和反射波的模型更新解决方案都是应用同一个玻恩结论，都遵守波数公式（8.1）。对于折射波或直达波初至，这里的$\theta=\pi$，波数是零。虽然在前面我们已经熟悉了该敏感核函数（Woodward，1992），但是令大多数人困惑的是常见的香蕉型敏感核函数（炮检点间）与玻恩近似是相矛盾的。稍后我们将展示直达波和回折波实际上允许沿着香蕉核函数的射线部分（散射角π）进行零波长速度更新。

8.2.2 全波形反演中透射波和反射波的本质

我们总是把波分为直达波、回折波（或通常的透射波）和反射波，特别是对FWI，尽管它们都是由相同的玻恩近似更新核函数来进行处理的。但在物理意义中，它们提供了不同的信息，它们都是由同一波动方程建立联系的。即使地下介质是不连续的，该方程的解也是连续的。反射波最为简单，它等同于由反射界面下面放置一个虚拟震源产生的直达波传播上来的镜面图像。在非均匀介质中，在散射角度接近180°的极限情况下，反射波变成了回折波。在这种情况下，由于与此现象相应的波数为零，就不需要波阻抗差了。具有在潜在反射层的法线方向上、并且小于该方向由速度变化所产生的反射层最大波数的地震波，将由这些波数分量产生反射波。对于突变的不连续点，最大的波数包含了在该突变不连续点产生的大部分波分量。然而，随深度平缓增加的速度模型，波路径法线方向的波数分量是零（沿射线方向），在模型中零波数将小于最大波数的某些点上，根据速度增加的特性，此时波要么变成回折波，要么变成反射波。在这种情况下，该波数分量与深度方向相同。对于散射角略小

于 180° 的情况，波数很小，这表明随着由散射得到波数的增加，速度模型也变得更加光滑，该模块也会引起散射。实际上，模型更新波数可以认为是散射波数，对于沿着射线的回折波，其波数是零。

我们通常将来自绕射层析成像模型波数公式（8.1）用于反射波。然而我们使用这个公式所遵循的相同的玻恩近似梯度来更新与直达波、回折波和反射波相关的速度。这里的难点在于直达波和回折波的零波数更新值的问题。这是很合理的，因为模型波数分量对应了一个散射点，在回折波极限情况下，散射点是由（接近）零波数分量给出的。然而，为了增加表达式的连续性，零波数的极限对应于射线路径的法线方向，我们认为这与假定的反射面（产生散射）是一致的。因此，当散射角度从 180° 逐渐减少时，这就反映了反射面的法线方向。在局部的模型点上，直达波或回折波的零波数特征就能反映上述性质。对于只沿着射线的带限直达波，该更新具有零波数；否则，将会有一小部分波数指向整体射线路径的法线方向。该结论支持了单频灵敏核函数的连续特性，其中直达（或回折）波与反射波之间的界限并不明显，因为两者都是基于散射理论来推导的。

8.2.3 辐射模式

正如我们在前一章所看到的，辐射模式定义了我们控制和求解模型的多参数之间不可避免的耦合问题的能力。其定义了在玻恩近似范围内扰动参数的角度的影响，也定义了梯度。如果两个参数具有相同的角度（倾斜或散射）影响，在数据匹配误差中很难区分两者（或区分它们的贡献），这种情况下最终产生了一个零空间，并迫使我们使用包括正则化在内的其他约束条件。然而，这些辐射模式依赖于表征模型的参数选择。

8.3 各向异性的辐射模式

与梯度波数相反，辐射模式提供了影响程度的大小，特别是其方向性依赖。对于声学 VTI 介质，Alkhalifah 和 Plessix（2014）推导出了两种它们认为是最为实用的各向异性参数组合的模式。这些参数是 v_{nmo}、η 和 δ，在这种情况下例如可用偏移速度分析（MVA）可以首先求解 v_{nmo}，并且也可以首先反演回折波来求解 v_h、η 和 ε。这两种组合都利用了一个事实：即当在地面记录波场时，波场运动学特性是依赖于 v_{nmo} 或 v_h 和 η。这摆脱了弱可解的垂向速度的束缚，该速度可由用于拟合振幅的 ε 或 δ 得到。

与前一章不同的是，这里为了得到垂向各向异性介质（VTI）的辐射模式，使用了 Alkhalifah 和 Plessix（2014）推导的公式。我们也会考虑密度。Alkhalifah 和 Plessix（2014）对推导过程做了详细的描述，这里我们只注重结果。对于同样的参数组合，由于对速度扰动的定义是不同的，所以辐射模式略有不同。使用渐近格林函数（没有多路径），即

$$G(\boldsymbol{x},\boldsymbol{y},\omega)=A(\boldsymbol{x},\boldsymbol{y})\exp(\mathrm{i}\boldsymbol{k}_{\mathrm{m}}\cdot\boldsymbol{x})$$

式中，$\boldsymbol{k}_{\mathrm{m}}$是模型更新波数，$\boldsymbol{k}_{\mathrm{m}}=\cos\frac{\theta}{2}\frac{\omega}{v_0}\boldsymbol{n}$；$v_0$是背景速度；$A$是几何振幅。然后我们可

得到

$$p_1(\boldsymbol{x}_s,\boldsymbol{x}_r,\omega)=-\omega^2 s(\omega)\int \mathrm{d}\boldsymbol{x} A(\boldsymbol{x}_s,\boldsymbol{x},\boldsymbol{x}_r,\omega)\boldsymbol{a}_1(\boldsymbol{x})\cdot\boldsymbol{r}_1(\boldsymbol{x}) \tag{8.2}$$

s 为源函数，同时

$$A(\boldsymbol{x}_s,\boldsymbol{x},\boldsymbol{x}_r,\omega)=\frac{G(\boldsymbol{x}_s,\boldsymbol{x},\omega)\mathrm{G}(\boldsymbol{x}_r,\boldsymbol{x},\omega)}{v_0^2(\boldsymbol{x})\rho(\boldsymbol{x})} \tag{8.3}$$

并且

$$\boldsymbol{r}_1=\begin{pmatrix} r_{v_n} \\ r_\eta \\ r_\delta \\ r_\rho \end{pmatrix};\ \boldsymbol{a}_1=\begin{pmatrix} 2 \\ 2n_{sh}^2 n_{rh}^2 \\ -(n_{sz}^2+n_{rz}^2) \\ 1+\boldsymbol{n}_s\cdot\boldsymbol{n}_r \end{pmatrix} \tag{8.4}$$

系数 $\boldsymbol{a}_1$ 定义了给定参数化 v_h、η、δ 和 ρ 每个参数的辐射模式（Aki 和 Richards，1980）。单位向量 $\boldsymbol{n}_s$ 和 $\boldsymbol{n}_r$，炮点入射角 θ_s，反射层倾角 α 由如下关系式给出，即

$$\boldsymbol{n}_s=\begin{pmatrix} n_{sh} \\ n_{sz} \end{pmatrix}=\begin{pmatrix} \sin(\theta_s) \\ \cos(\theta_s) \end{pmatrix};\ \boldsymbol{n}_r=\begin{pmatrix} n_{rh} \\ n_{rz} \end{pmatrix}=\begin{pmatrix} -\sin(\theta_s+2\alpha) \\ \cos(\theta_s+2\alpha) \end{pmatrix} \tag{8.5}$$

因为 $v_h=v_n\sqrt{1+2\eta}$，同时 $1+2\delta=\dfrac{1+2\varepsilon}{1+2\eta}$，我们得到如下参数扰动间的关系式，即

$$r_{v_n}=r_{v_h}-r_\eta;\ r_\delta=r_\varepsilon-r_\eta \tag{8.6}$$

这样参数化（v_h、η、ε、ρ）的辐射模式为

$$\boldsymbol{r}_2=\begin{pmatrix} r_{v_h} \\ r_\eta \\ r_\varepsilon \\ r_\rho \end{pmatrix};\ \boldsymbol{a}_2=\begin{pmatrix} 2 \\ -n_{sz}^2 n_{rh}^2-n_{rz}^2 n_{sh}^2 \\ -(n_{sz}^2+n_{rz}^2) \\ 1+n_s\cdot n_r \end{pmatrix} \tag{8.7}$$

为了获得辐射模式，我们用了关系式 $n_h^2+n_z^2=1$。

就 v_{nmo}，η 和 δ 参数组合而言，图 8.1a 显示了一个矢量图，其矢量分量由作为散射角和地层倾角的函数 r_η（水平）和 r_δ（垂直）（分别是 η 和 δ 的辐射模式）给出。阴影区域代表了反射（底部）、回折波（中间顶部）和 RWI（侧顶部）信息的可能位置。箭头的大小（矢量的振幅）表示对 η 和 δ 扰动灵敏度大小，而方向则揭示了依赖性的分布。垂直指向的箭头意味着灵敏性是由 δ 扰动所引起的，水平指向的箭头指示 η 依赖性，指向对角线方向的箭头表示两个参数间的耦合关系。另一方面，NMO 速度的辐射模式是不随方向变化的，因此在穿过潜在点照明角过程中，该速度辐射模式存在对于 η 和 δ 的耦合问题。正如预期的那样，η 分辨率在回折波和大倾角时是最高的。然而，在所有情况下，它都存在与 v_{nmo} 的耦合问题。为了反演这些模型参数，合理的做法就是先确定 δ 的值（因为 δ 不影响波场传播的动力学特征），然后先关注低频端的 v_{nmo} 和 η，然后用 δ 来解决高频端的振幅问题。

另一方面，对于参数组 v_h，η 和 ε，图 8.1b 显示了在一定区域内，对于 r_η（向量的水平分量）和 r_ε（向量的垂直分量）两个参数的依赖度是较弱的，特别是对回折波，这使得对其

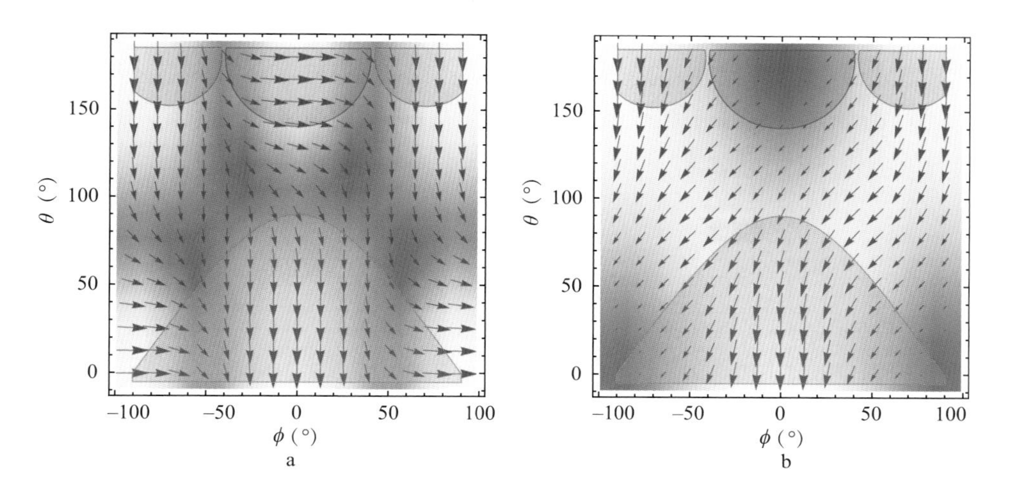

图 8.1　矢量图

对于由v_{nmo}（a）和v_h（b）主导的参数组合，分别描述了对η（向量的水平分量）和或δ（向量的垂直分量）的灵敏度

他参数不设置为任何常数情况下，可直接求解 v_h。然而，我们也注意到，即使求解 v_h，我们也需要设置 ε 初始常量（并且希望接近精确值）来求解 η，因为两个参数的耦合在任何地方都是显而易见的。我们也可以首先用反射波来反演 ε，然后再利用更大角度或更大倾角的反射波信息最终反演 η。

可以通过在某些阶段对所需要的分量进行滤波来进行模型更新，而不是通过损坏数据的方法来达到使特定参数获得合适的优化梯度的目的。下一节将考虑采用这种方法。

8.4　传统的和基于反射波 MVA 的梯度

正如我们在本书通篇看到的那样，传统 FWI 的目标函数为（Tarantola，1987）

$$E_1(m)=\sum_i |d_{o_i}-d_{s_i}(m)|^2 \tag{8.8}$$

式中，i对应于震源索引；d_0是观测数据；$d_s=u_s$（x，y，$z=0$，t）是模型正演合成数据；m（$\boldsymbol{x}$）是速度模型。模型正演波场u_s满足下面的波动方程，即

$$L(m)u_{s_i}=f\delta(\boldsymbol{x}-\boldsymbol{x}_{s_i}) \tag{8.9}$$

对于特定的炮点位置 $\boldsymbol{x}_{s_i}$，f 是在频率域中给定的源函数，即

$$L(m)=L^t(m)=\nabla^2+\omega^2 m(\boldsymbol{x}) \tag{8.10}$$

式中，L是亥姆霍兹方程，在此条件下是自共轭的；ω是角频率；∇ 是拉普拉斯算子。目标函数的梯度是由伴随矩阵形式给出的，即

$$R_1(\boldsymbol{x})=\omega^2\sum_i u_{s_i}(\boldsymbol{x})u_{r1_i}(\boldsymbol{x}) \tag{8.11}$$

$$L(m)u_{r1_i}=\delta(\boldsymbol{x}-\boldsymbol{x}_{r_i})(d_{o_i}-d_{s_i})^* \tag{8.12}$$

式中，$\boldsymbol{x}_{r_i}$是特定炮点i的检波点位置。

由于 FWI 的最大难点之一是在模型正演数据中获得合理准确的反射波，偏移后成像数据一直常被当成这种反射波的一种来源（Clement 等，2001）。这种方法的唯一缺点是其产生的更新结果都是平滑的。但反演的模型可以用作传统 FWI 的初始模型，新的目标函数为

$$E_2(m,I)=\sum_i\left|d_{o_i}\text{-}d_{m_i}(m,I)\right|^2 \tag{8.13}$$

式中，d_m是由偏移模型得到的正演结果；I（$\boldsymbol{x}$）是由传统偏移（希望是真振幅）得到的

$$I(\boldsymbol{x})=\sum_i u_{s_i}(\boldsymbol{x})u_{a_i}(\boldsymbol{x}) \tag{8.14}$$

这里的检波点波场u_{a_i}满足

$$L^t(m)u_{a_i}=\delta(\boldsymbol{x}-\boldsymbol{x}_{r_i})d_{o_i}^* \tag{8.15}$$

这样得到

$$L(m)\delta u_{s_i}=I(\boldsymbol{x})u_{s_i}(\boldsymbol{x}) \tag{8.16}$$

这样，$d_{m_i}=\delta u_{s_i}(\boldsymbol{x}_{r_i})$，该目标函数的梯度为

$$R_2(\boldsymbol{x})=\omega^2\sum_i\left[u_{s_i}(\boldsymbol{x})\delta u_{r_i}(\boldsymbol{x})+u_{r2_i}(\boldsymbol{x})\delta u_{s_i}(\boldsymbol{x})\right] \tag{8.17}$$

这里

$$L^t(m)u_{r2_i}=\delta(\boldsymbol{x}\text{-}\boldsymbol{x}_{r_i})(d_{o_i}-d_{m_i})^* \tag{8.18}$$

$$L^t(m)\delta u_{r_i}=I(\boldsymbol{x})u_{r_i}(\boldsymbol{x}) \tag{8.19}$$

对于互相关目标函数（Choi 和 Alkhalifah，2012 ；Xu 等，2012），我们得到了相似的梯度公式，但是残差由观测数据所代替。这一特性将降低源函数的作用，尤其是把振幅的作用简化为一个比例因子。

8.5 梯度滤波

常规逐级反演数据选择方法起初是用于将模型中的长波长更新量分离出来（Sirgue 和 Pratt，2004），另外一种方法是抛开数据而通过对梯度进行滤波来获得更新量（Tang 等，2013 ；Almomin 和 Biondi，2013 ；Albertin 等，2013）。最新进展是在更新中采用基于尺度分离的方法，即通过对模型更新进行合适的波数滤波或匹配炮点和检波点波场的方向分量，这样就将更新分解成了反射和透射分量。在这两种情况下，在倾斜反射中，低波数分量出现在不容易与透射波分离的方向上，这可能会引起问题。事实上，在有限的炮检点覆盖范围内，回折波在某些方向上可能有很高的波数（在高频部分），但它们在更新背景模型中是很有价

值的，特别是在波传播路径上。

为了改善梯度的作用，特别是让它重点聚焦在合适的长波长分量上，可以利用一种由 Khalil 等（2013）设计的方法，专门滤除这些分量来获得没有低频假象的更加干净的 RTM 成像以便准确地滤除反向成分并增强这些分量。像 Khalil 等人那样，可将稍微修改后的延迟时间（比例后的速度，ζ）引入到常规梯度中，即

$$R_1(\boldsymbol{x},\zeta)=\sum_i u_{s_i}(\boldsymbol{x})u_{r_i}(\boldsymbol{x})\mathrm{e}^{-4\mathrm{i}w\frac{\zeta}{v(\boldsymbol{x})}} \tag{8.20}$$

$$R_2(\boldsymbol{x},\zeta)=\sum_i\left[u_{s_i}(\boldsymbol{x})\delta u_{r_i}(\boldsymbol{x})+u_{r_i}(\boldsymbol{x})\delta u_{s_i}(\boldsymbol{x})\right]\mathrm{e}^{-4\mathrm{i}w\frac{\zeta}{v(\boldsymbol{x})}} \tag{8.21}$$

式中，v是速度，等于$\frac{1}{\sqrt{m}}$；$\zeta=\frac{\tau}{2}v(\boldsymbol{x})$；$\tau$为常规的时间延迟。这种改进的延迟时间（距离单位）表示的固有特征是：散射角与梯度的波数表征式之间的关系不依赖于速度但依赖于空间。事实上，散射角是由以下公式给出的，即

$$\cos^2\frac{\theta}{2}=\frac{|\boldsymbol{k}_\mathrm{m}|^2}{\boldsymbol{k}_\zeta^2} \tag{8.22}$$

式中，$\boldsymbol{k}$是波数矢量；$\boldsymbol{k}_\zeta$是ζ对应的波数（傅里叶变换）；A是R（x，ζ）的四维傅里叶变换（2D情况下是三维）。利用方程（8.22）将$\hat{R}(\boldsymbol{k},\ \boldsymbol{k}_\zeta)$映射到其等价角道集$\hat{R}(\boldsymbol{k},\ \theta)$。在例子中，使用公式（8.22）滤除对应小$\theta$（反射）的梯度能量，可能从$\theta$<170°开始，并将剩余的$\boldsymbol{k}_\zeta$求和（零值$\zeta$成像条件）。这样就没必要映射到角道集上。当然，为了应用空间域的梯度，需要将成像结果做反傅里叶变换以变换回到空间域。很有趣的是在$\hat{R}(\boldsymbol{k},\ \boldsymbol{k}_\zeta)$中为消除反射波的切除区域可以通过设置低常规波数和高延迟波数来实现。很明显当$\cos\frac{\theta}{2}>1$时，可以切除落在$\hat{R}(\boldsymbol{k},\ \boldsymbol{k}_\zeta)$区域中的所有能量，这些能量对应的是一些在背景模型里面没有物理意义的更新量。

将方程（8.22）和模型更新波数联系起来得到$\boldsymbol{k}_\zeta=\frac{\omega}{v}$，这样在更新过程中就可以通过直接控制在模型更新中的频率成分，而速度影响这些频率成分的尺度。换一句话，$\boldsymbol{k}_\zeta$控制着更新波数的尺度，这样模型更新公式可写成

$$\boldsymbol{k}_\mathrm{m}=\boldsymbol{k}_\zeta\cos\frac{\theta}{2}\boldsymbol{n} \tag{8.23}$$

这使得无论频率如何，都可以完全控制模型更新的波长。对于 100°和 160°的最小散射角，图 8.2a 和图 8.2b 的灰色区域分别显示了在空间和ζ波数域中表示的为切除所预留的梯度区域。下面，将切除散射角度小于 179°的部分，这将聚焦于几乎是零波数更新的梯度射线部分。

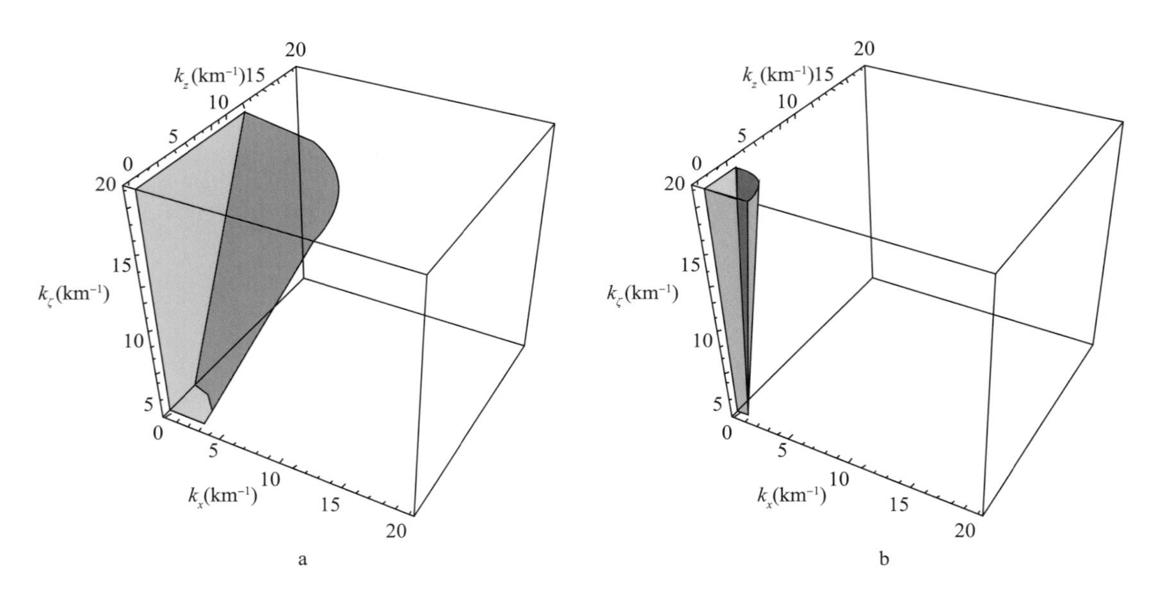

图 8.2　在模型更新（梯度）中灰色表示的区域显示的是为切除所留出的最小散射角（a—100°；b—160°）

突出显示区域对应于反射（底部）、RFWI（上角）和回折波（中心部）

8.6　滤波后的梯度

最好理解更新（梯度）的方法是通过利用单一频率、单个炮点和检波点，以及在利用反射波情况下采用只有单个扰动点的模型来分析更新对模型的影响，因此这里我们重点分析滤波更新对其敏感核函数的影响。首先分析均匀背景速度模型中的单频波场，其背景速度为2km/s，炮、检点埋深 0.1km，偏移距 3km。图 8.3 是 10Hz 的单频梯度函数，它清楚地展示了在本书中我们已经熟悉了的传统敏感核函数。该成果归功于 Woodward（1992年）。这里的速度梯度尺度是用来比较的，因为实际的值依赖于波场残差的振幅大小，Hessian 矩阵对振幅的作用，以及合适的步长搜索。图 8.4 是 ζ 的扩展梯度，在前面描述的实现过程中，对扩展梯度进行了三维傅里叶变换，然后应用方程(8.22）滤除了低散射角的能量。图 8.5a~f 显示了各种对低截散射角进行滤波后的梯度。对于高散射角度，我们获得了低波数模型更新量，大部分更新量集中在炮点和检波点之间。由于包含了较低的散射

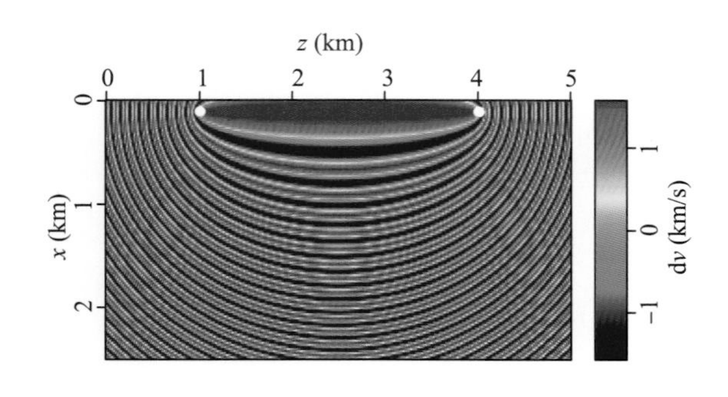

图 8.3　炮点在x = 1km、检波点在x = 4km、埋深均为z = 0.1km位置处10Hz单频波场的模型更新响应

色标代表需要由剩余量和正则化的Hessian矩阵进行比例的相对更新量。白点对应着炮点和检波点位置

角度，所以梯度包含了高波数的信息。当切除大部分的角度时，更新的幅度更小，但是这个问题可以由平滑更新所覆盖的广大区域所校正。这是对应于单个炮点和检波点的一个 10Hz 频率的梯度。随着我们包含更多的炮点和检波点，梯度将会发展成为一个模型更新所需要的更加完整的形状。更重要的是，作为非线性的主要来源的与反射有关的能量由于高散射角滤波而被减弱。在图 8.3 中，简单的梯度波数滤波在均匀介质中可能会产生这样的模型更新量，但是在非均匀介质中不会产生这样的更新，因为一些反射能量包含了零波长成分，尤其是沿着反射层。这种对单个炮点和检波点位置上单个频率的响应揭示了该滤波器能力的本质。请注意，零散射、较低角度滤波更新为我们提供了如图 8.3 所示传统 FWI 更新的梯度。

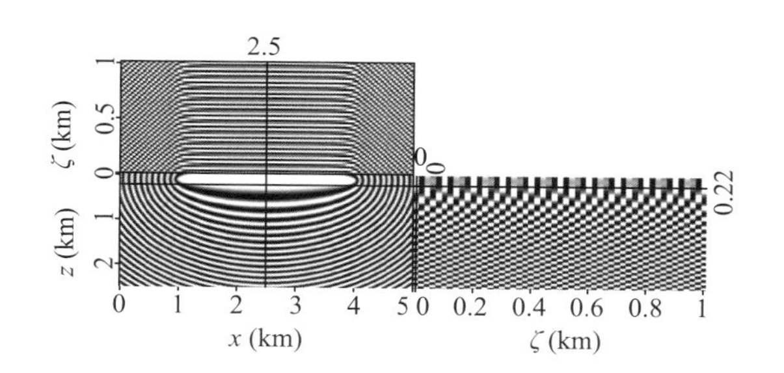

图 8.4　利用可识别散射角度扩展项的图8.3的模型更新（敏感核函数）

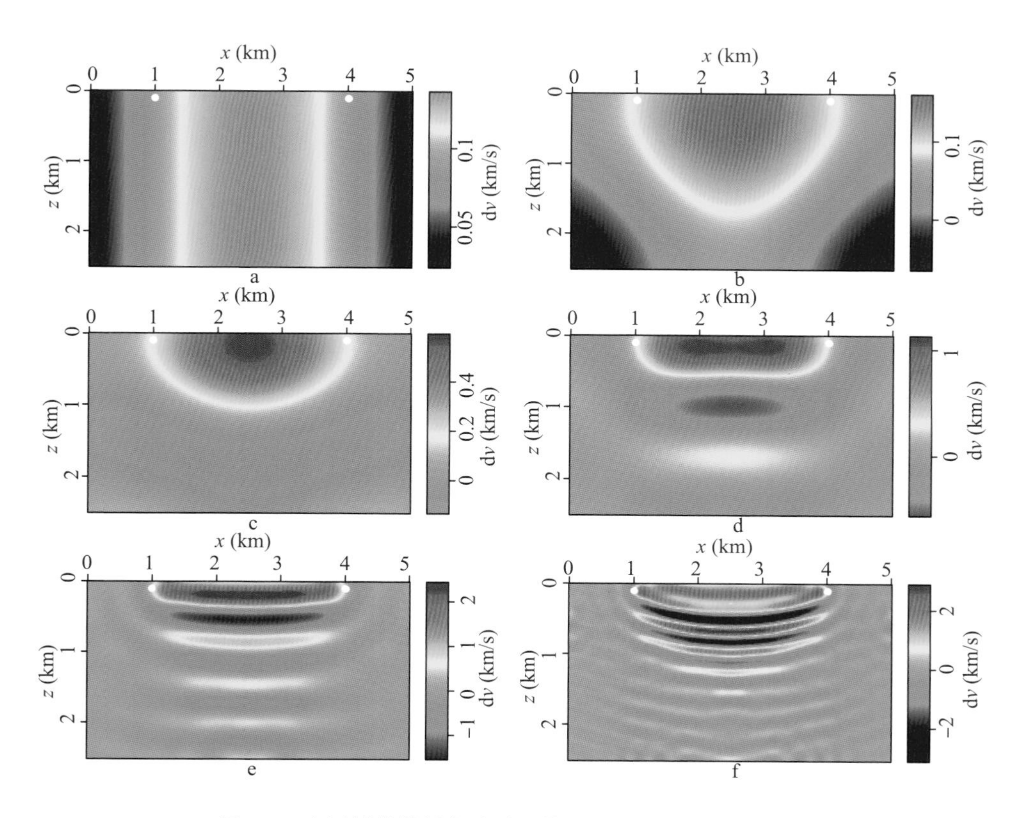

图 8.5　应用低截散射角滤波的模型更新（敏感核函数）

切除角度分别在179.4°(a)，179°(b)，178°(c)，176°(d)，170°(e)，160°(f) 以下。白点对应着炮点和检波点位置

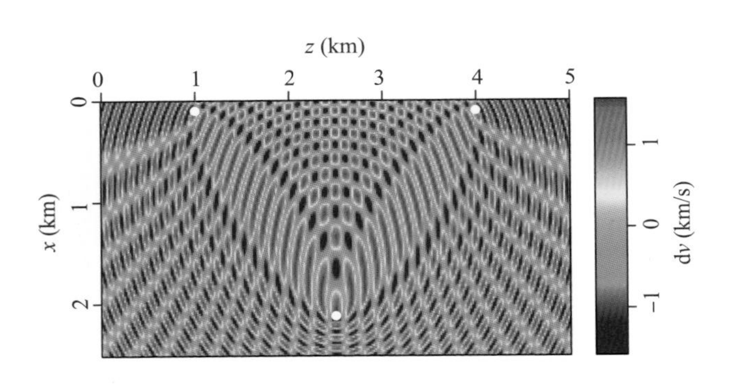

图 8.6 炮点在1km、检波点在4km、埋深均为0.1km，模型扰动点位于横向2.5km、埋深2.5km处、10Hz单频波场的模型更新响应

白点对应着炮点、检波点和模型扰动点位置

如果像 Xu 等（2012）建议的那样，利用反射波来更新背景介质，那么在炮点和检波点之间 2.5km 深的扰动更新如图 8.6 所示。在这个更新中是传统的兔耳响应，它被波场的单频性质略微掩盖。图 8.7 包含了 ζ 的扩展梯度。图 8.8a~f 是不同角度的低散射角截断滤波器的响应。对于传统的 FWI 梯度，得到了类似的效果。然而，即使对于单频算子，在 170°~176° 的散射角截断后，也得到了兔耳响应。事实上，应用一个相对较高的频率（就 FWI 而言），获得的算子与使用一定频带的 RWI 的（Xu 等，2012）获得的算子是一样的。

如果反射层是水平的，而不是像 Xu 等（2012）所使用的那样的散点，那么在 2.5km 处有反射层情况下的模型更新量如图 8.9 所示。在这个更新中的是传统的兔耳响应，它被所涉及波场的单频特性有所掩盖，图 8.10a~f 是不同切除角度对低散射角截断滤波器的响应。反射层附近的更新能量的聚焦是反射层作为一群散射点共同贡献的结果。

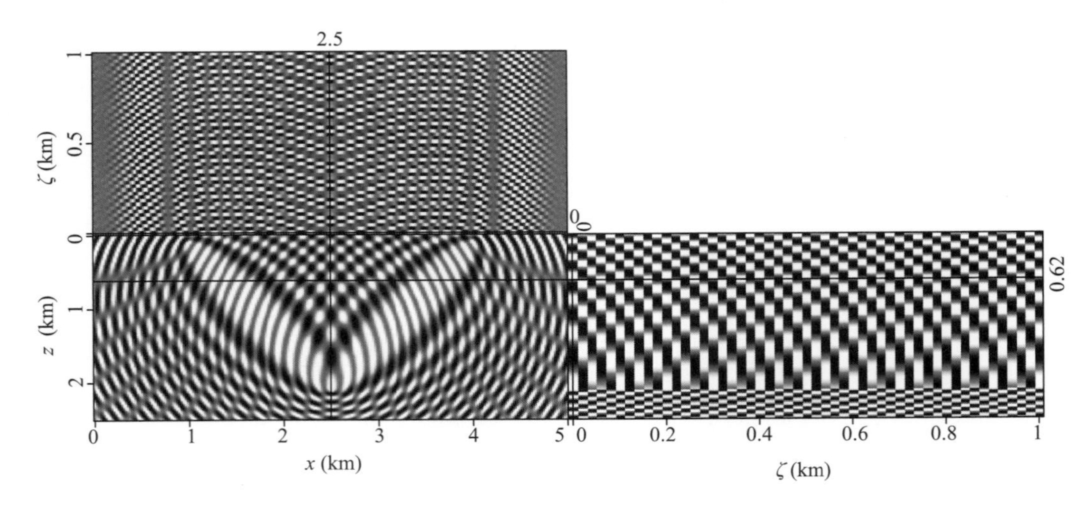

图 8.7 用允许可识别散射角度扩展项的图8.6的模型更新（敏感核函数）

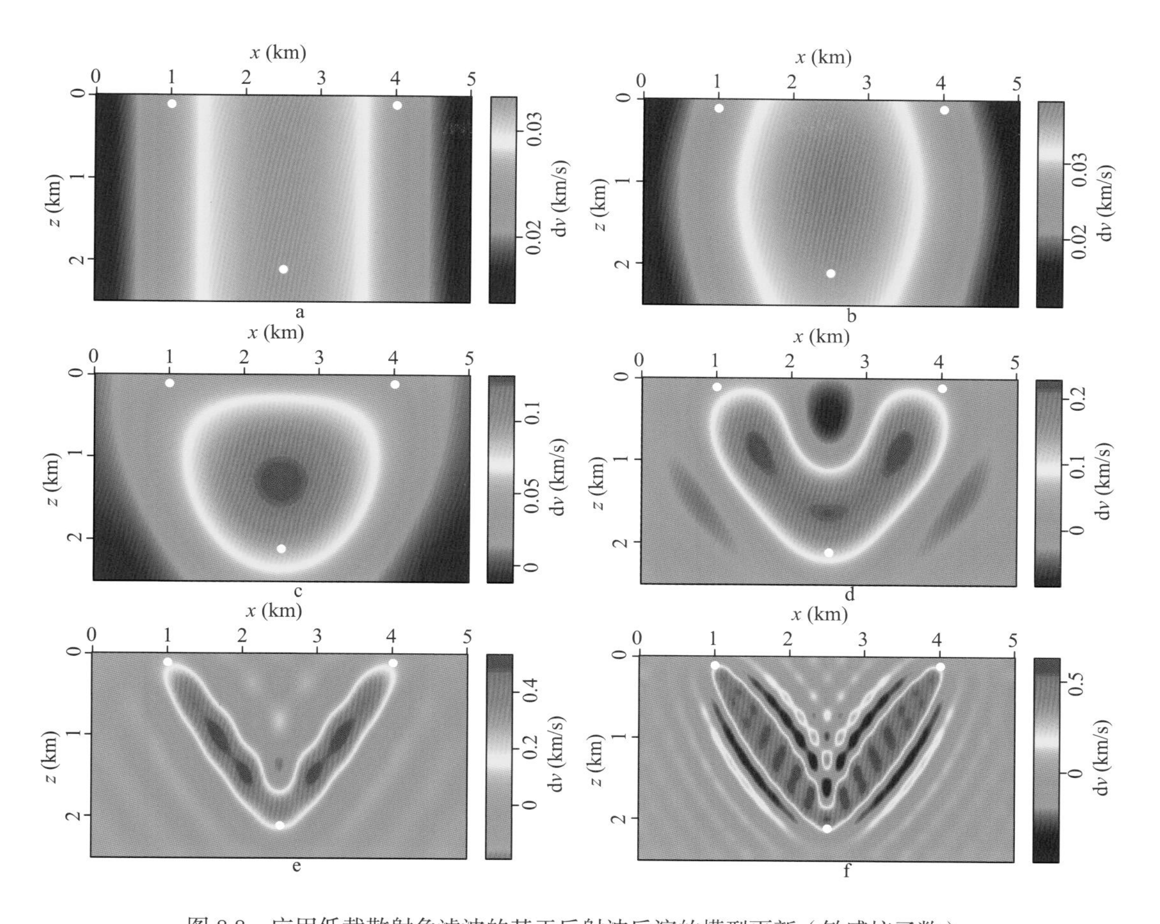

图 8.8 应用低截散射角滤波的基于反射波反演的模型更新（敏感核函数）

切除角度分别在179.4°（a），179°（b），178°（c），176°（d），170°（e），160°（f）以下。白点对应着炮点、检波点和模型扰动点位置

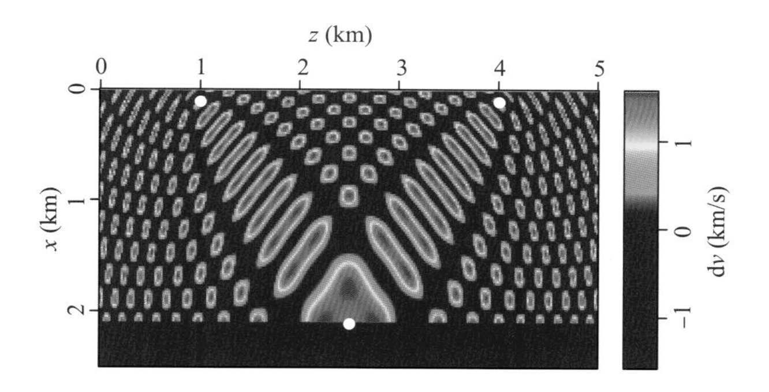

图 8.9 炮点在1km、检波点在4km、埋深均为0.1km，模型扰动点位于横向2.5km、埋深2.5km处、10Hz单频波场的模型更新响应（反射层是水平的）

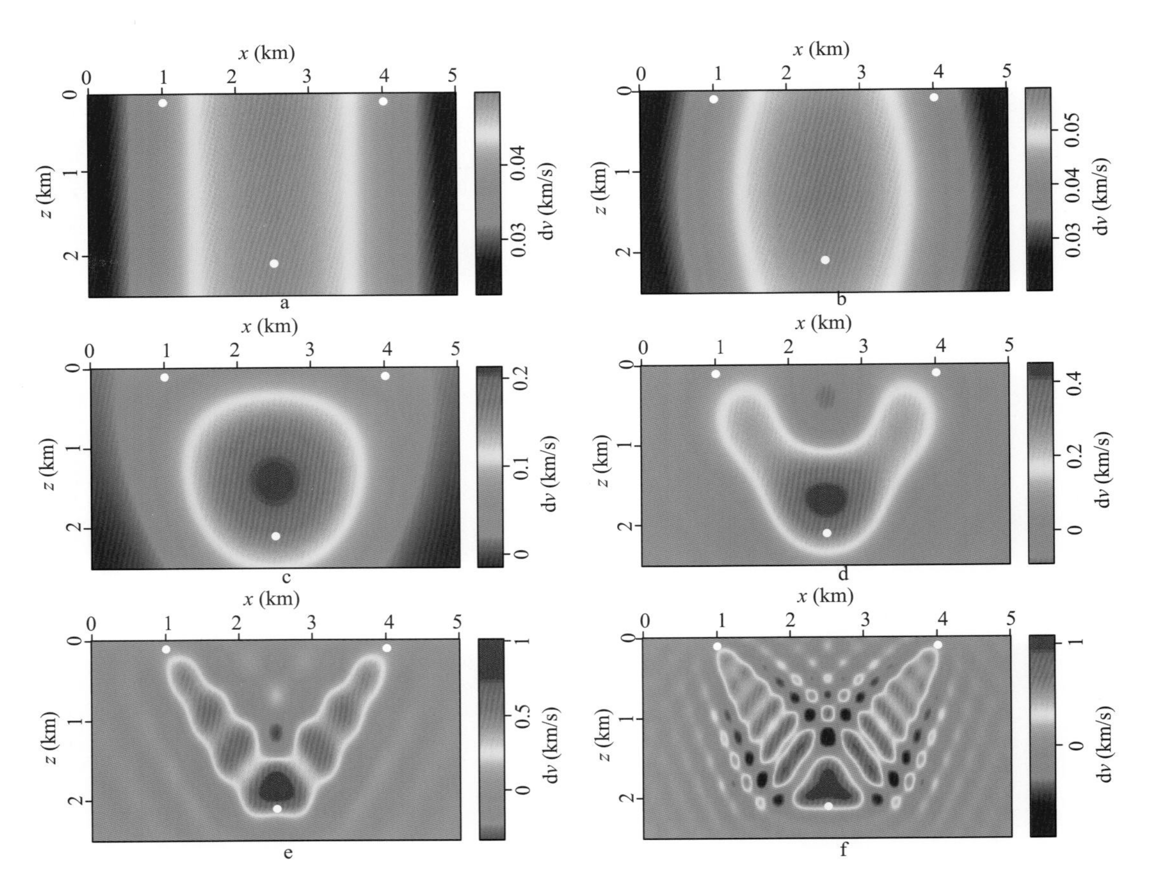

图 8.10　应用低截散射角滤波的基于反射波反演的模型更新（敏感核函数）

切除角度分别在179.4°（a），179°（b），178°（c），176°（d），170°（e），160°（f）以下（反射层是水平的）

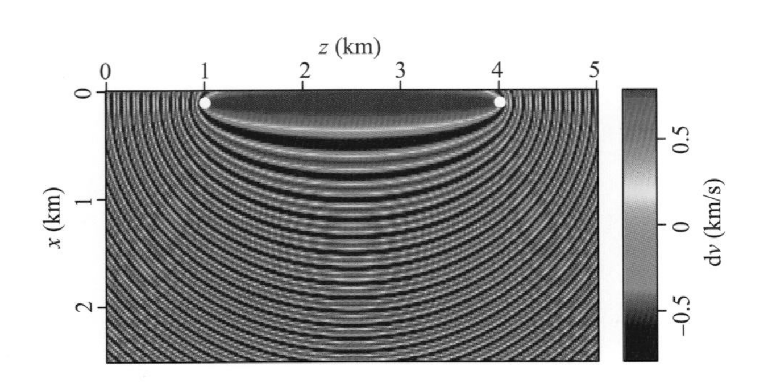

图 8.11　炮点在1km、检波点在4km、埋深均为0.1km，10Hz单频波场的模型更新响应

色标代表相对更新量，是由剩余量和正则化的Hessian矩阵进行比例得到的。白点对应着炮点、检波点和模型扰动点位置

8.7　非均匀介质

在非均匀介质情况下，应用玻恩射线理论（Beydoun 和 Mendes，1989；Moser，2012）来推导敏感核函数。重新设计传统 FWI 和反射波模型，首先使用表层速度为 1.5km/s，梯度为 $1s^{-1}$ 垂向速度变化的速度模型。图 8.11 是该 $v(z)$ 模型的传统 FWI 单频敏感核函数及回折波特有（半圆）的中心射线路

径。该核函数还包含了为该炮检点对提供共成像等时线的全模型的散射响应。图 8.12a~f 是对各种低截散射角进行滤波后的梯度。同样对于高散射角度，获得了低波数模型更新量，大部分的更新都集中在炮检点之间。当包含较低的散射角度时，梯度就包含高波数的信息并遵循回折波的射线路径。此时，反射波尤其是那些对应水平反射层（这里散射角度是最大的）的反射波就开始出现了。这样逐渐得到了传统的更新，如图 8.11 所示，因为允许小散射角度通过。

在 RWI 的例子中，这种线性速度模型的非均匀性改变了兔耳的形状，能量集中在新的射线路径附近（图 8.13）。图 8.14a~f 是对各种散射角进行低截滤波的响应。高截散射角滤波器（179.4°）为该单频敏感核函数提供了一个极低的波数更新。因为它覆盖的区域很广，所以

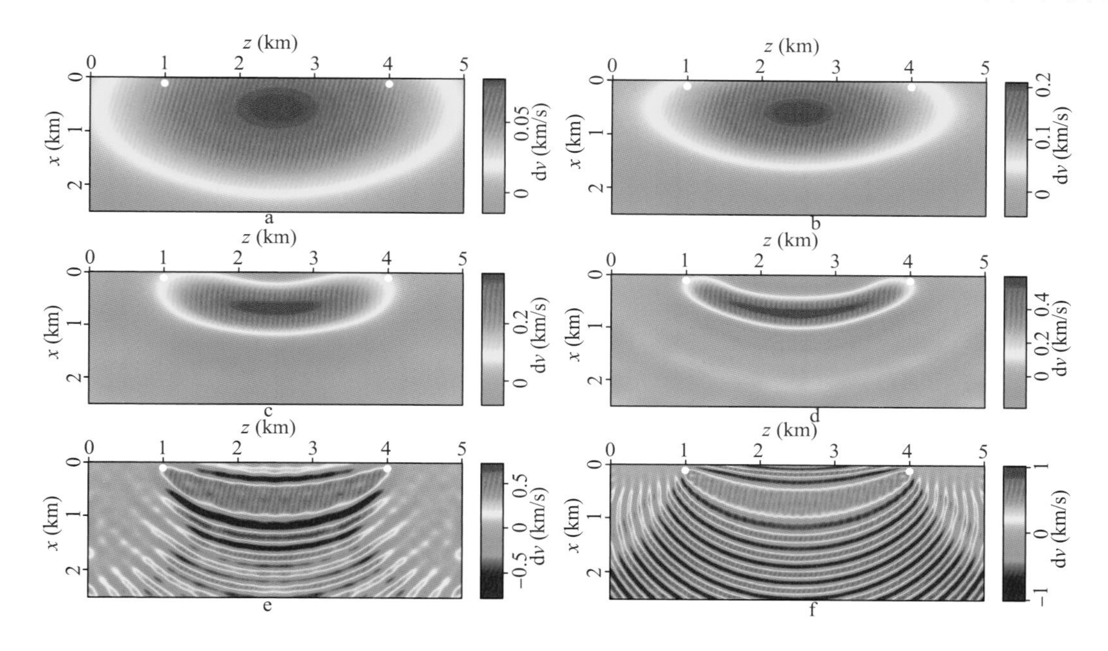

图 8.12 应用低截散射角滤波的模型更新（敏感核函数）

切除角度分别在179.4°（a），179°（b），178°（c），176°（d），170°（e），160°（f）以下。白点对应着炮点、检波点位置（线性非均质模型）

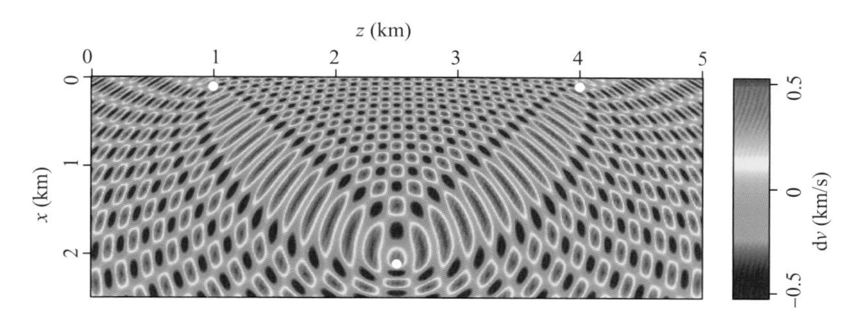

图 8.13 炮点在1km、检波点在4km、埋深均为0.1km，模型扰动点位于横向2.5km、埋深2.5km处、10Hz单频波场的模型更新响应

白点对应着炮点、检波点和模型点扰动的位置（线性非均质模型）

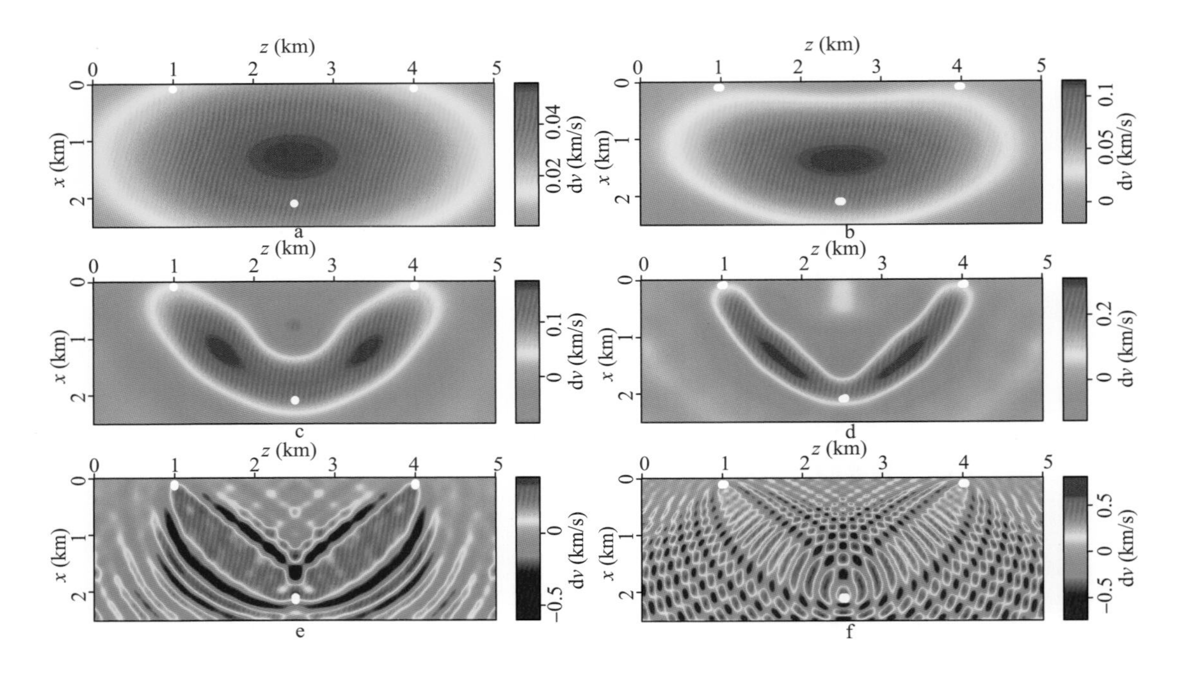

图 8.14 应用低截散射角滤波的基于反射波反演的模型更新（敏感核函数）

切除角度分别在179.4°(a)，179°(b)，178°(c)，176°(d)，170°(e)，160°(f) 以下。白点对应着炮点、检波点和模型扰动点位置（线性非均质模型）

扰动的相对幅度是很小的。当降低切除的散射角度时，得到分辨率更高的敏感核函数。事实上，在 176° 或 178° 以下的截断角度，就得到了一种沿着射线路径的更新，这就是前期模型迭代更新的目标，或者是偏移数据分析（MVA）之类的操作的目标。

接下来，我们分析 Marmousi 模型响应。应用程函方程解获得了玻恩射线表达式所需要的旅行时。尽管我们会忽略后面的地震波，但这里的重点是分析滤波器的作用。图 8.15 是 Marmousi 模型，并附有旅行时等时曲线，该旅行时等时曲线图是由程函数方程求解得到的，炮点位置为 2km，埋深 0.1km。对于 Marmousi 模型，稍做变化使用频率为 7Hz 的单频波场。图 8.16 是传统 FWI 所对应的敏感核函数。它承载了由复杂模型得到的所有复杂性。图 8.17 是 ζ 的扩展版本，我们将用它来滤掉某些散射角度以下的能量。图 8.18a~f 是对各种散射角进行低

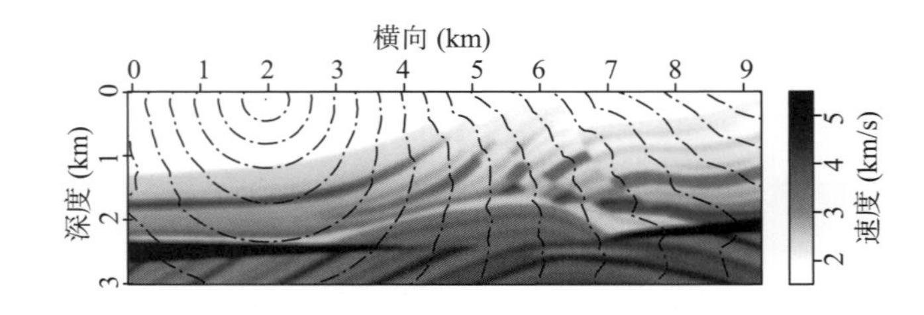

图 8.15 原始采样4m、在两个方向都用20个样点盒形窗口进行滤波的Marmousi模型

曲线是等值线对应于近地表由白点标注的炮点程函方程求解得到的旅行时解

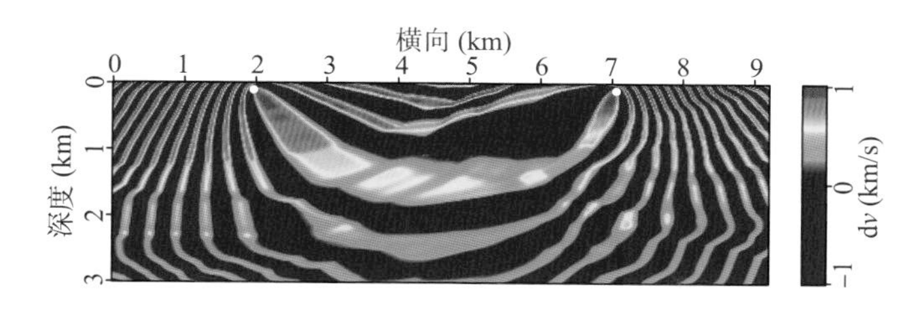

图 8.16 炮点在2km、检波点在7km处、埋深均为0.1km，7Hz单频波场的模型更新响应

色标代表相对更新量，是由剩余量和正则化的Hessian矩阵进行比例得到的。白点对应着炮点、检波点位置（Marmousi模型）

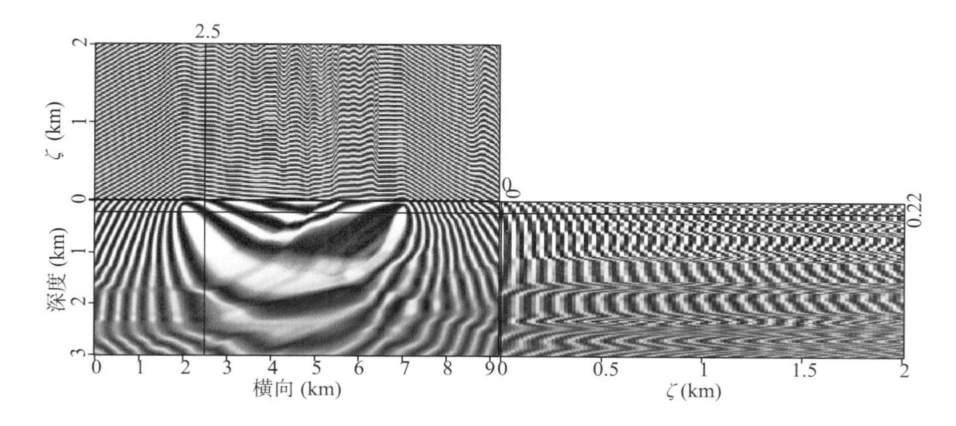

图 8.17 具有识别散射角度的扩展项的图8.3的模型更新（敏感核函数）（Marmousi模型）

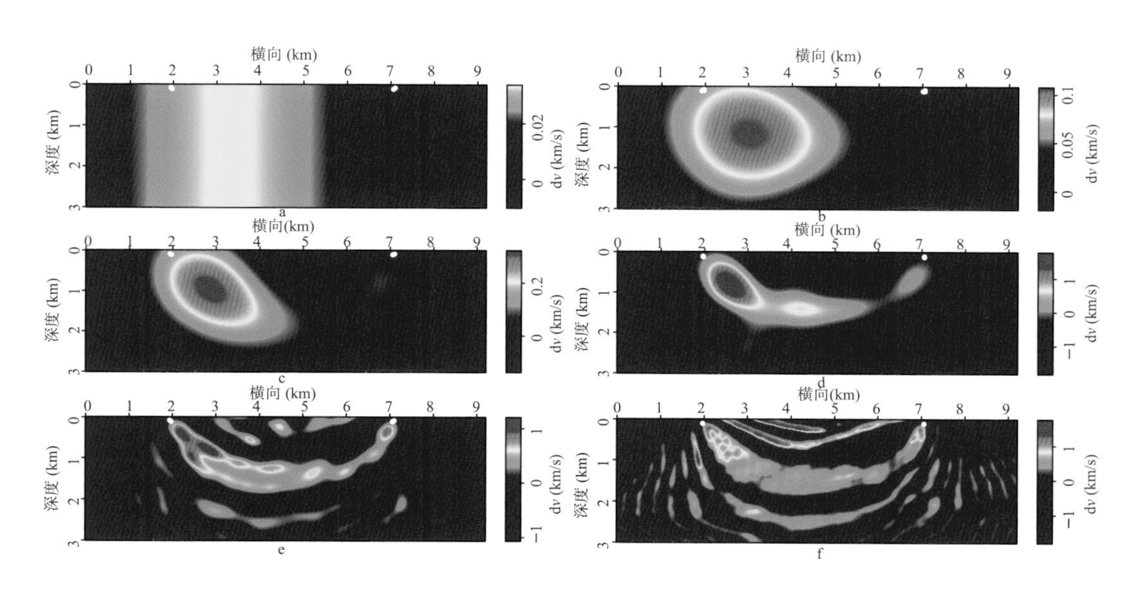

图 8.18 应用低截散射角滤波的模型更新（敏感核函数）

滤波切除角度分别在179.4°(a)，179°(b)，178°(c)，176°(d)，170°(e)，160°(f)以下。白点对应着炮点、检波点位置（Marmousi模型）

截滤波响应。注意更新的能量更多地向核函数的炮点位置（低速度）集中。其中的一些差异将通过几何扩散（由 Hessian 矩阵对角元素得到）校正，而不在这里处理。但是由于在该区域中的地震波振幅较大、波长较短，所以也存在一种自然偏差，即更新能量趋于集中到低速区域。

对于反射波 FWI，将扰动埋深设置在 2.5km 处，如图 8.19 所示，位于假定的储层位置。图 8.20 是该背景模型的模型摄动（图 8.21）所对应的敏感核函数。图 8.22a~f 展示了应用低截散射角滤波后的结果。由于受到在检波点附近的模型绕射点的影响，传统 FWI 的偏差问题得到轻微的弱化。高截散射角滤波产生的梯度能量几乎都集中在炮检点与模型摄动点之间。同样，当我们降低低截散射角时，我们得到了更高的分辨率信息。

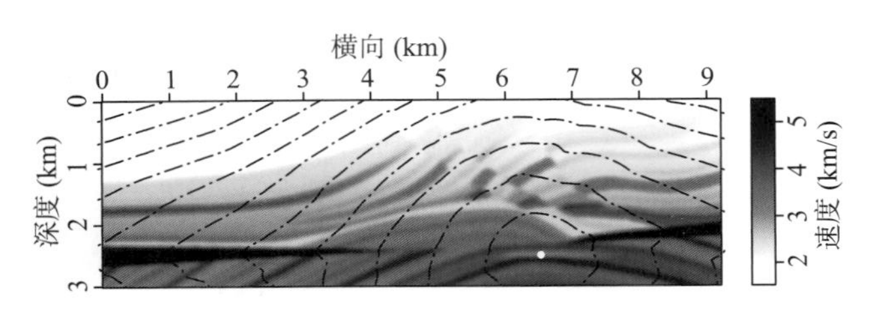

图 8.19　等值线是由程函方程求解得到的炮点位于储层区域（白点标注）对应的旅行时解（Marmousi模型）

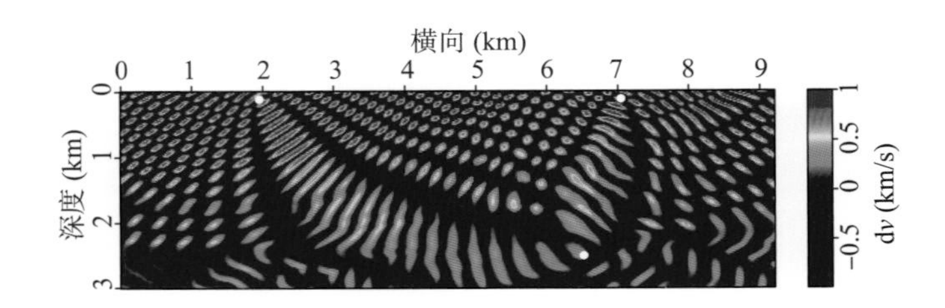

图 8.20　炮点在1km、检波点在4km、埋深均为0.1km，模型扰动点位于横向2.5km、埋深2.5km处、10Hz单频波场的模型更新响应

白点对应着炮点、检波点和模型点扰动的位置（Marmousi模型）

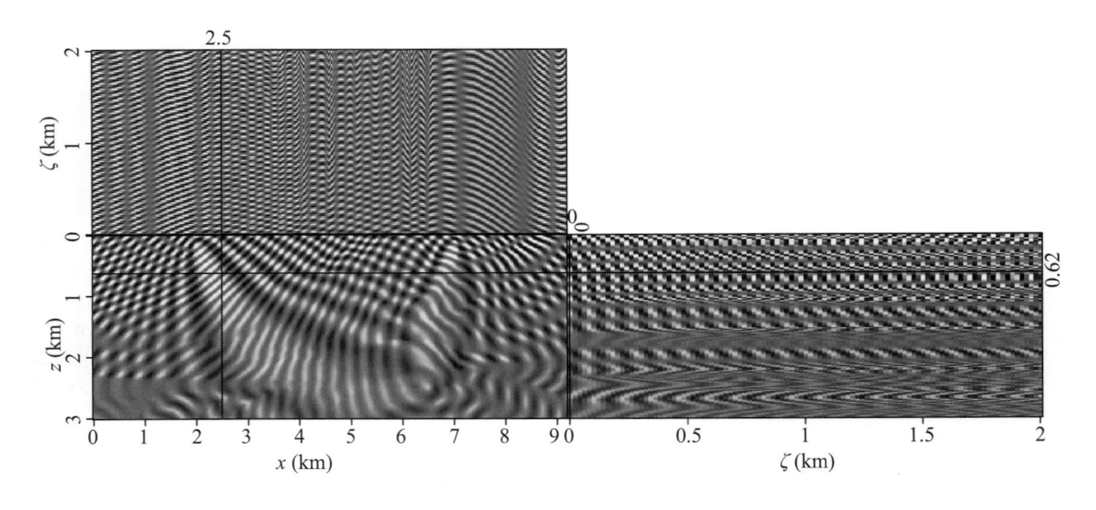

图 8.21　具有可识别散射角度扩展项的图8.20的模型更新（敏感核函数）（Marmousi模型）

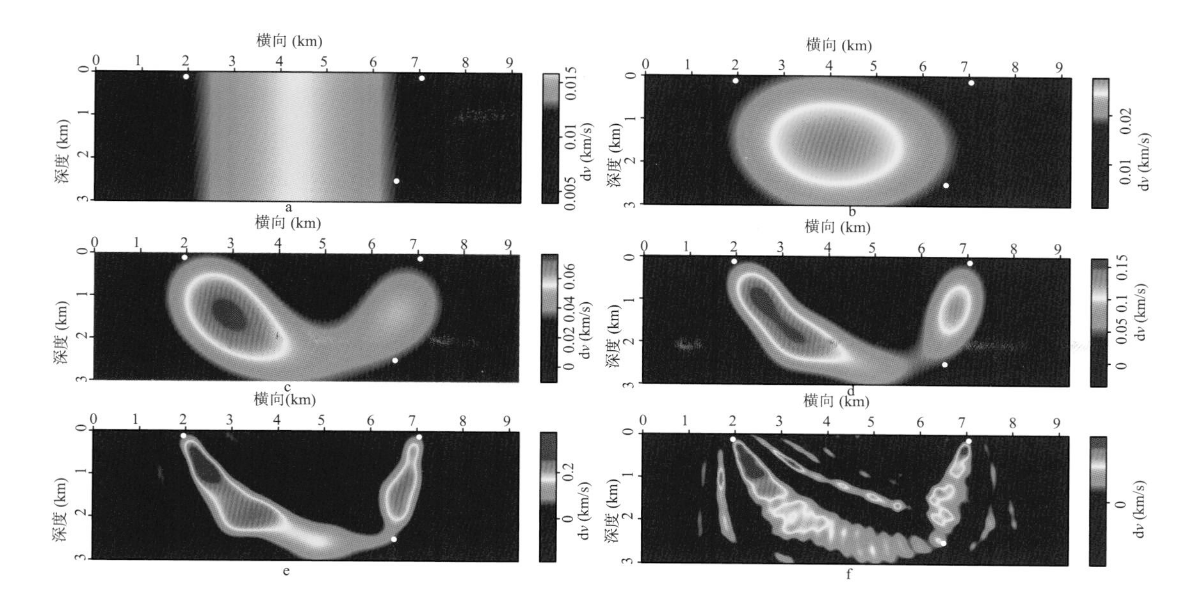

图 8.22 应用低截散射角滤波后基于反射反演的模型更新（敏感核函数）

切除角度分别在179.4°（a），179°（b），178°（c），176°（d），170°（e），160°（f）以下。白点对应着炮点、检波点和模型点扰动的位置（Marmousi模型）

8.8 各向异性介质的梯度波数分布

由于反射层的倾角通常被视为未知量，而玻恩线性化更新是基于散射理论（即来自模型中的某一点），因此这里的分析重点是基于散射角度和频率的各向异性参数的依赖性（辐射模式）。为了重点强调某个倾斜层，倾向于使用倾角来固化或约束梯度以强调某个倾角，但是这里不讨论这个约束。

在开始对各向异性参数梯度滤波之前，先了解一下数据对这些参数敏感性的波数分布知识，并了解在要滤波的域中参数之间的耦合关系，特别是 $\boldsymbol{k}_\zeta$。从方程（8.22）中，我们注意到散射角取决于 $\boldsymbol{k}_\mathrm{m}$ 和 $\boldsymbol{k}_\zeta$ 的大小。显然，$\boldsymbol{k}_\mathrm{m}$ 是由波数域中表征的梯度函数得出的。因此我们要研究各向异性参数相对于倾角 ϕ 和 $\boldsymbol{k}_\zeta$ 的敏感性特征。图 8.23a 展示了由 η、v_nmo 和 δ 给出的参数组合的依赖性。和图 8.1a 一样，图 8.23a 是展示对 η（水平方向）和 δ（垂直方向）敏感度幅度的矢量图。3 个加亮区域对应于不同的数据，其中左边描绘常规反射波的位置（具有合理的最大偏移距），右下方代表回折波位置，有接近 180° 的散射角，右上方对应于 RWI，其核函数的有效倾角对水平反射层来说更垂直。对于垂直反射层，该区域可以延伸到零倾角，这部分的作用类似于回折波。然而，对于 FWI，该区域是依赖于反射波的。由 v_nmo 主导得到的各向异性组合，常规 FWI 情况下，小倾角（矢量方向是垂直的，在左侧）反射波对 δ 的敏感度最大。对于大倾角（矢量方向是水平的，在左侧）或大偏移距的反射，参数 η 起主要作用。对于回折波，数据的主要敏感参数是 η；对于 RFWI，主要敏感参数是 δ，除非倾角很大或偏移距非常大时，会在梯度中产生更小的有效倾角，此时 η 开始起更大的作用。对于 v_h，η 和 ε 参数组合则又是另外一码事了（图 8.23b）。对于常规 FWI 反射波，在小倾角时数据对参数 ε 更灵敏，在中等倾角时，参数 η 开始起作用。但是对于大倾角，这两个参数的作用都很弱。它们对回折波的作用也很小，只是可用来反演 v_h。对于 RWI，在参数 η 和 ε 之间存在耦合，在小偏移距和小倾角时，主要参数是 ε；在大偏移距和大倾角时，主要参数是 η。下一章节将利用这个特性。

由散射角控制的截断滤波器（切除低于某个值的 $\boldsymbol{k}_\zeta$ 区域）将剔除传统 FWI 反射波贡献部分（图 8.23a 和 b 的左侧）。其实，在实际应用中，我们起初应在 $\boldsymbol{k}_\zeta$ 最右边的部分留出一条带。对于由 v_{nmo} 主导的组合参数，我们倾向于从回折波求取 η，从 RWI 求取 δ，二者都与 v_{nmo} 进行有潜在的耦合问题，它具有角度独立的辐射模式。对于由 v_h 主导的组合参数，回折波对参数 η 和 $\boldsymbol{k}_\zeta$ 的敏感度很小；但 RWI 对这两个参数都具有合适的敏感度。

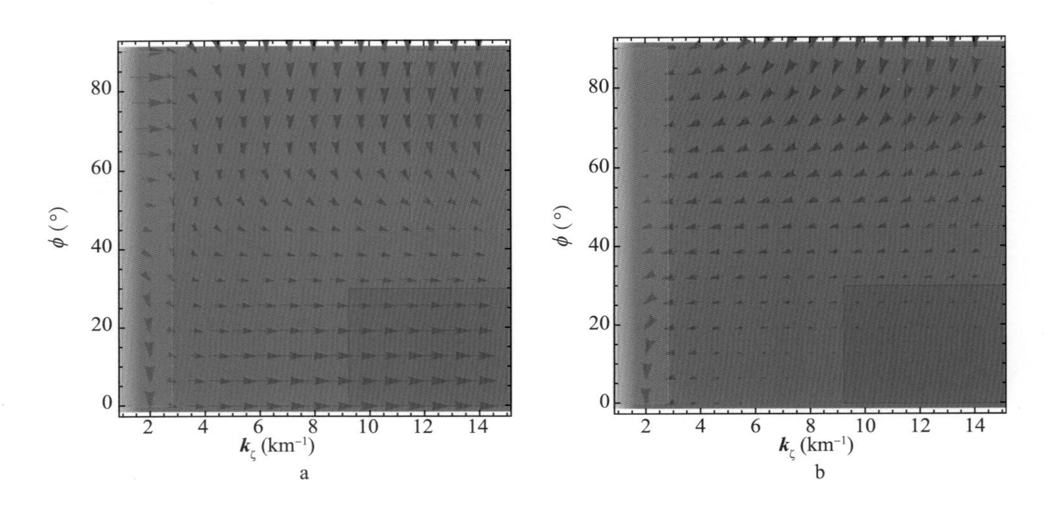

图 8.23　与图8.1a和图8.1b展示意义相同的矢量图

对于由v_{nmo}（a）和v_h（b）主导的参数组合，该图分别描述了对η（矢量的水平分量）和对δ或θ（矢量的垂直分量）的敏感度。突出显示的区域对应于FWI反射波（左），RFWI（右上）以及FWI回折波（右下）

8.9　各向异性滤波

模型域中滤波的优点之一是它可以分别应用于模型参数更新。由于这些模型参数共享于同一个数据，因此很难在频率或偏移距上剔除这些数据。对于某些模型参数，可冒着过度滤波的风险来实现模型更新，同时为了对更新产生更高分辨率的贡献，可以放宽对其他参数的滤波。在下面的例子中，分别针对 η、δ 或 ε 的扰动，分析滤波器对传统 FWI 和 RWI 梯度的影响。对于基于 v_{nmo} 和 v_h（两者的辐射模式都不随角度变化）的散射角的分析，可以参考

Alkhalifah（2014），里面主要讨论了各向同性介质。首先考虑 v_{nmo}，δ 和 η 的参数化，如前面讨论的，该组合参数更适合于基于 RWI 开始的反演。因此，首先分析 RWI 梯度。

8.9.1 v_{nmo} 参数组合

图 8.24 是在 RWI 情况下 10Hz 单频波场 η 扰动的梯度。显然，在两侧对应于几乎水平传播波场的梯度分量（例如，一个垂直反射层）具有更多的能量。另一方面，梯度的中间部分是由垂直传播的一个波场（炮点、检波点或模型绕射点）控制的，因此振幅较小。图 8.25 是 ζ 扩展版。从低能量中间部分沿着 ζ 的垂直剖面仅在模型扰动点处显示能量。图 8.26a~f 是应用不同低截散射角滤波后的梯度。虽然 η 扰动的贡献的振幅比较低，但可通过滤波方法将该贡献沿射线路径分离出来。从而得到一定截断角度的兔耳朵，相对于后面可以看到的 δ 扰动，可以确定其振幅很小。对于该方案，对 η 扰动的相对于数据的低敏感度是其固有的特征。偏移距越大，为兔耳朵提供越宽的张角，对 η 的敏感度就越大。这种现象与滤波响应是类似的。

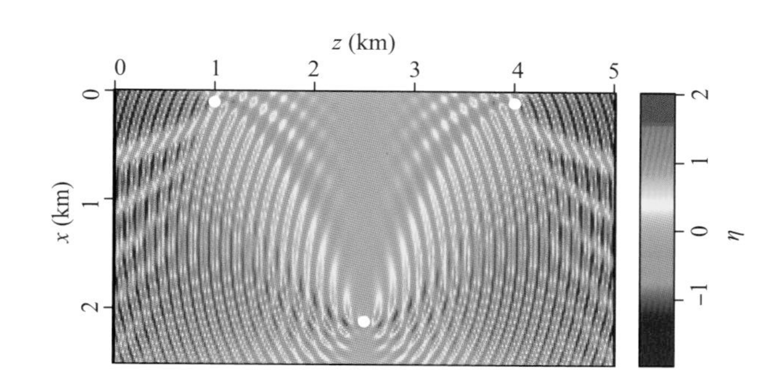

图 8.24 炮点在1km、检波点在4km、埋深均为0.1km，模型扰动点位于横向2.5km、埋深2.5km处、10Hz单频波场、η扰动的RFWI的模型更新响应（敏感核函数）

白点对应着炮点、检波点和模型点扰动的位置（η扰动）

在 δ 扰动的情况下，10Hz 单频 RWI 梯度如图 8.27 所示。该响应在与近似垂直波场传播相对应的梯度部分显示出更强的能量，包括沿着兔耳朵的那部分能量。因此，ζ 扩展在从中间穿过扰动模型点的垂直剖面中显示了能量（图 8.28）。图 8.29a~f 所示的散射角滤波的应用显示出和 η 扰动相似的响应（图 8.26a~f），但符号相反，更重要的是振幅不是一个数量级。因此在这个方案中 δ 比 η 更容易求解。这与传统 FWI 的特征是相反的。

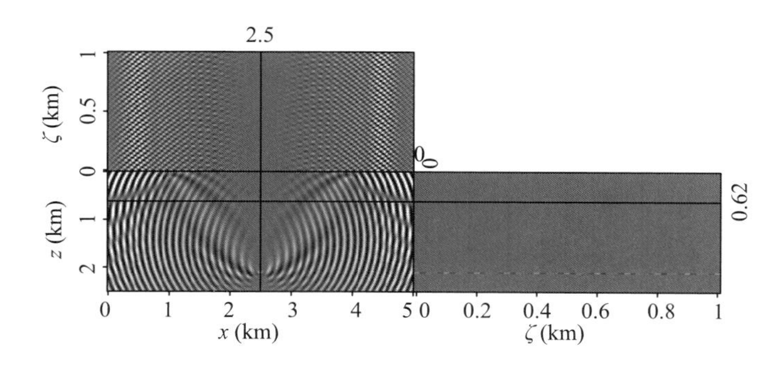

图 8.25 具有可识别散射角度扩展项的图8.24的模型更新（敏感核函数）（η扰动）

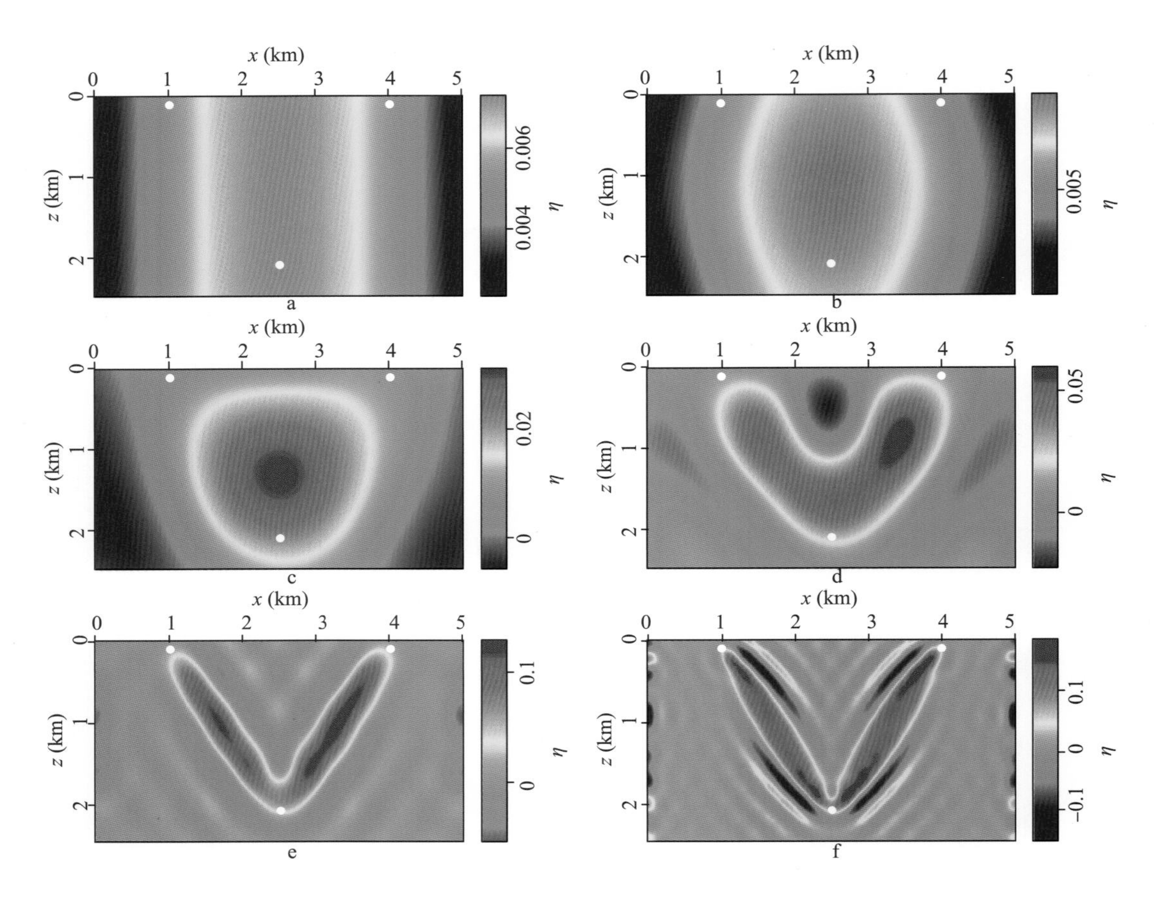

图 8.26 应用低截散射角滤波后的图8.24中RFWI的模型更新（灵敏度核函数）

滤波切除角度分别在179.4°（a），179°（b），178°（c），176°（d），170°（e），160°（f）以下。白点对应着炮点、检波点和模型点扰动的位置（η扰动）

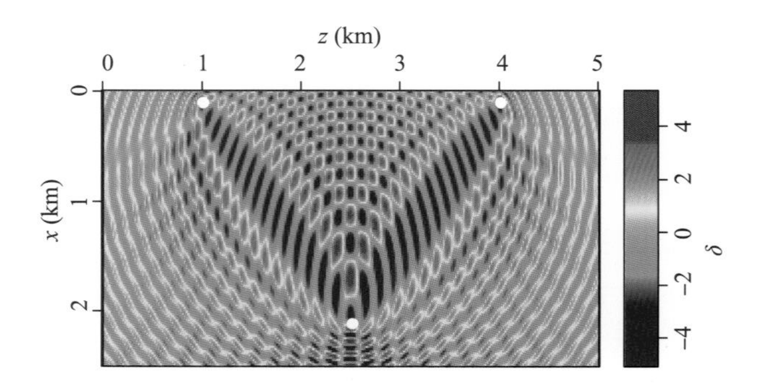

图 8.27 炮点在1km、检波点在4km、埋深均为0.1km，模型扰动点位于横向2.5km、埋深2.5km处、10Hz单频波场、δ扰动的RFWI的模型更新响应（敏感核函数）

白点对应着炮点、检波点和模型点扰动的位置（δ扰动）

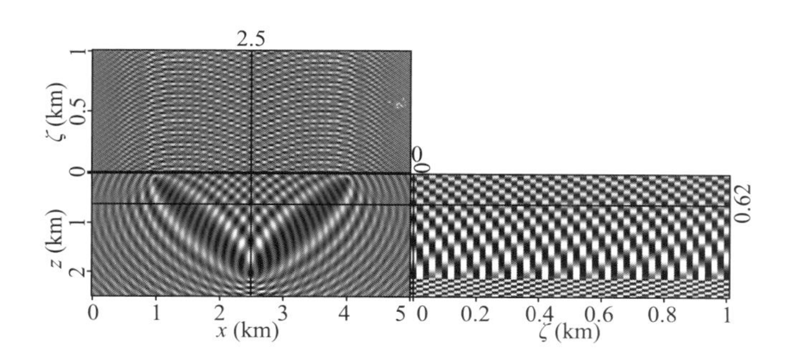

图 8.28　具有可识别散射角度扩展项的图8.27的模型更新（敏感核函数）（δ扰动）

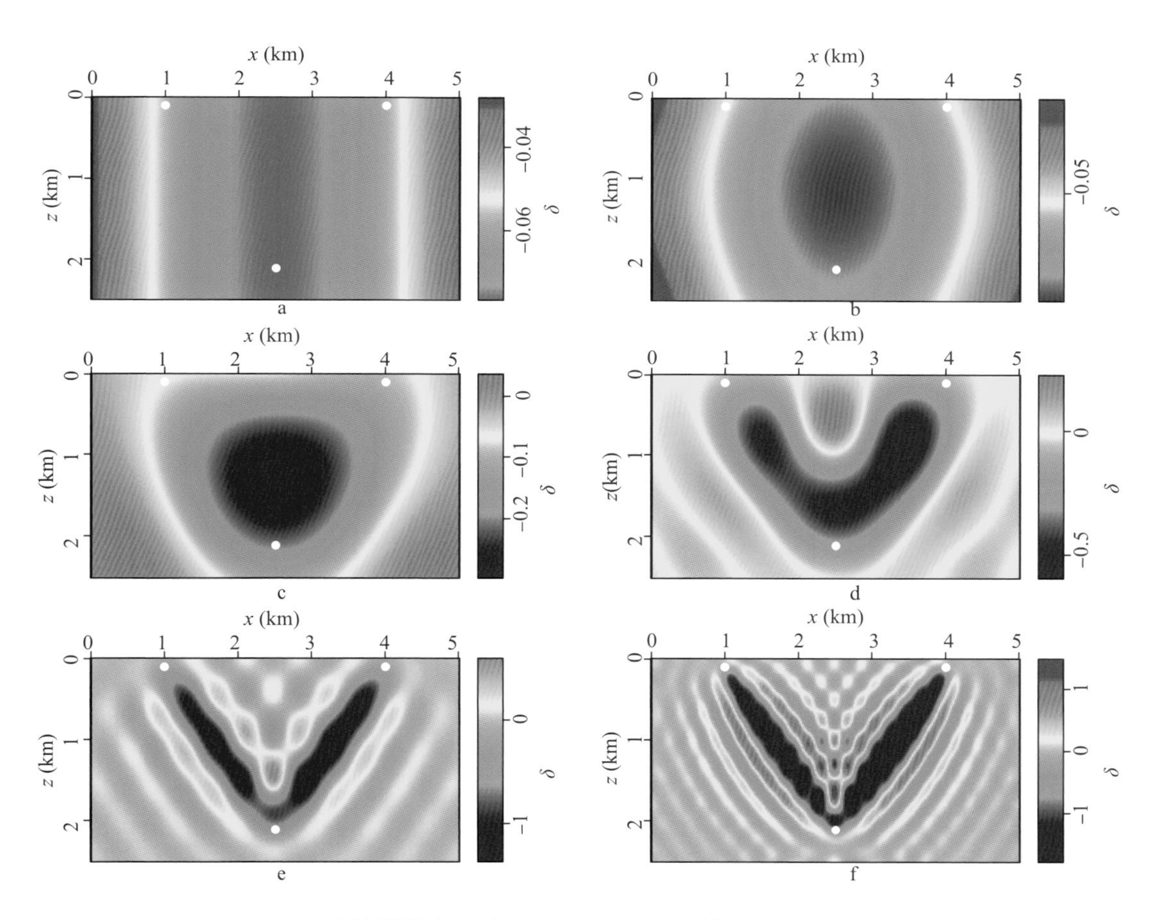

图 8.29　应用低截散射角滤波的图8.27中RFWI的模型更新（敏感核函数）

滤波切除角度分别在179.4°(a)，179°(b)，178°(c)，176°(d)，170°(e)，160°(f) 以下。白点对应着炮点、检波点和模型点扰动的位置（δ扰动）

通过 RWI 得到合适的各向异性模型后，并期待这个模型对 FWI 足够好，通常使用该模型作为传统 FWI 的初始模型。这里的关键要求是初始模型能够产生低频的反射波，且其与观测数据有半个周期以内的误差。虽然对 FWI 的更新进行滤波，但重点依然是背景模型，所以可以逐渐放宽这个要求。从 RWI 到 FWI 主要是解决各向异性问题。利用 RFWI 建立好的速度，而 FWI 有望提供好的 η 结果。如前面讨论的，δ 由高分辨率振幅求取。因此，为了理解滤波对 FWI 更新的作用，首先来分析各向同性介质常速背景模型。图 8.30 是 10 Hz 单频波场的典型 FWI 敏感核函数。它与速度情况相似，但包含了对于垂直传播地震波的梯度，例如反射，尤其是那些具有小散射角的梯度部分的能量较低，恰如在上一章看到的那样。图 8.31 显示了扩展的 ζ 梯度。图 8.32a~f 显示散射角滤波的梯度响应。不同于 RWI，η 参数影响大，滤波重点突出沿射线的贡献。强低截散射滤波将在炮检点之间的较大区域上产生直达波贡献。

另一方面，δ 梯度（图 8.33）在炮检点之间有很少的能量，因为该能量对应于水平传播的地震波（图 8.34）。ζ 扩展也强调了从中心延伸的 ζ 轴上缺乏能量。由于 δ 几乎不起贡献，尤其是沿着炮检点连线，梯度滤波会产生多个不同结果（图 8.35）。由于在 δ 扰动中没有能量，一些切除掉的角度会产生与方向无关的低能量结果。在如 179.5° 和 179.7° 这样高截散射角，得到了非常长的波长能量，但这是在正确方向的更新。否则，该响应具有很高的波数，这可能对避免局部极小值没有帮助。因此，对于 δ，可以保持高截滤波器直到通过 v_{nmo} 和 η 获得了合适的背景模型。

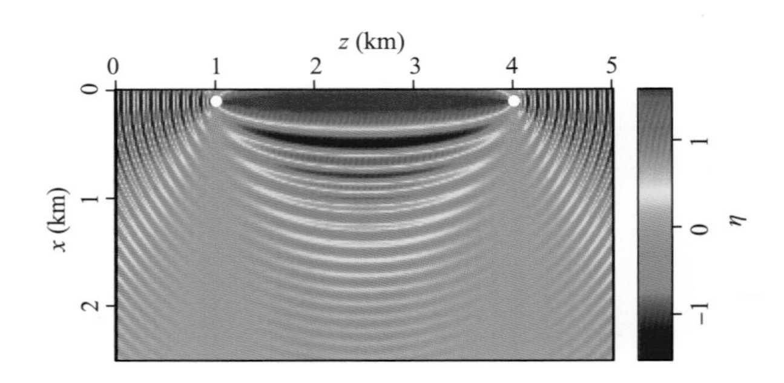

图 8.30 炮点在1km、检波点在4km、埋深均为0.1km，模型扰动点位于横向2.5km、埋深2.5km处、10Hz单频波场、η模型更新响应（敏感核函数）

白点对应着炮点、检波点和模型点扰动的位置（η敏感核函数）

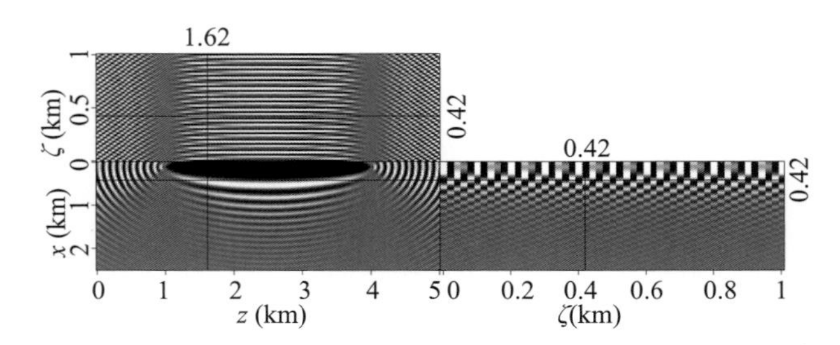

图 8.31 具有可识别散射角度扩展项的图8.30的模型更新（η敏感核函数）

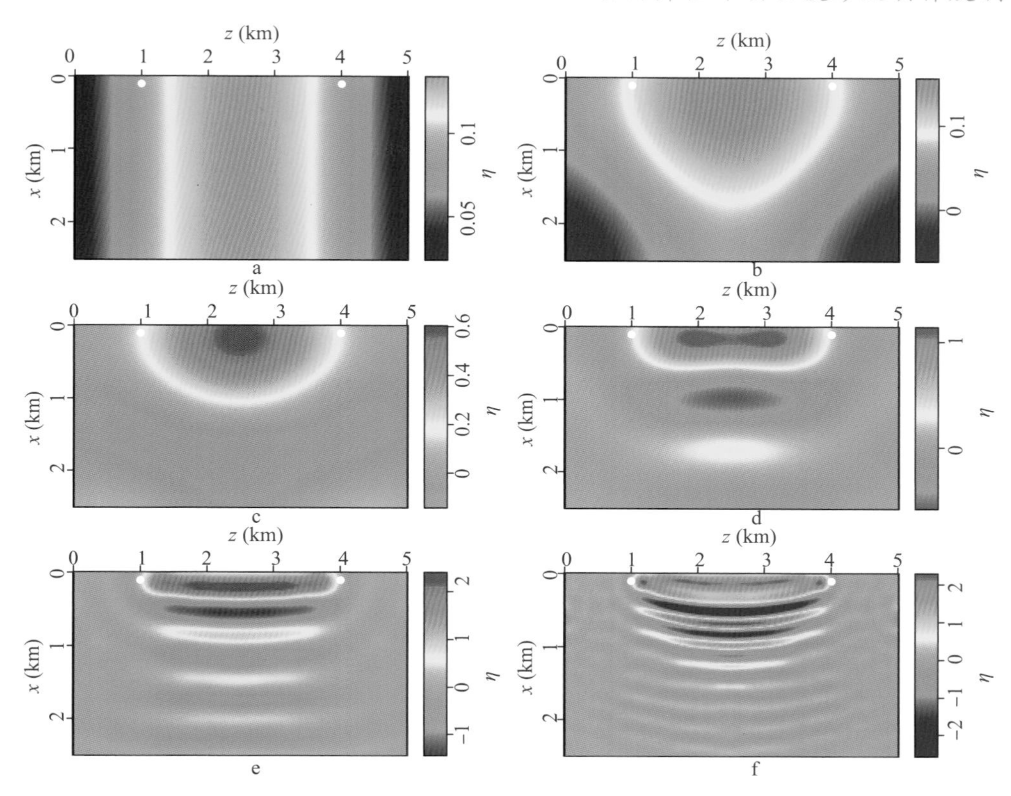

图 8.32 应用低截散射角滤波的图8.30中传统反演的模型更新（η敏感核函数）

滤波切除角度分别在179.4°（a），179°（b），178°（c），176°（d），170°（e），160°（f）以下。白点对应着炮点、检波点位置

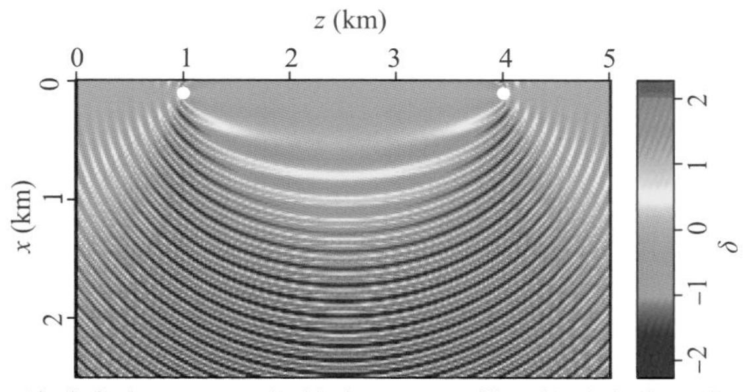

图8.33 炮点在1km、检波点在4km、埋深均为0.1km，模型扰动点位于横向2.5km、埋深2.5km处、10Hz单频波场、δ模型更新响应（δ敏感核函数）

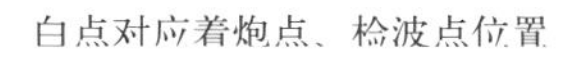
白点对应着炮点、检波点位置

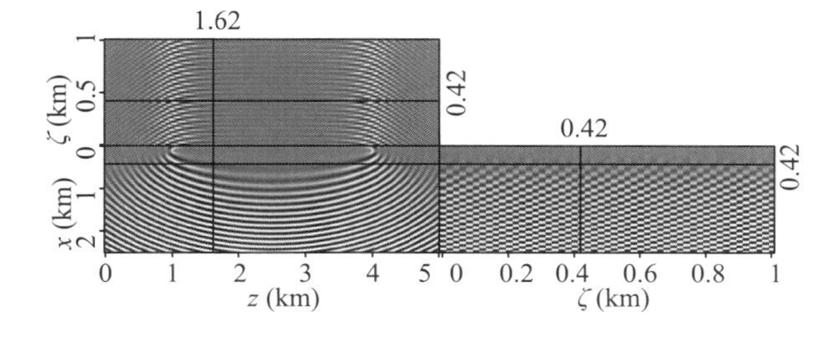

图 8.34 具有可识别散射角度扩展的图8.33的模型更新（δ敏感核函数）

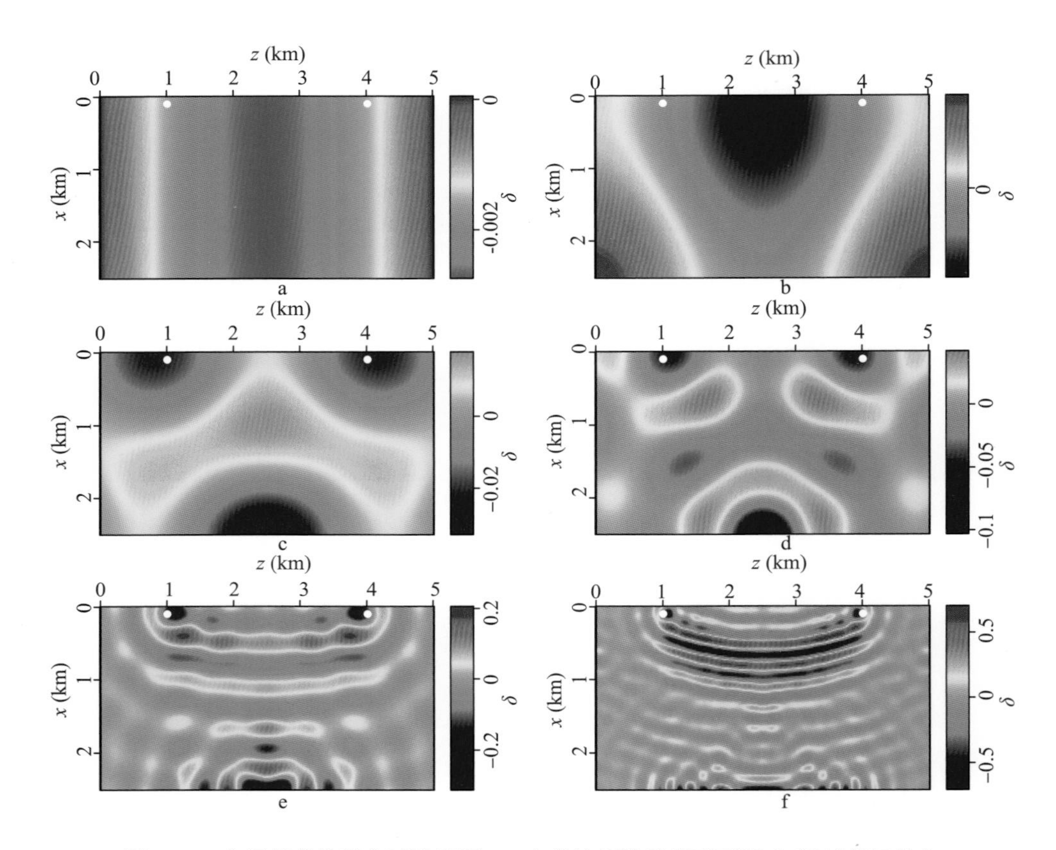

图 8.35　应用低截散射角滤波的图8.33中传统反演的模型更新（δ敏感核函数）

滤波切除角度分别在179.4°（a），179°（b），178°（c），176°（d），170°（e），160°（f）以下。白点对应着炮点、检波点位置

在所有的情况下，由于 NMO 速度（该组合中的第 3 个参数）有一个对角度稳定的辐射模式，所以会与另外两个参数存在耦合问题（Alkhalifah 和 Plessix，2014）。这意味着，在该方案中，如果我们把 δ 和 η 设定成固定值，对 v_{nmo} 的反演将依赖于这两个参数的准确性。在由水平速度主导的参数化过程中，在辐射模式中我们专门为 v_h 保留了一个区域。

8.9.2　v_h 参数组合

在 Alkhalifah 和 Plessix（2014）提出的组合中，模型是由 v_h、η 和 ε 表征的。如图 8.23b 所示，实际上对回折波来说，由于其水平速度几乎与其他两个参数没有耦合关系，因此我们用传统 FWI 开始反演和分析。

图 8.36 显示了这种组合的 10 Hz 单频波场传统 FWI 的敏感核函数。与之前的模型表示不同，由于 v_h 主要描述数据的水平传播特征，所以数据对参数 η 不敏感。图 8.37 显示了扩展的 ζ 梯度。图 8.38a~f 显示了对散射角滤波的梯度响应。与 v_{nmo} 参数组合不同，η 影响小，并且滤波表明沿射线的贡献不足。事实上如上一节所示，由于 ε 与 δ 存在相似的响应，对于直达波，η 和 ε 对数据只有轻微的影响。所以这些数据可以专门用于反演 v_h，并且可以利

用高的低截散射角滤波器来同时保持 η 和 ε，当然这种操作假设我们只需要非常圆滑的模型更新。另一方面，ε 梯度与从上一节得到的 δ 梯度非常相似，同样它们对不同参数组合具有相同的辐射模式。

一旦由直达波和回折波得到好的 v_h 模型，就可以开始使用 RWI 为 η 获得一个好的背景速度。图 8.39 显示了 RWI 情况下 10Hz 单频波场在 η 扰动时的梯度。现在，与 v_{nmo} 参数组合不同，这个梯度在中心有能量。图 8.40 显示了扩展的 ζ。图 8.41a~f 显示了用不同的低截散射角滤波后的梯度。滤波目的是降低梯度的波数，并将其定位到潜在的波路径上。这个滤波操作可以让我们得到了一定截断角度的兔耳。当得到一个合适的圆滑的 η 之后，可以回到 FWI，并通过逐渐放宽散射角滤波来获得更高的波数成分。而 v_h 参数化比起 v_{nmo} 参数化，η 在这些角度的上可以得到更好的显示，这是因为 v_h 比 v_{nmo} 更加准确，而且在 v_h 参数组合中回折波的耦合问题更弱。

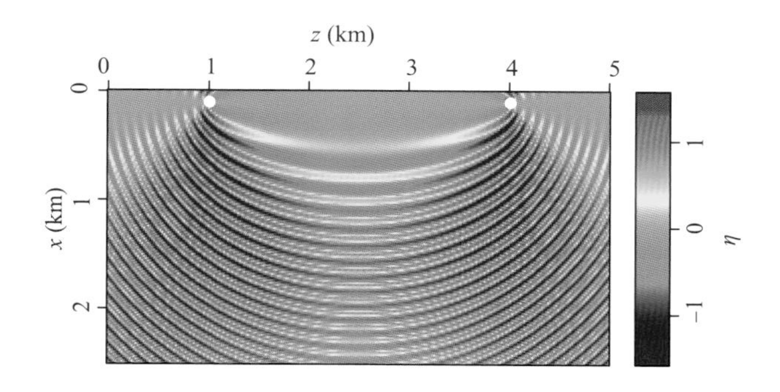

图 8.36　炮点在1km、检波点在4km、埋深均为0.1km，模型扰动点位于横向2.5km、埋深2.5km处、10Hz单频波场、η模型更新响应（v_{nmo}参数组合，η敏感核函数）

白点对应着炮点、检波点位置

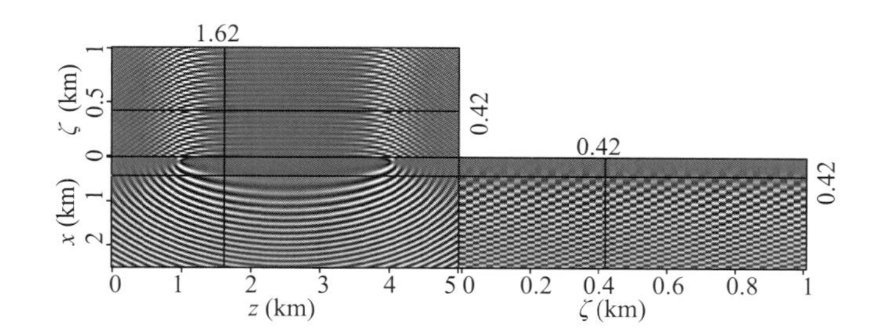

图 8.37　具有可识别散射角度扩展的图8.36的模型更新（v_{nmo}参数组合，η敏感核函数）

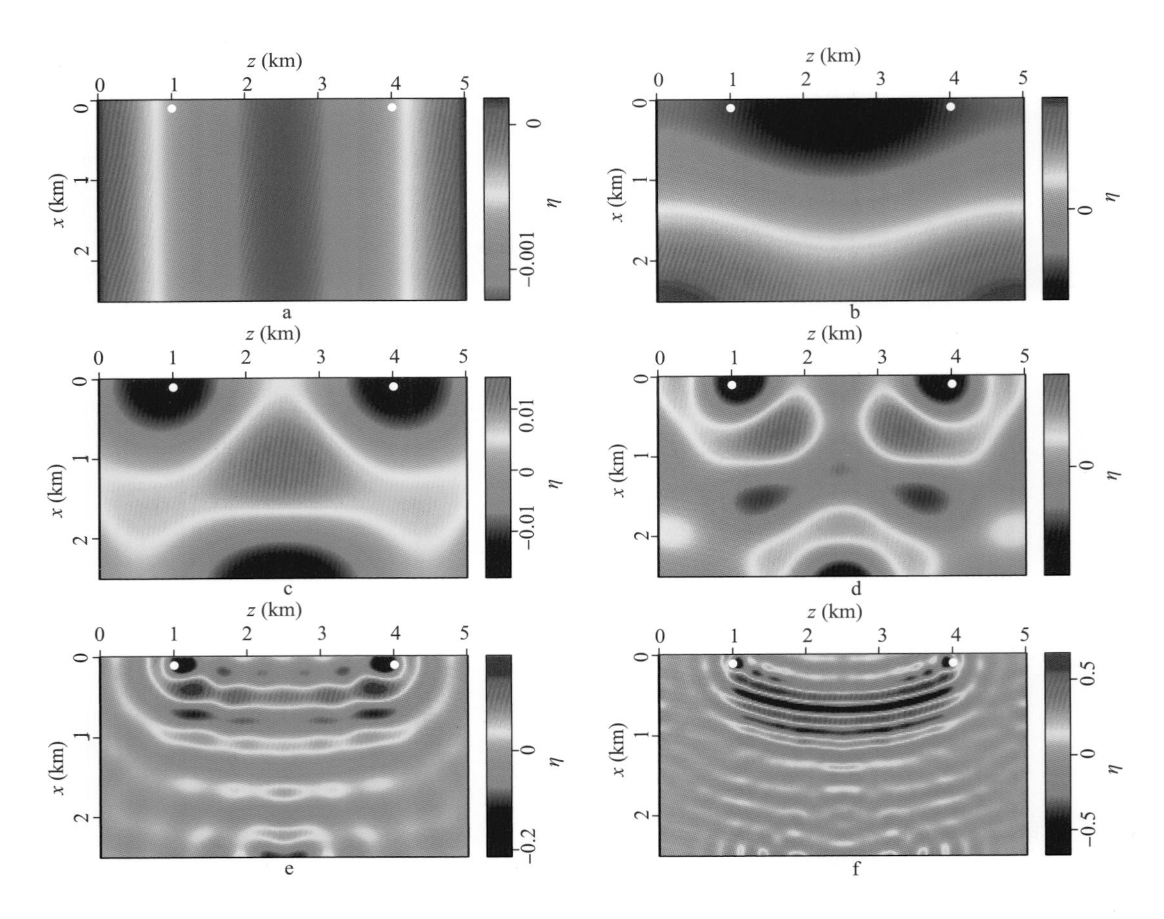

图 8.38 应用低截散射角滤波的图8.36中传统反演模型更新（v_{nmo}参数组合，η灵敏度核函数）

滤波切除角度分别在179.4°(a)，179°(b)，178°(c)，176°(d)，170°(e)，160°(f)以下。白点对应着炮点、检波点位置

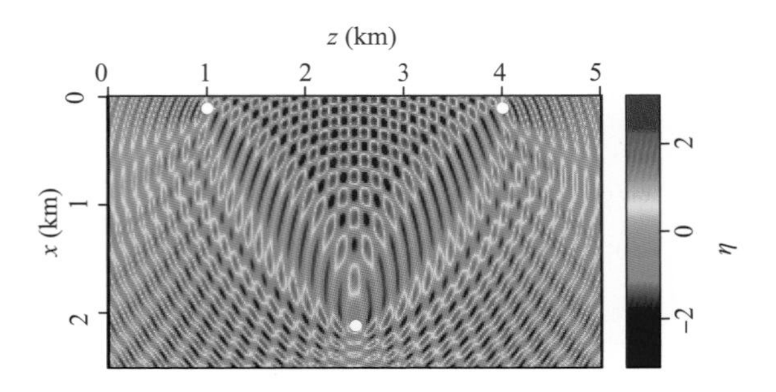

图 8.39 炮点在1km、检波点在4km、埋深均为0.1km，模型扰动点位于横向2.5km、埋深2.5km处、10Hz单频波场、η扰动的RFWI的模型更新响应（v_h参数组合，敏感核函数）

这里的η扰动是基于由v_h、η和ε给出的模型参数化。白点对应着炮点、检波点和模型点扰动的位置（η扰动敏感核函数）

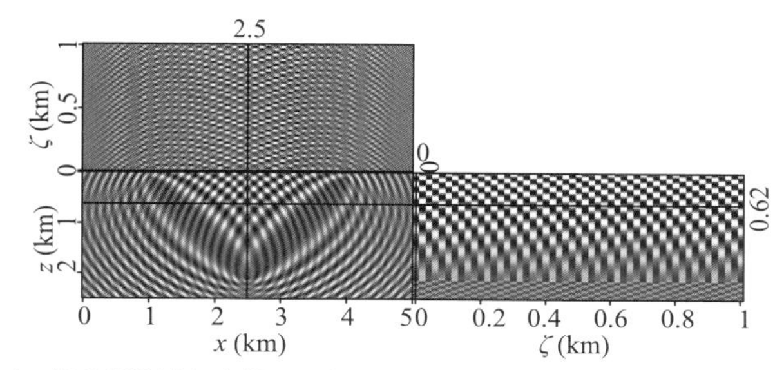

图 8.40 具有可识别散射角度扩展图8.39的模型更新（v_h参数组合，η扰动敏感核函数）

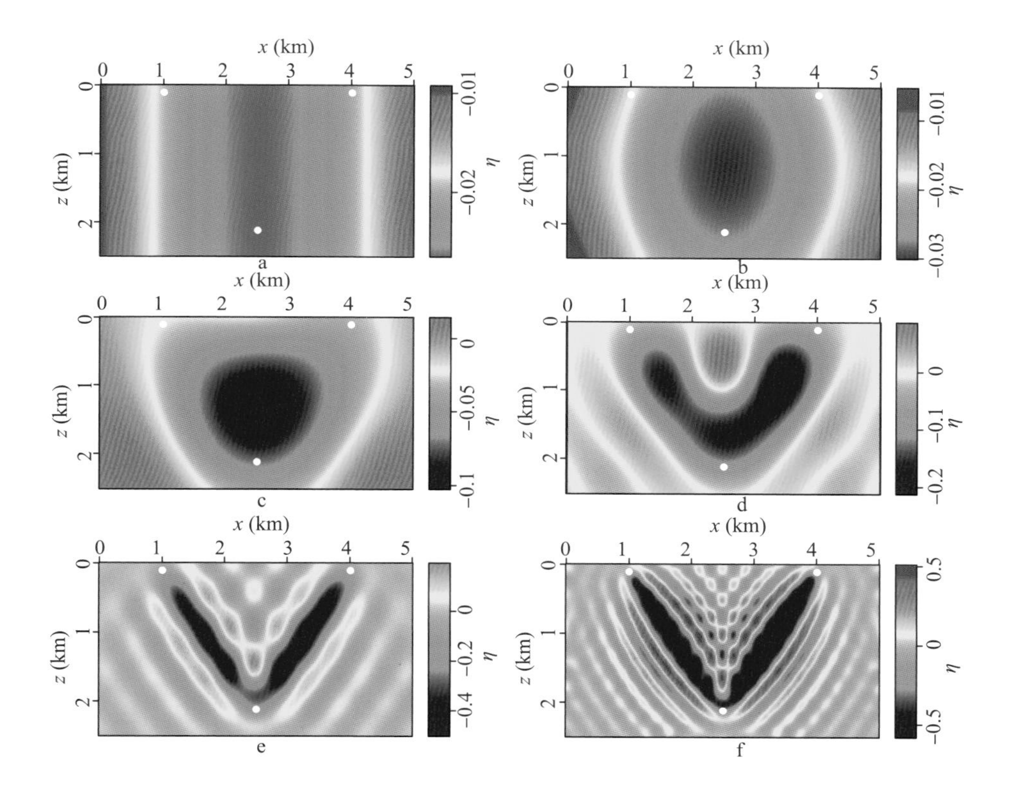

图 8.41 应用低截散射角滤波的图8.39中RFWI模型更新（v_h参数组合，η扰动灵敏度核函数）

滤波切除角度分别在179.4°(a)，179°(b)，178°(c)，176°(d)，170°(e)，160°(f) 以下。白点对应着炮点、检波点和模型扰动点的位置

8.10 小结

这里描述的新滤波方法将获取射线信息并融入模型域中。这就是低频对菲涅尔带的作用，但这里不需要低频信息。这些滤波器的物理意义通过分离提供备用散射角的能量而得到突显，并且对于 180° 透射角的窄带，这相当于将源波和接收波的波场简化为平面波。当窄带稍微宽一点的时候，这个平面波就会开始有一个宽度，该宽度是由炮点和检波点到模型点的距离来控制的。换句话说，一些点源特性开始发挥作用。实际上这种现象与在单频波场中遇到的光束是相似的。

在我们开发模型更新的过程中，忽略了许多加权方面的问题。具体来说，这些加权通常都是从完整的 Hessian 矩阵中得到的。Hessian 矩阵对角线部分为敏感核函数提供了恰当的几何排列的振幅校正。然而，Hessian 或其近似的贡献不会改变滤波的性能。滤波仍将突出滤波器角度所对应的能量，该角度即是滤波通过的部分，并沿着射线路径区域产生更多的局部能量，不同的是滤波后梯度中的能量分布。事实上，高斯—牛顿 Hessian 矩阵可以从滤波梯度中得到。在这种情况下，Hessian 矩阵与梯度的分辨率是一致的。

解决 FWI 中的各向异性问题，可以将上述方法总结为两种主要方法。第一种方法是适用于存在大偏移距和可靠回折波的情况，如前所述，在这种情况下，建议使用组合 v_h、η 和 ε。图

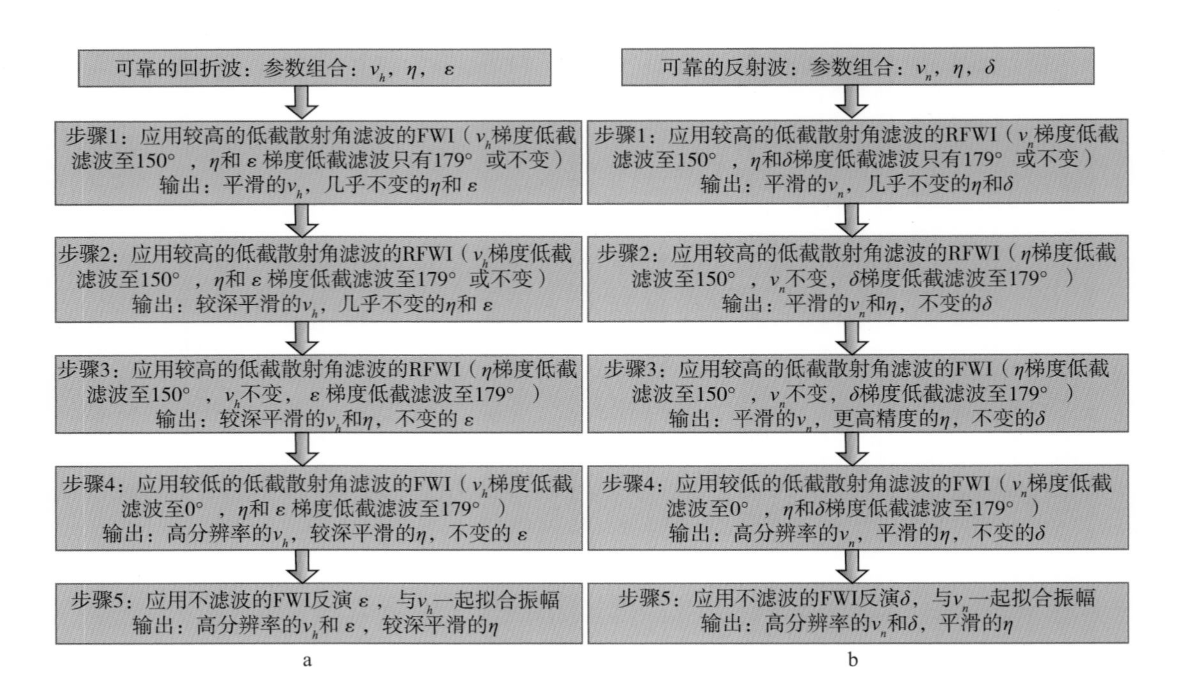

图 8.42 对FWI和RFWI进行散射角滤波的处理流程

a—适用于数据中有可用的回折波的情况，这样可以反演v_h、η和ε的参数组合；b—适用于回折波记录较差、主要是水平反射层的情况，这样可以反演v_n、η和ε的参数组合

8.42a 展示了在 RWI 和 FWI 中使用这种参数组合以及对应的滤波方法流程。但是，如果没有较大的偏移量或可靠回折波情况下，我们必须采用图 8.42b 中描述的第二种方法，这往往会在参数之间存在更多的耦合问题。在这种情况下，反演 v_n、η 和 δ。在这两种情况下，都有希望最终得到高分辨率的速度模型，平滑的 η（地面采集的固有限制，Djebbi 等，2014）以及错误的高分辨率的 ε 或 δ。在每一步中，散射角滤波都是从高角度到低角度开始的。在这两种方法中，为了使用散射角滤波器得到更平滑的更新，同时解决各向异性问题，都需要较大的偏移距。这些方法也适用于以近水平反射为主的数据。

在各向同性情况下，对梯度进行滤波处理可以带来了许多好处，这种滤波操作在各向异性介质中的优势更大。它允许我们对不同的参数应用不同的滤波。可以为 FWI 应用特定的滤波器，为 RFWI 应用另一个滤波器，具有与扰动参数相对应的特定特征。对于在其中反演 3 个各向异性参数的声波各向异性介质，使用 FWI 和 RFWI 提供了 6 种不同的滤波策略。这些策略取决于包含在数据中回折波等数据内容信息，并可从本章提供的分析结论中来确定。

参考文献

Aki, K., & Richards, P. G. (1980). Quantitative seismology: Theory and methods (Vol. I, 2nd ed.). University Science Books.

Albertin, U., Shan, G., & Washbourne, J. (2013). Gradient orthogonalization in adjoint scattering-series inversion. *SEG Technical Program Expanded Abstracts* 2013, 205, 1058–1062.

Alkhalifah, T. (2014). Scattering angle base filtering of the FWI gradients. In Proceedings of the 76th *EAGE International Conference, Extended Abstract*. Amsterdam: EAGE.

Alkhalifah, T., & Plessix, R. (2014). A recipe for practical full waveform inversion in anisotropic media: An analytical parameter resolution study. *Geophysics*, 79, R91–R101.

Almomin, A., & Biondi, B. (2012). Tomographic full waveform inversion: Practical and computationally feasible approach, *SEG Technical Program Expanded Abstracts* 2012, 202, 1–5.

Almomin, A., & Biondi, B. (2013). Tomographic full waveform inversion (TFWI) by successive lineari-zations and scale separations. *SEG Technical Program Expanded Abstracts* 2013, 203, 1048–1052.

Beydoun, W. B., & Mendes, M. (1989). Elastic ray-born l_2-migration/inversion. *Geophysical Journal International*, 97, 151–160.

Burridge, R., de Hoop, M. V., Miller, D., & Spencer, C. (1998). Multiparameter inversion in anisotropic elastic media. *Geophysical Journal International*, 134, 757–777.

Choi, Y., & Alkhalifah, T. (2012). Application of multi-source waveform inversion to marine streamer data using the global correlation norm. *Geophysical Prospecting*, 60, 748–758.

Clement, F., Chavent, G., & Gmez, S. (2001). Migration based traveltime waveform inversion of 2D simple structures: A synthetic example. *Geophysics*, 66, 845–860.

Cohen, J., & Bleistein, N. (1977). Seismic waveform modelling in a 3D earth using the born approximation: Potential shortcomings and a remedy. *Journal of Applied Mathematics*, 32, 784–799.

Djebbi, R., Alkhalifah, T., & Plessix, R. (2014). Analysis of the traveltime sensitivity kernels for the acous-tic vertical transverse isotropic medium. *Geophysical Prospecting*, published, DOI: 10.1111/1365-2478.12361.

Fleury, C., & Perrone, F. (2012). Bi-objective optimization for the inversion of seismic reflection data: Combined FWI and MVA. *SEG Technical Program Expanded Abstracts* 2012, 548, 1–6.

Khalil, A., Sun, J., Zhang, Y., & Poole, G. (2013). RTM noise attenuation and image enhancement using time-shift gathers. *SEG Technical Program Expanded Abstracts* 2013, 733, 3789–3793.

Ma, Y., Hale, D., Gong, B., & Meng, Z. (2012). Image-guided sparse-model full waveform inversion. *Geophysics*, 77, R189–R198.

Mora, P. (1989). Inversion = migration + tomography. *Geophysics*, 54, 1575–1586.

Moser, T. (2012). Review of ray-born forward modeling for migration and diffraction analysis. Studia *Geophysica et Geodaetica*, 56, 411–432.

Panning, M., Capdeville, Y., & Romanowicz, A. (2009). An inverse method for determining small variations in propagation speed. *Geophysical Journal International*, 177, 161–178.

Plessix, R.-É., & Cao, Q. (2011). A parametrization study for surface seismic full waveform inversion in an acoustic vertical transversely isotropic medium. *Geophysical Journal International*, 185, 539–556.

Pratt, R. G., Song, Z.-M., Williamson, P., & Warner, M. (1996). Two-dimensional velocity models from wide-angle seismic data by wavefield inversion. *Geophysical Journal International*, 124, 323–340.

Prieux, V., Brossier, R., Gholami, Y., Operto, S., Virieux, J., Barkved, O. I., & Kommedal, J. H. (2011). On the footprint of anisotropy on isotropic full waveform inversion: The Valhall case study. *Geophysical Journal International*, 187, 1495–1515.

Sirgue, L., & Pratt, R. (2004). Efficient waveform inversion and imaging: A strategy for selecting tempo-ral frequencies. *Geophysics*, 69, 231–248.

Tang, Y., Lee, S., Baumstein, A., & Hinkley, D. (2013). Tomographically enhanced full wavefield inversion. *SEG Technical Program Expanded Abstracts* 2013, 201, 1037–1041.

Tarantola, A. (1987). Inverse problem theory. Elsevier.

Virieux, J., & Operto, S. (2009). An overview of full-waveform inversion in exploration geophysics. *Geophysics*, 74, WCC1–WCC26.

Wang, S., Chen, F., Zhang, H., & Shen, Y. (2013). Reflection-based full waveform inversion (RFWI) in the frequency domain. *SEG Technical Program Expanded Abstracts 2013*, 171, 877–881.

Woodward, M. J. (1992). Wave-equation tomography. *Geophysics*, 57, 15–26.

Wu, R., & Toksaz, N. (1987). Diffraction tomography and multisource holography applied to seismic imaging. *Geophysics*, 52, 11–25.

Xu, S., Wang, D., Chen, F., Lambare, G., & Zhang, Y. (2012). Inversion on reflected seismic wave. *SEG Technical Program Expanded Abstracts 2012*, 509, 1–7.

9 各向异性参数的数据依赖性分析：反演前景

虽然地震数据中所记录的大部分同相轴是由地下介质的速度差异引起的，而速度模型的长波长特征却与这些同相轴的几何形状密切相关。正如在第 6 章中看到的那样，对于各向同性声学介质来说，波对长波长（波传播）和短波长（散射）速度分量的依赖性不随传播角度而变化。另一方面，第 7 章讲到，在用 NMO 速度、非椭圆参数 η、垂直比例参数 δ 表示具有垂直对称轴（VTI）的横向各向同性介质时，对于各向异性无量纲介质参数（δ 和 η）的长波长和短波长特征来说，波的灵敏度随极角而变化。对于在合理深度上的水平反射层来说，η 模型的长波长特性受到长炮检距的合理约束，而其短波长特性在合理的炮检距上产生非常微弱的反射（正如在上一章中看到的）。因此，对于地面采集的地震数据，主要根据反射同相轴的几何形状来反演平滑的 η 场。另一方面，δ 长波长分量对记录的数据影响较小，而其短波长变化甚至可以在零炮检距处产生反射，具有与密度同义的特征模式。δ 场如果缺少长波长信息对成像影响不大，但会导致同相轴在深度上的错位。如果有足够低的频率（非常低），可以使用全波形反演（FWI）来恢复 δ 的长波长信息。然而与速度不同的是，由于 δ 扰动在大炮检距处不产生散射，因此只有在极低频率下才能产生长波长基于散射的模型信息。对于由水平速度、η 和 ε 给出的组合，η 的回折波影响被水平速度弱化了，正如在前一章中看到的，这就严重限制了 η 对 FWI 的影响。因此，通过良好平滑的 η 估计（例如从层析成像中求出），可以把 FWI 聚焦到仅对水平速度进行反演，也可以把 ε 作为拟合振幅的参数。在这一章，将通过解析和数值方法来研究上述论点并最终得出结论：在 VTI 介质中，对地面地震资料反演来说，给定水平速度的组合是最实用的参数化方法。

9.1 概念

模型中各点的角度影响可以通过穿过该点或从该点散射的记录波（其平面波分量）的路径角来实现。透射在垂直于波传播的方向上提供了长波长信息，而散射定义了在垂直于潜在反射面方向上的短波长信息。如果在任何波长尺度上丢失用来约束各向异性描述所需的传播角度，该描述就将被限制于该尺度上（Alkhalifah，2016）。因此，缺少 η 的短波长信息或 δ 的长波长信息，如由 v_h、η 和 δ 的参数组合情况一样，地面地震 P 波实验设置意味着最终得到一个平滑 η 和一个剧烈变化的 δ，δ 仅代表反射率特征。因为地下介质大部分是弹性的，声学表示的波场差异由反射率给出，在这种情况下，δ 反射率将携带大量的振幅残差。因此，这里将重点讨论波场对各向异性参数的短波长和长波长扰动的角度敏感性，并解释它对 FWI 和通常使用任何基于波动理论的方法进行参数估计所表示的含义。散射点参数分析与用来控制其作用的过程是相互独立的。灵感来源于如图 9.1 所示 Claerbout（1985）给出的说明速度不同尺度的影响示意图，对于各向异性介质，使用最可行的参数组合来研究该图。与本书的其余部分一样，本章讨论的重点和结论主要适用于勘探（或区域地震学）的地面地震数据采集。在证明声学假设的合理性前提下，它只重点关注 P 波，其结论可能更多地应用于反演的相位方面。

9.2 波的角度敏感性

波的运动学和散射分量的角度依赖性已被用于计算走时和反射振幅。由于研究目标是局部（相对于波长）均匀介质和线性的架构，其运动学特征可以通过时差方程来表示（Hake 等，1984），而散射是通过反射系数的线性化近似来表示的（Ruger，1997），这里会就建议的参数化并根据反演的目的来分析这些问题。

9.2.1 运动学透射分量

速度模型或各向异性参数的长波长分量通常控制着波传播特性的主体，影响着波的形状，在高频渐近限制下，它可以很方便地用旅行时来描述。由于角度依赖性是研究焦点，并且为了分析反射波的这个分量的特性，所以使用推导出的时差近似来描述角度依赖性。这些时差方程是由炮点和检波点在地表上的有效均匀介质推导出来的，但总能把炮点和接收点下延至局部均匀介质中感兴趣的网格点上。

利用泰勒级数展开，对均匀介质情况（Hake 等，1984；Alkhalifah 和 Tsvankin，1995），VTI 介质中作为炮检距 X 函数的旅行时公式的前 3 项为

$$t^2 \equiv t_0^2 + \frac{X^2}{v_n^2} - \frac{2\eta X^4}{t_0^2 v_n^4} \tag{9.1}$$

式中，t_0是零偏移距双程旅行时，或对水平同相轴来说，为双程垂直时间（$t_0 = \frac{2Z\sqrt{1+2\delta}}{v_n}$，深度$Z$是地表采集地震数据中的未知量）。这样，旅行时对速度的敏感性就可以近似表示为

$$\frac{\partial t}{t\partial v_n} = -\frac{X^2}{t^2 v_n^3} + \frac{8\eta X^4}{t^2 t_0^2 v_n^5} \approx \frac{\tan^2 \frac{\theta}{2}}{v_n} \tag{9.2}$$

取第一项（首阶影响），则

$$\frac{\partial t}{t\partial \eta} = -\frac{X^4}{t^2 t_0^2 v_n^4} \approx 4\sin^2\frac{\theta}{2}\tan^2\frac{\theta}{2} \tag{9.3}$$

式中，θ是炮点和检波点波场（射线）之间的散射角（反射角的两倍）。由于反射层的深度未知，这两个参数在远离垂直射线路径时都具有可分辨性，其中垂直路径（零炮检距）用作参考。在这种情况下，v_n的敏感性正比于$-\tan^2\dfrac{\theta}{2}$，而η的敏感性正比于$4\sin^2\dfrac{\theta}{2}\tan^2\dfrac{\theta}{2}$。在上述近似中，旅行时对$\eta$不敏感。

最终，假如我们用 v_h 和 η 代入方程（9.1），得到下列敏感性公式，即

$$\frac{\partial t}{t\partial v_h}=-\frac{(1+2\eta)X^2}{t^2v_h^3}\approx\frac{(1+2\eta)\tan^2\dfrac{\theta}{2}}{v_h} \tag{9.4}$$

停止于一阶影响，则

$$\frac{\partial t}{t\partial\eta}=2\frac{X^2}{t^2v_h^2}\approx 2\tan^2\frac{\theta}{2} \tag{9.5}$$

注意在这种情况下，v_h 和 η 在二阶项上具有同样的依赖性，它是参数之间耦合问题的一个来源。

9.2.2　散射分量

在散射情况下，角度依赖性（辐射模式）是从玻恩近似中提取的。对于声学 VTI 介质，Alkhalifah 和 Plessix（2014）推导出了如第 7 章所示的这种组合模式。这也是我们认为最实用的两组各向异性参数组合。第一组是 v_n、η 和 δ，在此情况下我们有机会使用例如旅行时首先求解长波长 v_n。另一组是 v_h，η 和 ε，在此情况下我们有机会首先反演回折波。首先来关注第一组参数组合，因为它经常被使用。

在第 8 章中推导出的辐射模式由下式给出，即

$$\boldsymbol{r}_1=\begin{pmatrix} r_{v_n}\\ r_\delta\\ r_\varepsilon\end{pmatrix}\ ;\ \boldsymbol{a}_1=\begin{pmatrix} 2\\ n_{sz}^2n_{rh}^2+n_{rz}^2n_{sh}^2\\ n_{sx}^2+n_{rx}^2\end{pmatrix} \tag{9.6}$$

向量 $\boldsymbol{r}_1$ 包括单个参数 v_n、η 和 δ 从上到下的扰动。$\boldsymbol{a}_1$ 的系数定义了给定参数化每个参数的辐射模式（AKI 和 Richards，1980）。具有炮点入射角 θ_s 和反射面倾角 ϕ 的单位矢量 $\boldsymbol{n}_\mathrm{s}$ 和 $\boldsymbol{n}_\mathrm{r}$ 由下式给出，即

$$\boldsymbol{n}_\mathrm{s}=\begin{pmatrix} n_{sh}\\ n_{sz}\end{pmatrix}=\begin{pmatrix}\sin(\theta_s)\\ \cos(\theta_s)\end{pmatrix}\ ;\ \boldsymbol{n}_\mathrm{r}=\begin{pmatrix} n_{rh}\\ n_{rz}\end{pmatrix}=\begin{pmatrix}-\sin(\theta_s+2\phi)\\ \cos(\theta_s+2\phi)\end{pmatrix} \tag{9.7}$$

对于 VTI 介质中的水平反射层来说，炮点和检波点的地震波角度相同，因此，η 散射势正比于 $\sin^4\dfrac{\theta}{2}$，而速度散射与角度无关，δ 的散射势正比于 $\cos^2\dfrac{\theta}{2}$。与运动学相比，它受近零炮检距反射层的深度模糊性的影响。在这种情况下，它最小化了 δ 的影响，在零炮检距处散射分辨率（后面会看到）最高，其中 δ 扰动起主要作用。

另一方面，参数化（v_h，η，ε）的辐射模式由下式给出，即

$$\boldsymbol{r}_2=\begin{pmatrix} r_{v_h} \\ r_\eta \\ r_\varepsilon \end{pmatrix}；\boldsymbol{a}_2=\begin{pmatrix} 2 \\ -n_{sz}^2 n_{rh}^2-n_{rz}^2 n_{sh}^2 \\ -\left(n_{sz}^2+n_{rz}^2\right) \end{pmatrix} \tag{9.8}$$

因此，对于由 v_h，η 和 ε 给出的组合，η 的影响通常较小且主要位于大约 90° 散射角处，正好在反射地震数据的常规偏移距之外且靠近与回折波有关的散射角。因此对地面地震数据来说，这种情况下的 η 散射势很弱，结果在 FWI 中可以忽略 η 而把重点放在 v_h 上。

9.3 来自运动学和散射的波数信息

由波场运动学导出的速度模型中的波数信息主要取决于运动学影响可被计算的（和约束的）同相轴（反射或绕射）的密度。更高分辨率的模型是从具有更多约束波场运动学的同相轴数据中获得的。因此模型的分辨率取决于模型和相应的反射。然而，在该层内，所提取的模型波数由梯度的第一菲涅耳区域控制。在波场层析成像与偏移速度分析（MVA）方法中，梯度是基于共轭转置状态法（adjoint state method）的，因此模型波数受透射的绕射层析成像原理支配。在复杂介质中，MVA 方法利用记录表面和模型中炮点之间的波场透射分量，通常使用的是单散射假设。这些波数由绕射层析成像原理所产生，因此可从玻恩近似更新核的平面波分解中提取出来。实际上，在各向同性介质中，模型点处的更新波长由潜在反射层的倾角和散射角控制。正如前面所看到的（第 4 章），相对于模型中的潜在散射点（Miller 等，1987；Jin 等，1992 年；Thierry 等，1999 年）的局部模型波数矢量由下式给出，即

$$\boldsymbol{k}_{\mathrm{m}}=\boldsymbol{k}_{\mathrm{s}}+\boldsymbol{k}_{\mathrm{r}}=2\frac{\omega}{v_0}\cos\frac{\theta}{2}\boldsymbol{n} \tag{9.9}$$

除了其他参数，它依赖于垂直潜在反射层单位矢量 $\boldsymbol{n}$ 方向上的角频率，这里 $\boldsymbol{k}_{\mathrm{s}}$ 和 $\boldsymbol{k}_{\mathrm{r}}$ 分别是在模型点处炮点和接收点（或状态和共轭转置状态）的波场波数。回折波和基于成像的反射波都提供了沿着波路径非常低波数的模型更新。它通常仅限于第一个菲涅耳带，其最大波数依赖于数据的频率和垂直于波路径方向所提供的分辨率。对于回折波，该方向主要是垂向的；对于成像波路径，方向主要是水平的。因此，在均匀各向同性介质背景中，从透射波中提取模型波数的范围从零开始到下列理论上的极限，即

$$k_{\max}=\frac{2\omega}{v_0}\frac{\sqrt{1+4l\dfrac{\omega}{v_0}}}{1+2l\dfrac{\omega}{v_0}} \tag{9.10}$$

式中，l是炮点和检波点之间的距离。当l趋于零时（零偏移距），$k_{\max}=\dfrac{2\omega}{v_0}$；当$l$趋于无穷大时，$k_{\max}=2\sqrt{\dfrac{\omega}{lv_0}}$。与零炮检距情况相比它小得多，并趋于0。如果波路径较短，会得到较

高的分辨率，这正是我们所期望的。

相反，散射部分是由在第一个菲涅耳带之外绕射层析分量描述的。对于典型的反射同相轴来说，式（9.9）成立，但散射角是低的，这会导致高波数分量垂直于一个潜在的反射层，并且在零炮检距由 $k_{\max}=\dfrac{2\omega}{v_0}$ 给定最大值。

9.4 分辨力图

这里用 Claerbout 的示意图（图 9.1）来讨论各向异性参数的分辨力，该图示意性地解释了数据对不同速度尺度的敏感性。对各向异性参数类似的图件也可以基于上述讨论的数据灵敏度的角度特征构建出来。在传统的偏移成像中，使用模型描述的长波长分量给出的各向异性参数来形成偏移成像所需的速度场。或者换句话说，仅对单个散射分量进行反演。在反演中，要同时寻找产生包括所有同相轴（也包括多次散射）在内的数据长短波长两个分量。由于各向异性包含了角度变化，在 Claerbout 图中加入角维度。

使用 v，η，δ 组合，图 9.2a 展示了在不同角度处数据对速度散射势的敏感性。由于使用了散射角，假设水平反射层的深度是未知的，因此可以通过散射势与角度的关系得到速度的低波数信息。在这个参数组合下，由于速度具有各向同性的辐射模式，它与各向同性情况类似。因此，随着散射角的增大，从 FWI 过程中获得较低的波数。大散射角通常在浅层更容易获得，因此 FWI 在地下浅层效果更好。如图 9.2b 所示，对 η 扰动来说，这种依赖性发生在高散射角处，对于低波数分量情况更是如此。正如我们之前看到的，对散射来说它正比于 $\tan^2(\theta/2)$ 而与 $\sin^2(\theta/2)$ 截然相反。同时，图 9.2c 显示低波数的 δ 通常从地面地震资料中是无法得到的，只有散射分量可用。当试图将反射从声学模型拟合到弹性数据上时，这些 δ 的扰动可以用于拟合常规反射炮检距处的振幅。然而，实际数据在极少数情况下有超低频率（引入覆盖全模型的模型波长），也许能够反演出能把反射同相轴放到其精确深度上的低波数 δ（图 9.2d）。

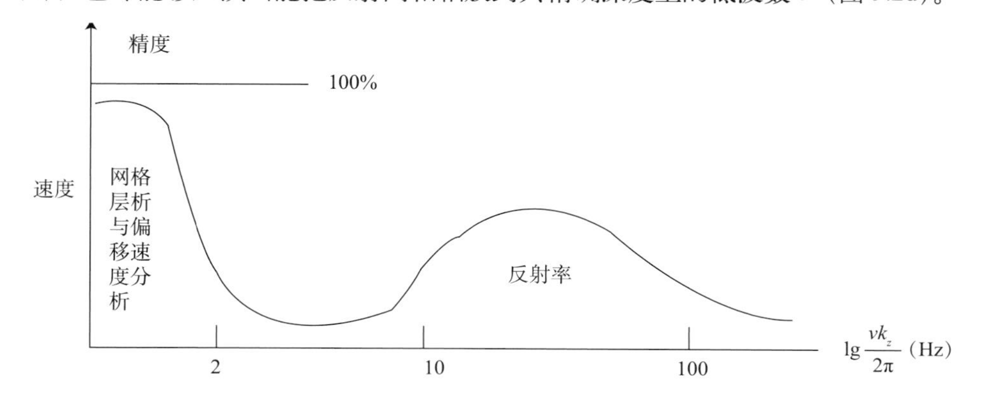

图 9.1 描述数据对垂直方向速度波长依赖性（通过频率来表示）的示意图

它表明所记录地震数据的几何形状依赖于低频速度变化，因此要使用层析成像或MVA来约束它。与此同时，高频速度的变化在地震数据中产生反射率

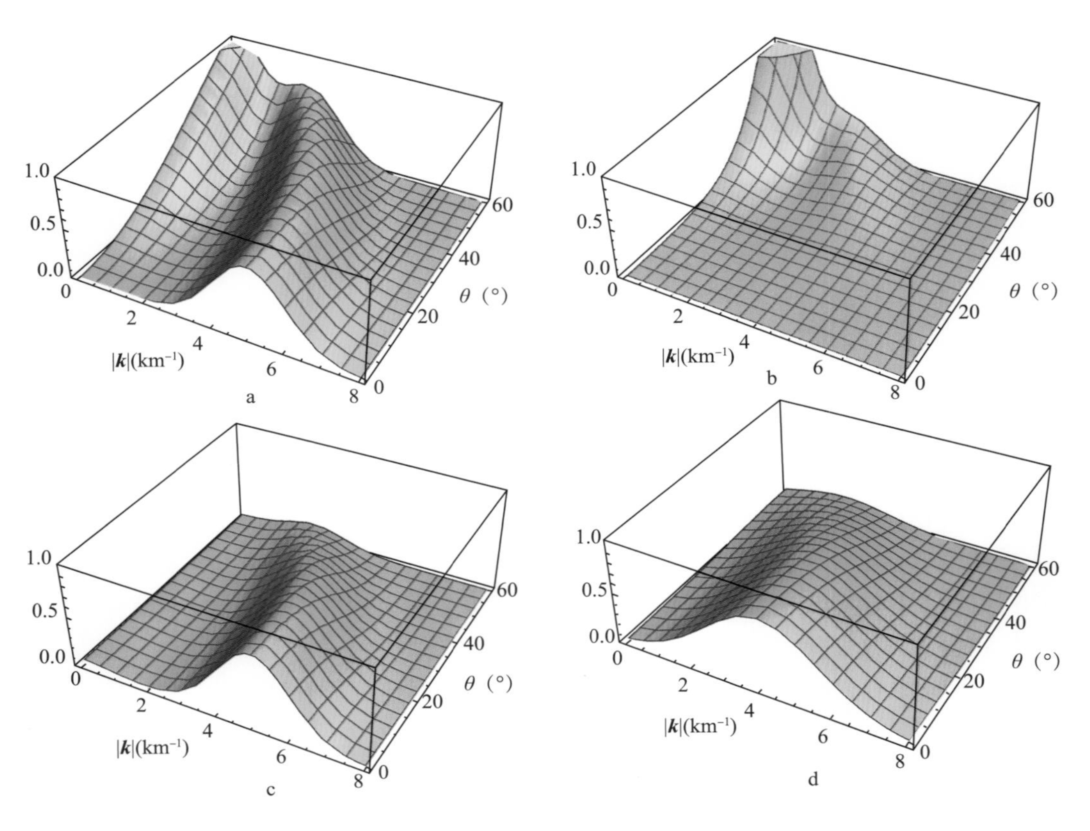

图 9.2 归一化后数据对模型参数（对由v_n，η模δ的组合）的依赖性关系图

其中垂直模型波数和散射角θ是关系图的函数变量。a—速度的扰动；b—η的扰动；c—δ扰动；d—非常低频数据的δ扰动

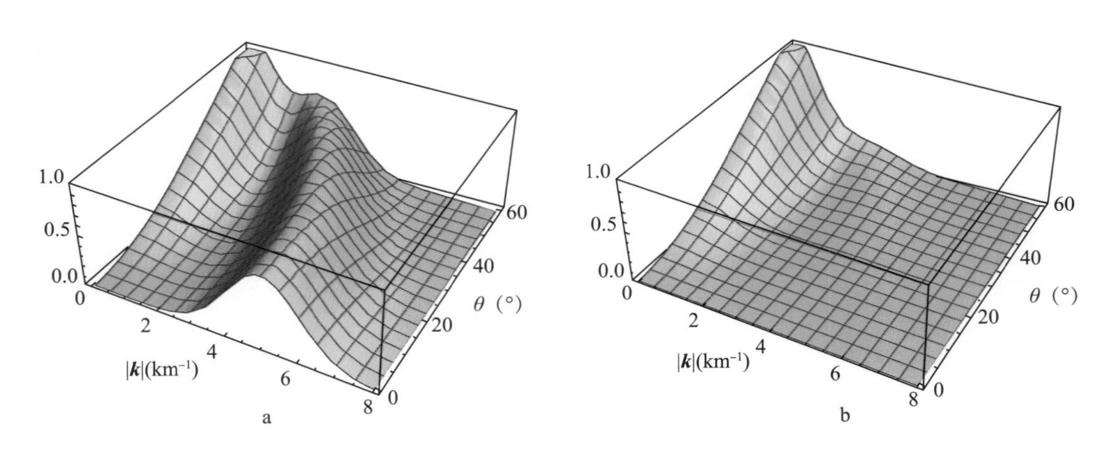

图 9.3 归一化后数据对模型参数（对由v_h，η和ε的组合）的依赖性关系图

其中垂直模型波数和散射角θ是关系图的函数变量。a—水平速度的扰动；b—η的扰动

对于 v_h，η 和 ε 组合，其主要区别是 η 的影响，散射势 v_h（图 9.3a）与 v_n 有同样的辐射模式，但 η 散射势要小得多（图 9.3 b）。事实上，η 在这种情况下也不影响回折波。在低波数方面，η 的影响在二阶项上与 v_h 共享，这从时差方程（9.4）和（9.5）上明显可见。这就在任何 MVA 或基于 MVA 的层析反演中引入了一个潜在的参数耦合问题。因此，对于这一点，笔者坚持建议使用第一种组合用于速度模型建立的层析成像部分。但是，对于 FWI 部分，基于 v_h 的组合提供了有趣的特性。η 在低和高散射角处的弱影响意味着 FWI 仅对 v_h 可以反演，或用 ε 来弱化在地震数据是声波的假设和实际为弹性波之间的潜在振幅拟合差。

9.5 一个简单的数值计算实例

上面提到的许多角度依赖性论据都是从玻恩散射近似的平面波分解中得到的。如果离开玻恩近似或平面波表示的话，下面用数值计算方法来观察这些论点是否成立。对于一个均匀背景 NMO 速度来说，设计了一个两层各向异性参数模型，其中第一层有 3 个相同深度的散射体（图 9.4）。对于第一个例子，这个各向异性模型对应于 η，δ 设置为零。

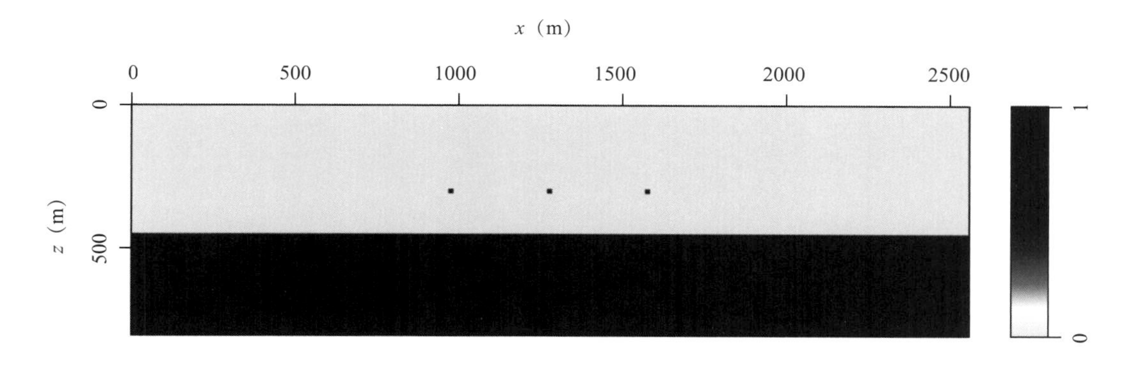

图 9.4 图9.5a~c中用于生成炮集的η或δ模型

介质是均匀的，v_n = 1000 m/s

在本例中，图 9.5a 显示了一个位于地表位置 1280m 处的一个炮集，使用谱方法计算了其波场（Wu 和 Alkhalifah，2014）。首先注意在炮点下方的 η 散射体几乎没有绕射振幅能量，尽管 3 个散射体大小一样，类似的特征也出现在小散射角（单炮近道）对应的 η 分界面的反射双曲线上，只有当炮检距与深度比大于 1 时才开始看到一些合理的振幅能量。对于其他散射体，无论是入射波还是反射波，其最小时间波路径形成了与垂直方向的角度。因为散射角不是零，因此就从 η 扰动得到了散射。另一方面，如果设置 η 为常数 0.2，使用图 9.4 的模型表示 δ，就获得了图 9.5 b 的炮集。显然，正如所料，一个 δ 扰动诱发了零炮检距散射波和反射波，但这些同相轴的振幅随着炮检距的增大而显著减小。在 η = 0.2 背景情况下，与图 9.5

a 的 $\eta=0$ 情况相比，图 9.5 b 的反射在远炮检距处到达时间较早。因此，尽管 η 不会产生大量的散射，但它影响波的传播。对 δ 来说可以做出相反的结论，如果设 $\eta=0$ 并且在图 9.4 中的 δ 模型上加上 0.2（长波长变化），就得到了图 9.5c 中的炮集。由于在采集的数据中反射体和散射体的深度是未知的，为了保持在零炮检距下相同的时间，调整了这些同相轴的深度以弥补添加 0.2 到 δ 模型上所造成的垂直速度变化。这样，图 9.5c 与图 9.5a，b 在零炮检距时的同相轴时间相同，但动校时差并不受加上 $\delta=0.2$ 的影响（与图 9.5a 相比）。正如预期和已知的那样，δ 可能会导致相当大的散射但不影响由于与深度存在参数耦合问题而在地表接收数据的波传播。

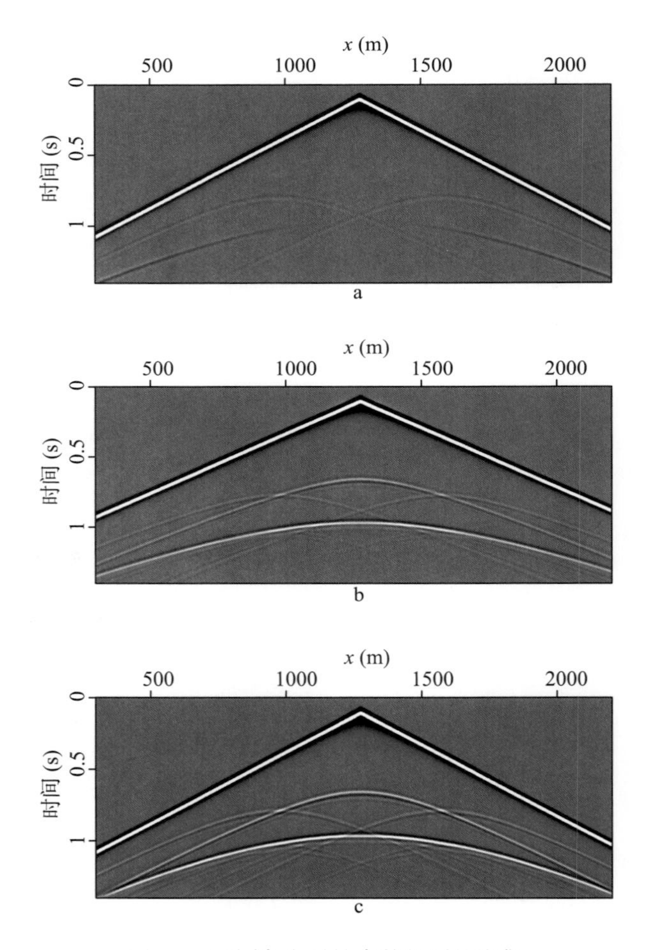

图 9.5　不同各向异性参数得到的炮集

a—均匀介质 $v_n=1000$m/s，$\delta=0$ 和 η 由图9.4给出；b— 均匀介质 $v_n=1000$m/s，$\eta=0.2$ 和 δ 由图9. 4给出；c— 均匀介质 $v_n=1000$m/s，$\eta=0.0$ 和 δ 由图9.4给出的值再加上0.2

9.6 无量纲参数情况

尽管我们希望有共享相同单位的反演参数，从而对数据具有类似的影响，但这些参数的很强角度依赖性和在采集中明显的偏差（仅沿地球表面）使这样美好的愿望无法实现，因此，利用 Hessian 矩阵（具体来说是伪 Hessian 矩阵；Shin 等，2001）对 FWI 非常重要。利用像 BFGS 这样的准牛顿方法在初始伪 Hessian 矩阵情况下，启动 Hessian 更新以加快收敛也很重要。

因此，在多参数反演中，当使用相同单位的参数时对 Hessian 矩阵的比例部分的需求并没有减少。这些参数的角度依赖性和采集覆盖的不均匀性显然会有利于某些参数，而对另外一些参数不利。然而在这里使用各向异性组合的无量纲自然特性使我们可以对其特征进行更好的控制。由于在层内或区域内各向异性现象趋于相似，可以预料各向异性是温和变化的。这种温和的变化可以用代表速度比的无量纲各向异性参数进行较好的约束。Oh 和 Min（2014）也强调了这一点，他们建议用泊松比而不是横波速度来反演弹性数据，如果用泊松比表示横波速度，这里参数依赖性就对弹性介质成立。

9.7 弹性介质中的散射势

对于声学 VTI 介质，Alkhalifah 和 Plessix（2014）推导出了对不同各向异性参数组合下他们认为最实用的这些模式。之前，针对在地表常规采集的 P 波地震数据的 FWI，提出了使用这些组合中一个组合，即 v_h，η 和 ε。考虑渐近格林函数 G（$\boldsymbol{x}$，$\boldsymbol{k}$，ω）是在频率域 ω 中表示的，对于接近位置 $\boldsymbol{x}$ 的炮点波场或接收点波场由波数向量 $\boldsymbol{k}$ 描述的平面波，可以写出之前看到的单散射波场，即

$$u_{\mathrm{s}}(\boldsymbol{k}_{\mathrm{s}},\boldsymbol{k}_{\mathrm{r}},\omega)=-\omega^2 s(\omega)\int \mathrm{d}\boldsymbol{x}\frac{G(\boldsymbol{k}_{\mathrm{s}},\boldsymbol{x},\omega)G(\boldsymbol{k}_{\mathrm{r}},\boldsymbol{x},\omega)}{v_0^2(\boldsymbol{x})\rho(\boldsymbol{x})}a(\boldsymbol{x})\cdot r(\boldsymbol{x}) \tag{9.11}$$

式中，s是震源函数；ρ是密度；v_0背景各向同性速度；并且

$$\boldsymbol{r}=\begin{pmatrix} r_{v_h} \\ r_{\eta} \\ r_{\varepsilon} \\ r_{vs} \end{pmatrix};\ \boldsymbol{a}=\begin{pmatrix} 2 \\ -n_{sz}^2 n_{rx}^2-n_{rz}^2 n_{sx}^2 \\ -\left(n_{sx}^2+n_{rz}^2\right) \\ 4n_{ss}^2 n_{rx}^2+4n_{rz}^2 n_{sx}^2 \end{pmatrix} \tag{9.12}$$

向量 $\boldsymbol{r}_1$ 包括单参数 v_h，η 和 $\in$，和 v_{s} 从顶部到底部的扰动。因此，$\boldsymbol{a}_1$ 的系数定义了给定参数化的各参数的辐射模式（Aki 和 Richards，1980）。炮点分量 $\{n_{sx}$，$n_{sz}\}$ 和接收点分量 $\{n_{rx}$，$n_{rz}\}$，来自水平反射层反射的平面波单位向量分别由（$\sin\theta_{\mathrm{s}}$，$\cos\theta_{\mathrm{s}}$）和（$-\sin\theta_{\mathrm{s}}$，$\cos\theta_{\mathrm{s}}$）给出，这里 θ_{s} 是炮点入射角（对水平反射层来说，它是散射角的一半）。

图 9.6a，b 给出了弹性 VTI 参数下扰动对两种不同参数化的反射 P 波辐射模式。对一个

在 v_s 扰动下的辐射模式具有类似于 δ 或 η 的特征。然而，对于常规炮检距地面地震数据来说，v_s（如 η 或 δ 一样）对地面 P 波数据的散射影响很小，因此，可以忽略。由于 v_s 的长波长分量对 P 波传播影响不大（Alkhalifah，1998），为简便起见，对 P 波反演时可以忽略所有横波，振幅不匹配有望被建议参数化中的另一个专门的参数 ε 弱化掉。然而当所记录的横波参与其中分析时，这个故事还有更多的内容可讲。

9.8 弹性 VTI Marmousi 模型

弹性正演中使用的 VTI 参数如图 9.07 的顶部所示。横波和密度模型（这里没有显示）遵循与 P 波速度模型相同的结构。因为这个特殊的研究目的聚焦在参数之间的耦合问题，在所有的例子中，反演过程中使用的正演波场传播算子都是相同的。为了同样的目的，在分析中，利用频率低于 1Hz 的信号进行反演。合成数据体是通过模拟海洋采集得到的，每 200m 放 1 炮，合计 67 炮，最大炮检距为 5km。因为我们通常可以从地面 P 波地震数据（例如，应用

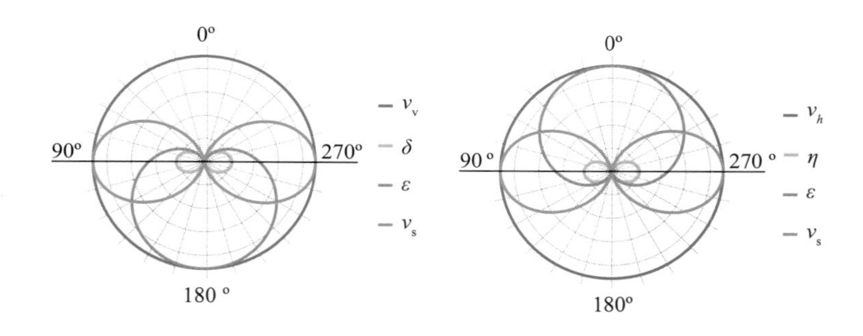

图 9.6　描述弹性VTI模型两组参数来自一个水平反射层的反射辐射模型

极分量描述了在入射和反射波路径之间的开角，而径向分量表示散射的相对振幅

层析方法）得到平滑的 v_n 和 η，因此初始模型可对准确的 v_n 和 v_h 通过用 1.5km 时窗进行平滑处理来构建。这样的平滑实际上得到了更为平滑的 η（图 9.8 第二行中间），这就是我们习惯于希望从层析成像反演方法（类似于速度）来得到的。通常在没有井信息情况下，δ 模型被设置为零（图 9.7 第二行中间）。在这种情况下，在反演出的参数中预计会有相当大的深度误差。这里的目的是测试各种参数之间的耦合和收敛，因此使用正确的 δ 值以把反演结果映射到期望的深度上。由 $z' = z\sqrt{1+2\delta}$ 给出的映射过程是一个近似校正，因为 δ 的横向变化影响着地表记录的数据（Alkhalifah 等，2001）。最后，v_s 和密度在反演中没有更新，并且在水底下的整个沉积剖面内是一个常数（准确模型的平均值）。

标准的 v_v，δ 和 ε 参数化：它被广泛用于工业上（Baumstein，2014；Vight 等，2014）。图 9.6a 显示了该参数化的辐射模式（Gholami 等，2013）。对常规炮检距对深度比率（小于 2）

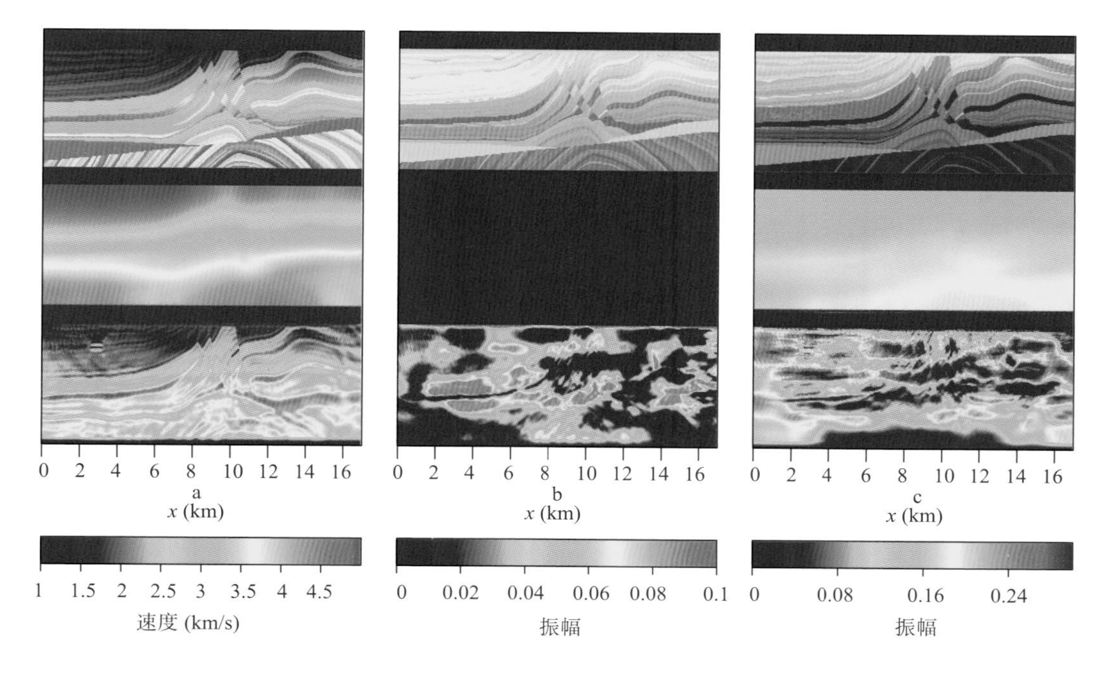

图 9.7　对v_v（a），η（b），ε（c）的真实（顶部）、初始（中部）、反演（底部）模型

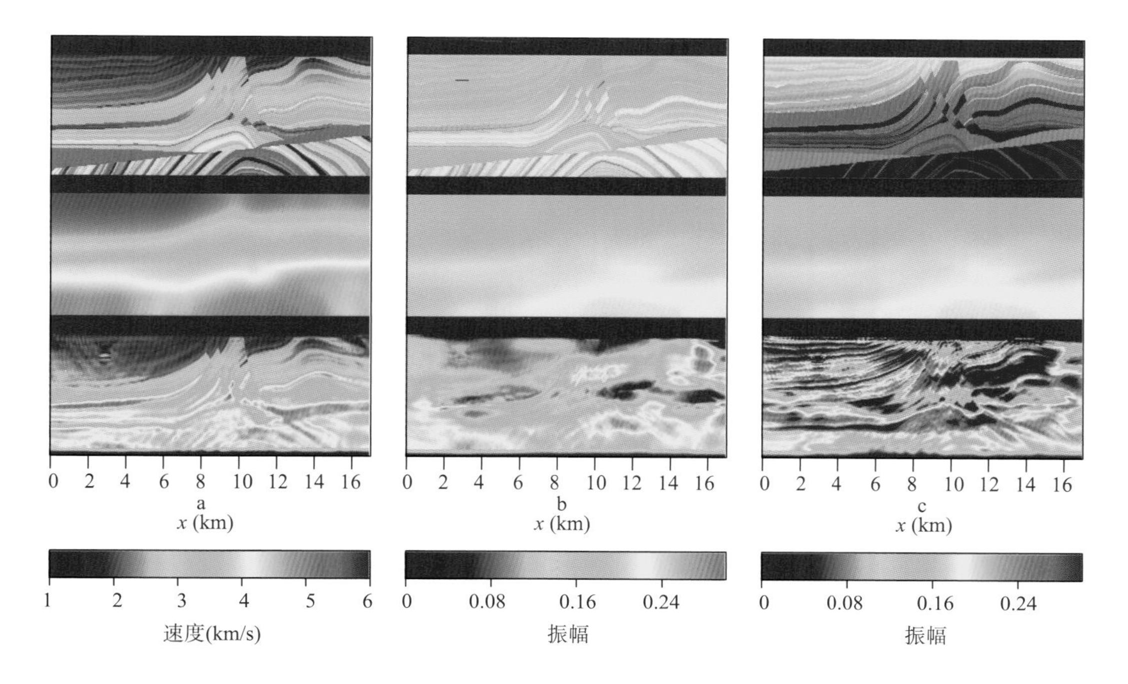

图 9.8　对v_h（a），η（b），ε（c）的真实（顶部）、初始（中部）、反演（底部）模型

的情况，δ 的散射波长几乎对数据没有影响。尽管 δ 对这 5km 炮检距数据有一个小的响应，也能对它反演。用 LBFGS 的优化方法从 1 到 11Hz 进行了 EFWI 反演，每个频率迭代 15 次，将反演的模型进行深度校正后，就得到如图 9.7 底部所示的反演模型。反演出的垂直速度一般具有真实模型结构的某些特征，但在一些位置速度较高（图 9.9 a，b）。由于只把有限的信息应用到初始的 δ 模型上，所以 δ 模型看起来不准确。最后，尽管这样的参数组合，数据对 ε 是敏感的，ε 的反演模型看起来也是不准确的，特别是到浅层。

最佳的 $\boldsymbol{v}_h$，η,，ε 参数化：这里辐射模式（图 9.6 b）类似于之前的参数化，其中 ε 起的作用有些变化。现在 ε 有助于拟合反射率，而在图 9.6 a 之前，ε 将会从回折波和长炮检距数据中得到大部分更新。参数 η（正如 δ 一样）在 FWI 扮演次要角色。用相同的迭代次数从低频到高频的进行 LBFGS EFWI 反演后，最终得到如图 9.8 底部所示的模型。水平速度看起来更像 v_v，但具有更准确的值（图 9.9 c，d）。 更重要的是 ε 现在突出了反射率信息，因为它弱化了弹性假设下的振幅不匹配的问题。振幅不匹配会导致在垂直速度参数化情况下对速度的过高估算。

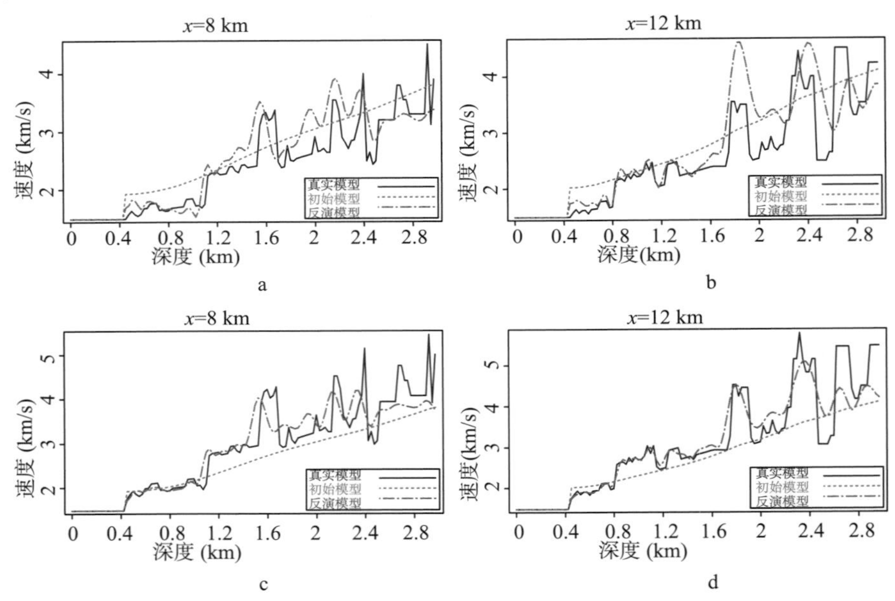

图 9.9 来自图9.7a的v_v模型（a和b）和图9.8a的v_h模型（c和d）横向上8km（a和c）和12km（b和d）处的垂直剖面

9.9 讨论

简单地说，在辐射模式中考虑的背景模型是各向同性的，但因为它们与不考虑背景的散射物理学有关，其中有许多结果仍然成立。在这里讨论的两个参数组合中，η 扰动不会产生太多的反向散射。这样就导致它不能与数据共享反向散射（此类扰动的高分辨率信息）。这也意味着我们不能使用任何方法反演出包含高散射分辨率的 $\eta\left\{\sim\dfrac{\omega}{v_0}\right\}$ 的。在用转换波反演横波速度时也遇到了类似的现象。然而，与转换波一样，多模式数据可能有助于获得高分辨率的横波信息，也可以帮助在弹性情况下反演 η。

考虑到上述论点，对于常规采集观测系统的地表地震数据来说，FWI 最实用的组合是 v_h，η，ε。这是因为在这样的观测系统覆盖的角度上，数据对 η 散射的依赖性是非常温和的。具体来说，η 对回折波的透射影响现在被 v_h 弱化了。因此可以用层析成像或者 MVA 来反演最佳平滑 v_h（或 NMO 速度）和 η。然后，使用两个平滑模型作为 FWI 初始参数来只更新 v_h，或 v_h 和 ε。在此情况下，ε 用于改善振幅拟合，以弥补对地震数据是声波的假设。然后可以使用提取的高分辨率水平速度来提高从层析得到的 η 精度。接下来通过 FWI 的再次迭代完成最终的 v_h。这个过程也可以组合在一个目标函数中，该目标函数在不同的尺度对两个参数进行反演。

当然，这里得出的大多数结论主要适用于地面地震资料。其他像垂直地震剖面数据或井间地震这样的采集方式可能需要不同的参数组合。然而分析表明，任何组合都可以从具有各向同性辐射模式的一个参数和描述不属于该模式的其他参数中获益。在各向异性情况下，这种参数化由速度和无量纲参数给出。另一个可能传播到其他采集设置的洞察力是数据对短波长和长波长的模型分量敏感性的识别，这里建立了一种唯一依赖于参数的组合。

如上所述，对声波 VTI 介质来说，本文和许多论文研究的辐射模式都考虑了背景各向同性模型。因为考虑的是局部扰动（小于主波长），假设各向异性背景下散射特征一般也适用。因此，从辐射模式中可得到许多结论来获取合适的反演策略。这项研究是为了检验这些观点，并希望证明所建议的参数化方法甚至对各向异性背景模型是正确的。由于在进行复杂实验过程中 EFWI 的收敛性是基于各向异性背景模型的更新，可以肯定地得出结论，所建议的参数化具有许多促进的优点。在另一项试验中，用最优参数化通过 EFWI 只反演 v_h 和 ε：所求出的结果通常与图 9.8 底部所示的类似，但在不影响更新 η 的情况下降低了成本。

9.10 小结

通过对各向异性参数长波长和短波长分量的数据依赖性分析，设法了解了参数在反演过程中的作用并理解了这种方法的局限性。这些限制是由波对各种参数的长波长和散射分量敏感性的物理特性所引起的，各种参数作为传播（或散射）角的函数，表征了给定像素点个数的离散模型介质。相对于采集地表来说，该像素的位置决定了我们求解参数的能力。在 NMO 速度、η、δ 的这种参数组合中，反演的 η 通常是平滑的，并且信息主要来自回折波。也只能在这样的组合中反演 δ。获得 δ 背景信息需要超低频率。散射 δ 在弱化用声波模型拟合弹性特性的地下介质所引起任何振幅不匹配方面是有效的。在由水平速度、η、ε 给出的组合中，对回折波和反射波来说，η 对 FWI 影响较小，因此，当准确平滑的 η 场从层析方法得到时，它将允许把反演的焦点放在水平速度上。本例中的 ε 是用来帮助拟合振幅的。不考虑参数化，当绕射层析原理应用于任何参数扰动时，分辨率的限制因素适用于所有参数。

做了很多基于 v_h，η，ε 参数组合的 VTI 模型 EFWI 实验。正如这个参数组合的辐射模式显示的那样，在合理的偏移距范围（在试验中可达 5km），横波速度和 η 对地震 P 波数据的反演的影响很小。密度影响被 ε 弱化，因为它们具有几乎同样的散射特性。因此以一个准确的背景 NMO 速度和 η（δ 设置为零）为初始速度模型，把采用 v_h 参数组合的 EFWI 结果与常用表示模型的汤姆森参数进行比较。尽管是不准确的 δ 模型，但 v_h 参数组合提供了比一个比传统的参数组合方法更好的合理速度结果。

参考文献

Aki, K., & Richards, P. G. (1980). Quantitative seismology: Theory and methods (Vol. I, 2nd ed.). University Science Books.

Alkhalifah, T. (1998). Acoustic approximations for processing in transversely isotropic media. *Geophysics*, 63, 623–631.

Alkhalifah, T. (2015). Conditioning the full-waveform inversion gradient to welcome anisotropy. *Geophysics*, 80, R111–R122.

Alkhalifah, T., Fomel, S., & Biondi, B. (2001). The space–time domain: Theory and modelling for anisotropic media. *Geophysical Journal International*, 144, 105–113.

Alkhalifah, T., & Plessix, R. (2014). A recipe for practical full-waveform inversion in anisotropic media: An analytical parameter resolution study. *Geophysics*, 79, R91–R101.

Alkhalifah, T., & Tsvankin, I. (1995). Velocity analysis for transversely isotropic media. *Geophysics*, 60, 1550–1566.

Baumstein, A. (2014). Extended subspace method for attenuation of crosstalk in multi-parameter full wavefield inversion. *SEG Technical Program Expanded Abstracts* 2014, 213, 1121–1125.

Claerbout, J. F. (1985). Imaging the earth's interior. Blackwell Scientific Publishers.

Gholami, Y., Brossier, R., Operto, S., Ribodetti, A., & Virieux, J. (2013). Which parameterization is suitable for acoustic vertical transverse isotropic full waveform inversion? Part 1: Sensitivity and trade-off analysis. *Geophysics*, 78, R81–R105.

Hake, H., Helbig, K., & Mesdag, C. S. (1984). Three-term Taylor-series for time-squared minus distance-squared curves of P-waves and S-waves over layered transversely isotropic ground. *Geophysical Prospecting*, 32, 828–850.

Jin, S., Madariaga, R., Virieux, J., & Lambar, G. (1992). Two-dimensional asymptotic iterative elastic inversion. *Geophysical Journal International*, 108, 575–588.

Miller, D., Oristaglio, M., & Beylkin, G. (1987). A new slant on seismic imaging: Migration and integral geometry. *Geophysics*, 52, 943–964.

Oh, J., & Min, D. (2014). A new parameterisation with Poissons ratio for multi-parametric FWI in isotropic elastic media. 76th EAGE Conference and Exhibition 2014, 76, Amsterdam.

Ruger, A. (1997). P-wave reflection coefficients for transversely isotropic models with vertical and horizontal axis of symmetry. *Geophysics*, 62, 713–722.